CAMBRIDGE LIBRARY COLLECTION

Books of enduring scholarly value

Mathematical Sciences

From its pre-historic roots in simple counting to the algorithms powering modern desktop computers, from the genius of Archimedes to the genius of Einstein, advances in mathematical understanding and numerical techniques have been directly responsible for creating the modern world as we know it. This series will provide a library of the most influential publications and writers on mathematics in its broadest sense. As such, it will show not only the deep roots from which modern science and technology have grown, but also the astonishing breadth of application of mathematical techniques in the humanities and social sciences, and in everyday life.

Vollständige Anleitung zur Niedern und Höhern Algebra

In 1770, one of the founders of pure mathematics, Leonard Euler (1707-1783), published an algebra textbook for students. It was soon translated into French, with notes and additions by Joseph-Louis Lagrange, another giant of eighteenth-century mathematics, and the French edition was used as the basis of the English edition of 1822 (which also appears in this series), and of this 1790s German edition by Johann Philipp Grüson, professor of mathematics to the royal cadets. Volume 1 begins with elementary mathematics of determinate quantities and includes four sections on simple calculations (addition, subtraction, division, multiplication), and progresses to compound calculations (fractions), ratios and proportions. This landmark book showed students the beauty of mathematics, and more significantly, how to do it. It provides tangible evidence of the lively and international mathematical community that flourished despite the political uncertainties of the late eighteenth century.

Cambridge University Press has long been a pioneer in the reissuing of out-of-print titles from its own backlist, producing digital reprints of books that are still sought after by scholars and students but could not be reprinted economically using traditional technology. The Cambridge Library Collection extends this activity to a wider range of books which are still of importance to researchers and professionals, either for the source material they contain, or as landmarks in the history of their academic discipline.

Drawing from the world-renowned collections in the Cambridge University Library, and guided by the advice of experts in each subject area, Cambridge University Press is using state-of-the-art scanning machines in its own Printing House to capture the content of each book selected for inclusion. The files are processed to give a consistently clear, crisp image, and the books finished to the high quality standard for which the Press is recognised around the world. The latest print-on-demand technology ensures that the books will remain available indefinitely, and that orders for single or multiple copies can quickly be supplied.

The Cambridge Library Collection will bring back to life books of enduring scholarly value across a wide range of disciplines in the humanities and social sciences and in science and technology.

Vollständige Anleitung zur Niedern und Höhern Algebra

VOLUME 1

LEONHARD EULER
EDITED BY JOHANN PHILIPP GRÜSON

CAMBRIDGE
UNIVERSITY PRESS

CAMBRIDGE UNIVERSITY PRESS

Cambridge New York Melbourne Madrid Cape Town Singapore São Paolo Delhi

Published in the United States of America by Cambridge University Press, New York

www.cambridge.org
Information on this title: www.cambridge.org/9781108001939

This edition first published 1796
This digitally printed version 2009

ISBN 978-1-108-00193-9

Leonhard Eulers
vollständige Anleitung
zur
niedern und höhern Algebra

nach der französischen Ausgabe des Herrn de la Grange
mit Anmerkungen und Zusätzen herausgegeben

von
Johann Philipp Grüson,
Professor der Mathematik am Königl. Kadettencorps.
Erster Theil.
Mit Churfürstl. Sächs. Privilegio.

Berlin, bei G. C. Nauck, 1796.

Sr. Excellenz

Dem

Hochwohlgebohrenen Herrn,

Herrn Levin von Geusau,

Königl. Preuß. General-Lieutenant, und General-Quartier-
meister von der Armee, wie auch General-Inspekteur sämmt-
licher Festungen u. s. w. Ritter des großen rothen
Adlerordens u. s. w.

Dem

Hochwohlgebohrenen Herrn,

Herrn Friedr. Wilh. von Rüchel,

Königl. Preuß. General-Major, Chef eines Regiments zu Fuß
u. s. w. Ritter des großen rothen Adlerordens, des Ordens
der Verdienste und des hessischen Ordens pour la vertû
Militaire. Erb-Lehns- und Gerichtsherrn mehrerer
Güter.

Dem

Hochwohlgebohrenen Herrn,

Herrn Carl August von Beulwitz,

Chef der Militair-Akademie und des Adelichen Kadetten-Korps.

Dem

Hochwohlgebohrenen Herrn,

Herrn Joachim G. von Wulffen,

Obersten und Commandeur der Militair-Akademie und des
Adelichen Kadetten-Korps.

Dem

Hochwohlgebohrenen Herrn,

Herrn Andreas von Hartmann,

Königl. Preuß. Major des Ingenieurkorps, Assessor beym vierten
Departement Eines Königl. Ober-Kriegs-Kollegii u. s. w.

und dem

Hochwohlgebohrenen Herrn,

Herrn Friedr. von Lingelsheim,

Königl. Preuß. Major des Adelichen Kadetten-Korps u. s. w.

Ehrfurchtsvoll gewidmet

von

Grüson.

Vorbericht.

Der verewigte Euler wußte überall Gründlichkeit und Deutlichkeit so glücklich zu vereinigen, daß seine Absicht, ein Lehrbuch der Algebra abzufaßen, aus welchem jeder Liebhaber der Mathematik ohne Beyhülfe eines Lehrers, die Buchstabenrechenkunst und gemeine Algebra gründlich zu erlernen im Stande wäre, nicht verfehlt werden konnte; auch genoß er das Vergnügen, sich davon durch Erfahrung zu überzeugen. Er war nemlich gerade zu der Zeit, als er die Algebra ausarbeitete, seines Gesichts völlig beraubt, und daher genöthigt, sie seinem Bedienten in die Feder zu dictiren. Dieser junge Mensch, von Profession ein Schneider, war von sehr mittelmäßigen Talenten, und verstand, als Euler sich seiner zu diesem Zweck bediente, von der Mathematik nichts weiter, als daß er mechanisch fertig rechnen konnte, und doch faßte er nicht nur, ohne weitere Erklärung, alles dasjenige, was ihm dictirt wurde, sondern wurde auch dadurch gar bald in den Stand gesetzt, die in der Folge vorkommenden schweren Buchstabenrechnungen ganz allein auszuführen, und alle ihm vorgelegten algebraischen Aufgaben mit vieler Fertigkeit aufzulösen.

Mit

Vorbericht.

Mit Recht rühmt unter andern Vorzügen, welche dieses vortrefliche Lehrbuch hat, der Petersburgische Herausgeber den Vortrag der Lehre von den Logarithmen, ingleichen die im zweyten Theile für die Auflösung der cubischen und biquadratischen Gleichungen gegebenen Methoden, und die ausführliche Abhandlung über die diophantischen Aufgaben, welche den letzten Abschnitt des zweyten Theils ausmacht, und worin alle zur Auflösung dieser Aufgaben erforderlichen Kunstgriffe sehr sorgfältig erklärt werden.

Von diesem Werke ist eigentlich nur eine deutsche Ausgabe vorhanden, die 1770 zu St. Petersburg erschien; denn die zu Lund herausgekommene und ebenfalls unter den Druckort St. Petersburg erschienene Ausgabe ist ein bloßer Nachdruck. — Uebersetzt ist dies Werk ins Russische schon 2 Jahre vorher, und ins Französische 1774 von dem noch jetzt hier in Berlin lebenden Herrn Prof. Bernoulli. Die letztere Uebersetzung ist zu Lion und Paris erschienen.

Einen Auszug von Eulers Algebra lieferte Herr Prof. Ebert 1789, Frankf. am Mayn. Die deutschen Ausgaben dieser Algebra sind schon seit mehrern Jahren völlig vergriffen, und noch hat kein neueres Werk diesen Mangel ersetzet. Dies veranlaßte mich einer neuen vollständigen Ausgabe zu unterziehen. Ich habe mich bemüht, den oft nur zu wortreichen und durch weitläuftigen Periodenbau schleppend ge-

worbenen

Vorbericht.

wordenen Vortrag Eulers, in ein gefälligeres, den Geschmack weniger beleidigendes Gewand umzukleiden. Die Deutlichkeit hat, wie ich mir schmeichele, hierdurch nicht wenig gewonnen; so wie durch eine sorgfältige Ausmerzung der vielen eingeschlichenen Druckfehler nicht geringe Schwierigkeiten des Selbstunterrichts gehoben worden sind. Die Paragraphenfolge habe ich beybehalten und meine Anmerkungen, die theils die Verdeutlichung des Vorgetragenen, theils die Verbesserung der hie und da eingeschlichenen Fehler beabsichtigen, sind in kleinerer Schrift jedem Paragraph, wo ich es nöthig hielt, beygefügt worden.

Man wird mir es hoffentlich zutrauen, daß mich nicht Tadelsucht oder ein andrer unedler Bewegungsgrund verleiteten, hin und wieder auf Uebereilungen eines Eulers den Leser aufmerksam zu machen. In der Gelehrten Republik gilt keine Authorität, und das αυτος εφα darf der Mathematiker gerade am wenigsten respectiren, da die mathematischen Wahrheiten einer Demonstration fähig sind, deren sich keine andere, selbst nicht die erhabene Philosophie, die Gesetzgeberin der Menschheit, rühmen kann. — Ich glaube also nicht, hierdurch die dem unsterblichen Euler schuldige Achtung, die keiner lebhafter fühlen kann, als ich, verletzt zu haben.

Außer den beyden Theilen, in welchen das Eulersche Werk selbst geliefert werden soll, wird noch

ein

Vorbericht.

ein dritter Theil folgen, der nebst den Zusätzen des Herrn de la Grange zur unbestimmten Analysis, welche sich bey der oben genannten französischen Ausgabe befinden, eine deutliche und faßliche Darstellung des Nothwendigsten aus der Differential= und Integralrechnung enthalten wird. — Diese drey Theile zusammen genommen, werden daher ein sehr brauchbares Lehrbuch sowohl der Analysis endlicher als unendlicher Größen abgeben können.

Der Herr Verleger hat übrigens keine Kosten gespart, einen korrecten und deutlichen Druck auf gutem weißen Papier zu liefern, und um das Werk gemeinnütziger zu machen, versprochen, der vielen Zusätze ungeachtet, es so wohlfeil, als die alte Ausgabe zu liefern.

Die beyden übrigen Theile werden zur Michaelismesse nachfolgen.

Grüson.

Inhalt.

Inhalt des ersten Theils.

***

Erster Abschnitt.

Von den verschiedenen Rechnungsarten mit einfachen Größen.

Inhalt.

Zweyter Abschnitt.

Von den verschiedenen Rechnungsarten mit zusammengesetzten Größen.

II. Ca-

Inhalt.

Drit-

Inhalt.

Dritter Abschnitt.

Von den Verhältnissen und Proportionen.

Des

Des

Erſten Theils

Erſter Abſchnitt.

Von

den verſchiedenen Rechnungsarten

mit einfachen Größen.

Des

Erften Theils

Erfter Abfchnitt.

Von den verfchiedenen Rechnungsarten mit einfachen Größen.

I. Capitel.

Von der Algebra überhaupt.

§. 1.

Alles dasjenige wird eine Größe genannt, welches einer Vermehrung oder einer Verminderung fähig ift, oder wozu fich noch etwas hinzufetzen oder davon wegnehmen läßt.

Daher ift eine Summe Geldes eine Größe, weil fich etwas dazu fetzen und hinweg nehmen läßt.

Imgleichen ift auch ein Gewicht eine Größe und dergleichen mehr.

§. 2.

Es giebt alfo fehr viel verfchiedene Arten von Größen welche fich nicht wohl herzählen laffen; und daher entftehen die verfchiedenen Theile der

A 2　　Mathe-

Mathematik, von denen ſich jeder mit einer be-
ſondern Art von Größen beſchäftiget, indem die
Mathematik überhaupt nichts anders iſt, als
eine Wiſſenſchaft der Größen, welche Mittel ausfindig macht, wie man dieſelben ausmeſſen
ſoll.

Anmerkung. Ueber das Weſen der Mathematik findet
man ſehr viel Lehrreiches in folgenden Schriften. Mi-
chelſens, Gedanken über den gegenwärtigen
Zuſtand der Mathematik — Berlin 1789,
deſſen Beyträge zur Mathematik. Erſter
Band. Berlin 1790, und in deſſen Elemente
des Euclides. — Berlin 1791.

§. 3.

Es läßt ſich aber eine Größe nicht beſtimmen
oder ausmeſſen, wenn man nicht eine Größe derſelben Art als bekannt annimmt, und das Verhältniß anzeigt, worinn eine jede Größe, von eben
der Art, gegen dieſelbe ſteht.

Alſo, wenn die Größe einer Summe Geldes
beſtimmt werden ſoll, ſo wird ein gewiſſes Stück
Geld, z. B. ein Gulden, ein Rubel, ein Thaler,
oder ein Dukaten und dergleichen, als bekannt
angenommen, und angezeigt, wie viel dergleichen
Stücke in jener Summe enthalten ſind.

Eben ſo, wenn die Größe eines Gewichts beſtimmt werden ſoll, ſo wird ein gewiſſes Gewicht,
z. B. ein Pfund, ein Centner, oder ein Loth und
dergleichen, als bekannt angenommen, und angezeigt, wie viel derſelben in dem vorigen Gewicht
enthalten ſind.

Soll aber eine Länge oder eine Weite ausge-
meſſen werden, ſo pflegt man ſich dazu einer gewiſ-
ſen bekannten Länge, welche ein Fuß genannt wird,
zu bedienen.

Anmer-

Anmerkung. Nicht bloß der Fuß, sondern auch der Meilen, Ruthen, Ellen u. s. w. bedient man sich zum Ausmessen der Längen, der Astronom gebraucht sogar Erddiameter und Sonnenfernen, zu Ausmessungen am Himmel.

§. 4.

Bey Bestimmungen, oder Ausmessungen der Größen aller Art, kömmt es also darauf an, daß erstlich eine gewisse bekannte Größe von gleicher Art festgesetzt werde (welche das Maaß, oder, die Einheit genannt wird), und also von unserer Willkühr abhängt; hernach, daß man bestimme, in was für einem Verhältnisse die vorgegebene Größe gegen dieses Maaß stehe, welches jederzeit durch Zahlen angezeigt wird, so daß eine Zahl nichts anders ist, als das Verhältniß, worinn eine Größe gegen eine andere, die statt der Einheit angenommen wird, steht.

§. 5.

Hieraus ist klar, daß sich alle Größen durch Zahlen ausdrücken lassen, und also der Grund aller mathematischen Wissenschaften darinn gesetzt werden muß, daß man die Lehre von den Zahlen, und alle Rechnungsarten, die dabey vorkommen können, genau in Erwägung ziehe, und vollständig abhandle.

Dieser Grundtheil der Mathematik wird die Analytik oder Algebra genannt.

Anmerk. Mehrere Mathematikverständige unterscheiden mit Recht Analytik oder Analysis von Algebra, denn diese ist eigentlich nur ein Theil von jener. Weiter hin wird sich dieser Unterschied genauer angeben lassen.

§. 6.

In der Analytik werden also bloß Zahlen betrachtet, wodurch die Größen angezeigt werden, ohne sich um die besondere Art der Größen zu be=

A 3

bekümmern, welches in den übrigen Theilen der
Mathematik geschieht.

§. 7.

Von den Zahlen insbesondere handelt die gemeine Arithmetik oder Rechenkunst, (arithmetica vulgaris). Diese erstreckt sich aber nur auf
gewisse Rechnungsarten, welche im gemeinen Leben
öfters vorkommen; hingegen begreift die Analytik auf eine allgemeine Art alles dasjenige in sich,
was bey den Zahlen und deren Berechnung auch
immer vorfallen mag.

1. Zusatz. Außer den gewöhnlichen arithmetischen Ziffern
bedient man sich in der Algebra noch verschiedener anderer Zeichen, die zu den im gemeinen Leben vorkommenden Rechnungen nicht nöthig sind. Um aber das Gedächtniß nicht zu sehr
zu beschweren, so hat man bloß zur Bemerkung der verschiedenen Operationen besondere Zeichen erdacht, und zur Bezeichnung der Größen selbst die Buchstaben des lateinischen Alphabets gewählt. Wenn die lateinischen Buchstaben nicht hinreichend sind, so pflegt man sich auch der griechischen, hebräi-
schen und deutschen Buchstaben zu dieser Absicht zu bedienen. Die
folgenden Capitel werden darüber alle nöthige Erläuterung geben.

2. Zusatz. Die Verrichtung der gewöhnlichen Rechnungsarten, vermittelst der Buchstaben, wird die Buchstabenrech-
nung (calculus literalis), oder allgemeine Arithmetik
(arithmetica, seu calculus universalis) genannt; sie ist ein
sehr wichtiges Hülfsmittel zur Erlernung der Algebra, die we-
sentlich von ihr unterschieden ist. Letztere bestehet eigentlich in der
Wissenschaft, Gleichungen aufzulösen, das heißt, den Werth
der unbekannten Größe, die in der Gleichung enthalten ist, zu
finden. Durch eine Gleichung aber versteht man nichts anders, als eine Formel, oder ein Ausdruck, worin einerley Größe
auf zweierley Art ausgedrückt wird. Z. B. 24 Groschen und
288 Pfennige zeigen einerley Summe an, denn jedes ist so viel
als ein Thaler, also sind 24 Groschen gleich 288 Pfennigen,
welches man mathematisch durch das gewöhnliche Zeichen der
Gleichheit = folgendergestalt auszudrücken und eine Aequa-
tion oder Gleichung zu nennen pflegt.

$$24 \text{ Groschen} = 288 \text{ Pfennige.}$$

Aber solche Gleichungen aus dem Gegebenen zu finden, ist
das eigentliche Geschäft der Analysis.

II. Ca-

II. Capitel.
Von der Addition und Subtraction einfacher Größen.

§. 8.

Wenn zu einer Zahl eine andere hinzugesetzt oder addirt werden soll, so wird solches durch das Zeichen + angedeutet, welches der Zahl vorgesetzt und plus ausgesprochen wird.

Also wird durch 5 + 3 angedeutet, daß zu der Zahl 5 noch 3 addirt werden soll, da man denn weiß, daß 8 heraus kommt: eben so z. B.

12 + 7 ist 19; 25 + 16 ist 41; und 25 + 41 ist 66 u. s. w.

§. 9.

Durch dieses Zeichen (+) pflegen auch mehrere Zahlen verbunden zu werden, als z. B.

7 + 5 + 9, wodurch angezeigt wird, daß zu der Zahl 7 noch 5, und überdies noch 9 addirt werden sollen, welches 21 ausmacht. Hieraus ersieht man, was folgender Ausdruck bedeutet, als:

8 + 5 + 13 + 11 + 1 + 13 + 10,

nemlich die Summe aller dieser Zahlen, welche 61 beträgt.

§. 10.

Wie dieses für sich klar ist, so ist noch zu merken, daß auf eine allgemeine Art die Zahlen durch Buchstaben, als a, b, c, d, u. s. w. angedeutet werden, wenn man also schreibt a + b, so bedeutet dieses die Summe der beyden Zahlen, welche durch a und b ausgedrückt werden, dieselben mögen nun so groß oder klein seyn, als sie wollen. Eben so bedeutet f + m + b + x die Summe der Zahlen, welche durch diese Buchstaben ausgedrückt werden.

A 4   Wenn

Wenn man also nur weiß, was für Zahlen durch
Buchstaben angedeutet werden, so findet man durch
die Rechenkunst die Summe oder den Werth von
dergleichen Ausdrücken in jedem andern Fall.

§. 11.

Wenn hingegen von einer Zahl eine andere weg=
genommen werden soll, oder subtrahirt wird, so wird
solches durch das Zeichen (—) angedeutet, welches
man minus oder weniger ausspricht, und vor die=
jenige Zahl setzt, die subtrahirt werden soll.

So bedeutet z. B. der Ausdruck $8 - 5$
daß von der Zahl 8 die Zahl 5 soll weggenommen
werden, da dann, wie bekannt ist, 3 übrig bleibt.
Eben so ist $12 - 7$ so viel, als 5, und $20 - 14$,
so viel als 6, u. s. w.

§. 12.

Es kann auch geschehen, daß von einer Zahl
mehr Zahlen zugleich subtrahirt werden sollen.

Z. B. $50 - 1 - 3 - 5 - 7 - 9.$

Welches also zu verstehen ist: nimmt man zuerst
1 von 50 weg, so bleiben 49; davon 3 weggenom=
men, bleiben 46; davon 5, bleiben 41; davon 7,
bleiben 34; davon die letzten 9 weggenommen,
bleiben 25; welches der Werth des vorgegebenen
Ausdrucks ist. Aber da die Zahlen 1, 3, 5, 7, 9,
insgesammt weggenommen werden sollen, so ist es
eben so viel, als wenn man ihre Summe, nem=
lich 25, auf einmal von 50 abzieht, da dann, wie
vorher, 25 übrig bleiben.

§. 13.

Eben so läßt sich auch leicht der Werth solcher
Ausdrücke bestimmen, in welchen beyde Zeichen
$+$ und $-$ vorkommen; z. B.

12

12 — 3 — 5 + 2 — 1 ist so viel als 5.

Oder man darf nur die Summe der Zahlen, die
+ vor sich haben, besonders nehmen, als:
12 + 2 machen 14, und davon die Summe aller
Zahlen, die — vor sich haben, welche sind 3, 5, 1,
das ist 9 abziehen, da dann, wie vorher, 5 ge=
funden wird.

§. 14.

Hieraus ist klar, daß es hierbey gar nicht auf
die Ordnung der hergesetzten Zahlen ankomme, son=
dern daß man sie nach Belieben versetzen könne,
wenn nur eine jede das ihr vorstehende Zeichen be=
hält. So kann man, anstatt der obigen Formel,
setzen:

12 + 2 — 5 — 3 — 1 oder 2 — 1 — 3 — 5 + 12
oder 2 + 12 — 3 — 1 — 5.

Wobey aber zu merken ist, daß im ersten Aus=
druck vor der Zahl 12 das Zeichen + vorgesetzt ver=
standen werden muß. Denn man pflegt dieses Zei=
chen beym Anfang eines Ausdrucks gemeiniglich weg=
zulassen.

§. 15.

Wenn nun, um die Sache allgemein zu ma=
chen, anstatt der gewöhnlichen Zahlen, Buchstaben
gebraucht werden, so begreift man auch leicht die
Bedeutung davon. Z. B.

a — b — c + d — e deutet an, daß die durch
die Buchstaben a und d ausgedrückte Zahlen zusam=
men genommen, und davon die übrigen b, c, e, wel=
che das Zeichen — haben, insgesammt weggenom=
men werden sollen.

§. 16.

Hier kömmt es also hauptsächlich darauf an, was
für ein Zeichen eine jede Zahl vor sich stehen hat;

A 5   daher

daher pflegt man in der Algebra die Zahlen mit ih=
ren vorstehenden Zeichen als einzelne Größen zu be=
trachten, und diejenigen, welche das Zeichen + vor
sich haben, bejahende oder positive; diejeni=
gen aber, welche das Zeichen — vor sich haben,
verneinende oder negative Größen zu nennen.

§. 17.

Dieses läßt sich sehr gut durch die Art erläutern,
wie man das Vermögen einer Person anzuzeigen
pflegt; da dasjenige, was jemand wirklich besitzt,
durch positive Zahlen mit dem Zeichen +, dasjenige
aber, was er schuldig ist, durch negative Zahlen mit
dem Zeichen — ausgedrückt wird. Also wenn je=
mand 100 Rubel hat, dabey aber 50 Rubel schul=
dig ist, so wird sein Vermögen seyn:

$$100 - 50, \text{ oder, welches einerley}$$
$$+ \ 100 - 50, \text{ das ist } 50.$$

§. 18.

Da nun die negativen Zahlen als Schulden be=
trachtet werden können, in so fern die positiven Zah=
len die wirklichen Besitzungen anzeigen; so kann
man sagen, daß die negativen Zahlen weniger
sind, als nichts. Wenn jemand z. B. nichts im
Vermögen hat, und noch dazu 50 Rubel schuldig
ist, so hat er wirklich 50 Rubel weniger als nichts.
Denn wenn ihm jemand 50 Rubel schenken sollte,
um seine Schulden zu bezahlen, so würde er alsdann
erst nichts haben, da er doch itzt mehr hat, als vorher.

§. 19.

Wie nun die positiven Zahlen unstreitig größer
als nichts sind, so müssen die negativen Zahlen klei=
ner als nichts seyn. Die positiven Zahlen aber
ent=

entstehen, wenn man erstlich zu 0, oder Nichts, immerfort Eins zusetzt, da dann die Reihe der sogenannten natürlichen Zahlen entspringt, nemlich:

0, + 1, + 2, + 3, + 4, + 5, + 6, + 7, + 8, + 9, + 10,

und so fort ohne Ende.

Wird aber diese Reihe rückwärts fortgesetzt, und immer eins mehr weggenommen, so entspringt folgende Reihe der negativen Zahlen:

0, — 1, — 2, — 3, — 4, — 5, — 6, — 7, — 8, — 9, — 10,

und so ins unendliche.

§. 20.

Alle diese Zahlen, sowohl positive als negative, führen den bekannten Nahmen der g a n z e n Z a h = l e n, welche also entweder größer oder kleiner sind, als nichts. Man nennet sie ganze Zahlen, um sie von den gebrochenen, und von vielerley andern Zahlen, wovon unten gehandelt werden soll, zu unterscheiden. Denn da z. B. 50 um ein Ganzes größer ist als 49, so begreift man leicht, daß zwischen 49 und 50 noch unendlich viel Mittelzahlen statt finden können, welche alle größer als 49, und doch alle kleiner als 50 sind. Man darf sich zu diesem Ende nur 2 Linien vorstellen, wovon die eine 50 Fuß, die andere aber 49 Fuß lang ist, so wird man leicht begreifen, daß man unendlich viele andere Linien ziehen kann, welche alle länger als 49, und doch kürzer als 50 Fuß sind.

§. 21.

Dieser Begriff von den verneinenden oder negativen Größen ist um so sorgfältiger zu bemerken, da er in der ganzen Algebra von der größten Wichtigkeit ist. Hier wird es genug seyn, zum Voraus noch zu bemerken, daß diese Ausdrücke:

+ 1

$+1-1, +2-2, +3-3, +4-4,$ u. ſ. f.
alle ſo viel ſind, als o, oder Nichts: ferner, daß
z. B. $+2-5$ ſo viel iſt als -3; denn wenn einer 2 Rubel hat, und 5 Rubel ſchuldig iſt, ſo hat
er nicht nur nichts, ſondern bleibt noch 3 Rubel
ſchuldig: eben ſo iſt,

$$7-12 \text{ ſo viel als} - 5$$
$$25-40 \text{ ſo viel als} - 15.$$

§. 22.

Eben dieſes iſt auch zu beobachten, wenn auf
eine allgemeine Art anſtatt der Zahlen Buchſtaben
gebraucht werden, da denn immer $+a-a$, ſo viel
iſt als o, oder nichts. Wenn man wiſſen will,
was z. B. $+a-b$ bedeute, ſo ſind zwey Fälle
zu erwägen.

1) Wenn a größer iſt als b, ſo ſubtrahiret
man b von a, und der Reſt, poſitiv genommen, iſt
der geſuchte Werth.

2) Wenn a kleiner iſt als b, ſo ſubtrahirt man
a von b, und der Reſt, negativ genommen, oder das
Zeichen $-$ vorgeſetzt, zeigt den geſuchten Werth an.

1. Zuſatz. Die poſitiven und negativen Größen pflegt
man auch überhaupt entgegengeſetzte Größen zu nennen, die alſo in allen denjenigen Fällen ſtatt finden, wo man
Größen von einerley Art hat, die unter ſolchen Bedingungen
betrachtet werden können, vermöge welcher eine die andere vermindert. So ſind z. B. Vermögen und Schulden, Einnahme und Ausgabe, vorwärts und rückwärts gehende Bewe-
gung, Steigen und Fallen u. ſ. w. entgegengeſetzte Größen, und
es hängt bloß von meiner Willkühr ab, welche ich für poſitiv annehmen will. Ausgabe iſt eine verneinende Einnahme, und Einnahme kann als verneinende Ausgabe angeſehen werden. Nenne
ich den Weg von Berlin nach Magdeburg poſitiv, ſo muß ich
den Weg von Magdeburg nach Berlin negativ nennen, und umgekehrt, nenne ich den Weg von Magdeburg nach Berlin poſitiv,
ſo muß ich den Weg von Berlin nach Magdeburg negativ nennen, und ſo in allen übrigen Fällen.

2. Zu-

2. Zusatz. Aus dem bisher gesagten ist klar, daß die Zeichen (+ —) bey entgegengesetzten Größen bloß das Bejahte und Verneinte ausdrücken, welches man sich bey ihnen denkt: sie beziehen sich nur auf die Bedingungen, und gehen die Größe der Sache gar nichts an.

Der Weg nach Norden sey positiv, so ist der Weg nach Süden negativ. Schreibe ich nun + 3 Meilen und — 3 Meilen, so ist der zweyte Weg eben so gut 3 Meilen als der erste, und durch (+ —) wird man nur erinnert, bey + 3 an den Weg nach Norden, bey — 3 aber an den Weg nach Süden zu denken. Demnach würde man statt positive, oder negative Größe, richtiger positiv oder negativ ausgedrückte Größe sagen.

3. Zusatz. Aus dem vorhergehenden erhellet auch deutlich, daß man sagen könne, die positive Größe sey weniger als nichts; sie ist nemlich weniger als nichts in Absicht auf die entgegengesetzte. Offenbar hat der, welcher 100 Thaler Vermögen hat, weniger als nichts von dem entgegengesetzten; denn um nichts von dem entgegengesetzten zu haben, mußte er 100 Thaler schuldig seyn, er würde also alsdann erst etwas von dem entgegengesetzten haben, wenn er mehr als 100 Thaler schuldig wäre.

Aber nur in diesem Verstande kann man eine positive oder negative Größe weniger als nichts nennen. An sich selbst ist jede von den genannten Größen mehr als nichts, weil sie wirkliche Größen sind. Es kömmt nemlich hier auf eine Bedeutung des Wortes Nichts an, welches in dem obigen Verstande genommen, nur ein relatives, kein absolutes Nichts seyn soll. Auch unter mehreren verneinten Größen einerley Art, als — 1, — 2, — 3. u. s. f. wird man diejenige für kleiner halten, welche als Größe, ohne Rücksicht auf das vorangesetzte Zeichen (—) größer ist; so wird — 7 eine kleinere Zahl als — 6, diese kleiner als — 5 u. s. f. seyn. Je größer nemlich eine Zahl a an sich betrachtet, ist, desto weniger als nichts wird — a von dem Entgegengesetzten bedeuten, weil ein desto größeres Entgegengesetztes + a erfordert wird, wenn es mit — a nichts geben soll.

4. Zusatz. Bisher haben die Mathematiker nur die negativen Größen für weniger als Nichts betrachtet. Wenn daher Vermögen als positiv betrachtet wird, so kann man die Schulden als negatives Vermögen ansehen, und alsdann sind Schulden im obigen Verstande weniger als Nichts vom Vermögen. Betrachtet man aber die Schulden als positiv, und das Vermögen als
nega-

negativ, ſo iſt alsdann das Vermögen weniger als Nichts von den Schulden.

Dieſes rechtfertiget mich, wenn ich ſage, poſitive Größen ſind weniger als nichts, denn von ihnen läßt ſich gewiß daſſelbe als von negativen Größen behaupten.

5. Zuſatz. Der bekannte Grundſatz der Arithmetik, daß wenn man von zween ungleichen Zahlen eine und eben dieſelbe dritte Zahl abziehet, die größere Zahl einen größeren und die kleinere einen kleineren Reſt giebt, mag ein Beiſpiel geben, daß man durch ganz gemeine Rechnungen veranlaßt werden kann, ſich ſolche Vorſtellungen von bejahten und verneinten Zahlen zu machen, wobey man jene für größer, und dieſe für kleiner als nichts hält, und daß dies nur in der vorhin erklärten Bedeutung genommen werden kann.

Was auch a, b, c immer für Zahlen ſind, ſo iſt doch allemal

$$a < a + b: \text{ alſo auch}$$
$$a - (a+b) < a + b - (a+b), \text{ oder}$$
$$a - a - b < 0, \text{ oder} - b < 0$$

Es iſt ferner auch $a < a + b + c$, folglich auch

$$a - (a+b) < a + b + c - (a+b), \text{ oder}$$
$$- b < + c$$

Das heißt: jede verneinte Zahl — b iſt kleiner als Null, und kleiner als jede bejahte Zahl + c

Dieſes ſcheint nun unwiderleglich dargethan. Allein will man alles genau nehmen, ſo muß man bekennen, daß die vorhin gemachten Schlüſſe nichts anders beweiſen, als daß man oft einen arithmetiſchen Grundſatz da anwendet, wo er gar nicht anwendbar iſt, oder von ihm mehr verlangt, als er wirklich geben kann: der Grundſatz ſetzt nemlich die Möglichkeit der Abziehung, und der dadurch zu erhaltenden Reſte voraus, da doch dieſes hier uns möglich iſt, indem eine größere Zahl a + b von einer kleinern a abgezogen werden ſoll, und — b, die hier zum Reſultat herauskömmt, bedeutet nichts anders, als eine Zahl b, welche abgezogen werden müßte, wenn eine da wäre, wovon der Abzug geſchehen könnte.

Anmerk. Aus allem, was im 3, 4 und 5ten Zuſatz geſagt worden iſt, erhellet, wie, ſo zu ſagen, unmathematiſch man reden muß, um die im 5. Zuſatz enthaltenen Vorſtelstellungen zu rechtfertigen, zu welchen gewisse Rechnungen zu führen scheinen: es ist daher auch rathsam, diese unmathematische Sprache überall, wo es sich thun läßt, zu vermeiden, oder recht zu gebrauchen, wo sie nicht vermieden werden kann. Nimmt man den Ausdruck, weniger als nichts, nicht in dem Verstande, als solcher im 3ten Zusatz erklärt worden ist, so ist er falsch, und hat wirklich Mathematikverständige zu irrigen Vorstellungen von den verneinenden Größen geführet.

III. Capitel.

Von der Multiplication mit einfachen Größen.

§. 23.

Wenn zwey oder mehr gleiche Zahlen zusammen addirt werden, so läßt sich die Summe auf eine kürzere Art ausdrücken. Denn so ist

$$a + a \qquad \text{so viel als } 2 \cdot a, \text{ und}$$
$$a + a + a \qquad \text{so viel als } 3 \cdot a, \text{ ferner}$$
$$a + a + a + a \text{ so viel als } 4 \cdot a, \text{ u. s. w.}$$

Woraus der Begriff von der Multiplication entspringt, da nemlich

$2 \cdot a$ so viel ist, als 2mal a, und

$3 \cdot a$ so viel als 3mal a, ferner

$4 \cdot a$ so viel als 4mal a, u. s. f.

1. Zusatz. Das Multiplicationszeichen ist (.) oder ($\times$). Also 5mal 6, kann ich auch so andeuten: $5 \cdot 6$ oder 5×6.

2. Zusatz. Aus der gemeinen Rechenkunst ist bekannt, daß die Zahlen, die mit einander multiplicirt werden, den gemeinschaftlichen Nahmen Factoren haben, was herauskommt, heißt alsdann das Factum, oder Product, auch nennt man besonders den einen von zwey Factoren, der multiplicret

werden

werden soll, den Multiplicandus, und der, womit multi=
plicirt wird, der Multiplicator.

§. 24.

Wenn also eine durch einen Buchstaben aus=
gedrückte Größe mit einer beliebigen Zahl multipli=
ciret werden soll, so wird die Zahl bloß vor den
Buchstaben geschrieben. Z. B.

a mit 20 multiplicirt, giebt 20a, und
b mit 30 multiplicirt, giebt 30b, u. s. w.

Solchergestalt ist ein c, einmal genommen, oder
1c, soviel als c.

§. 25.

Dergleichen Producte können auch noch weiter
leicht mit andern Zahlen multiplicirt werden. Z.B.

2mal 3a macht   6a
3mal 4b macht 12b
5mal 7x macht 35x

welche noch ferner mit andern Zahlen sich multipli=
ciren lassen.

§. 26.

Wenn die Zahl, mit welcher multiplicirt wer=
den soll, auch durch einen Buchstaben ausgedrückt
wird, so pflegt man diesen Buchstaben dem andern
Buchstaben unmittelbar vorzusetzen. Z. B. wenn
b mit a multiplicirt werden soll, so heißt das Pro=
duct ab, und pq ist das Product, welches entstehet,
wenn man die Zahl q mit p multiplicirt. Will man
pq noch ferner mit a multipliciren, so kömmt her=
aus apq.

§. 27.

Hiebey ist wohl zu merken, daß es auch hier
nicht auf die Ordnung der an einander gesetzten

Buch=

Buchstaben ankomme, indem ab eben so viel ist, als ba; oder b und a mit einander multiplicirt, macht eben so viel, als a mit b multiplicirt. Um dieses zu begreifen, darf man nur für a und b bekannte Zahlen, als 3 und 4 nehmen, so giebt es sich von selbst: nemlich 3 mal 4 ist eben so viel, als 4 mal 3.

1. Zusatz. Daß ab gleich ba ist, davon überzeugt man sich ganz allgemein, wenn man so viel Punkte in einer Reihe vor sich hinschreibt, als der eine Factor z. B. a, Einheiten hat, und unter diese Reihe noch so viel solche Reihen, weniger eine, darunter setzt, als der andere Factor, hier b, Einheiten hat, hier durch wird man deutlich übergeführt, daß b Reihen über oder unter einander stehen, wovon jede a Punkte enthält, demnach alle Reihen zusammen ab Punkte enthalten; ferner neben einander stehen a Reihen, in jeder b Punkte, mithin in allen a Reihen zusammen ba Punkte. Folglich ist ab = ba.

2. Zusatz. Da ab = ba, so ist auch abcd = bacd = bcad = bcda u. s. w. Dieses gilt, wie man leicht siehet, wenn auch mehrere Factoren vorhanden sind; demnach ist der Satz allgemein wahr, daß einerley Factoren in veränderter Ordnung einerley Product geben.

§. 28.

Wenn statt der Buchstaben, welche unmittelbar an einander geschrieben sind, Ziffern gesetzt werden sollen, so sieht man leicht, daß dieselben alsdann nicht unmittelbar hinter einander geschrieben werden können. Denn wenn man statt 3 mal 4 schreiben wollte 34, so würde solches nicht zwölf, sondern vier und dreißig heißen. Wenn daher eine Multiplication mit bloßen Zahlen angedeutet werden soll, so pflegt man einen Punkt oder das Zeichen × zwischen dieselben zu setzen. Z. B.

3 . 4, bedeutet 3 mal 4, das ist 12. Eben so ist 1 . 2 oder 1 × 2 so viel als 2, und 1 . 2 . 3 ist 6. Ferner 1 . 2 . 3 . 4 . 56, ist 1344, und 1 . 2 . 3 . 4 . 5 . 6 . 7 . 3 . 9 . 10, ist 3628800. u. s. f.

B.   §. 29.

§. 29.

Hieraus ergiebt ſich nun auch, was ein ſolcher
Ausdruck 5.7.8. abcd bedeute; nemlich die Zahl
5 wird erſtlich mit 7 multiplicirt das Product ferner mit 8, dieſes Product hernach mit a, und dieſes
wieder mit b, ſodann mit c, und endlich mit d;
wobey zu merken, daß ſtatt 5.7.8, der Werth
davon, nemlich die Zahl 5 mal 7, iſt 35, und 8 mal
35 das iſt 280 geſchrieben werden kann.

§. 30.

Ferner iſt zu merken, daß ſolche Ausdrücke, die
aus der Multiplication mehrerer Zahlen entſtehen,
P r o d u c t e genannt werden, Zahlen oder Buchſtaben aber, welche einzeln ſind, pflegt man F a c t o -
r e n zu nennen. S i e h e §. 23. 2 t e r Z u ſ a tz.

§. 31.

Bis hieher haben wir nur poſitive Zahlen betrachtet, und da iſt gar kein Zweifel, daß die daher
entſtehenden Producte nicht auch poſitiv ſeyn ſollten.
Nemlich $+$ a mit $+$ b multiplicirt, giebt unſtreitig $+$ ab. Was aber heraus komme, wenn $+$ a
mit $-$ b, oder $-$ a mit $-$ b multiplicirt werde,
erfordert eine beſondere Erklärung.

§. 32.

Wir wollen erſtlich $-$ a mit 3 oder $+$ 3 multipliciren. Weil nun $-$ a als eine Schuld angeſehen werden kann, ſo iſt offenbar, daß, wenn dieſe
Schuld 3 mal genommen wird, dieſelbe auch 3 mal
größer werden müſſe. Folglich wird das geſuchte
Product $-$ 3a ſeyn. Und wenn daher $-$ a mit b,
das iſt, mit $+$ b multiplicirt werden ſoll, ſo wird
herauskommen $-$ ba, oder, welches einerley iſt,
$-$ ab.

— ab. Hieraus ziehen wir den Schluß, daß, wenn eine positive Größe mit einer negativen multiplicirt werden soll, das Product negativ werde; woher sich diese Regel ergiebt: Positives mit Positivem, oder + mit + multiplicirt, giebt +, oder ein positives Product. Hingegen + mit —, oder — mit +, d. i. Positives mit Negativem, oder Negatives mit Positivem multiplicirt, giebt —, oder ein negatives Product.

§. 33.

Nun ist also noch ein Fall zu bestimmen übrig, nemlich, wenn — mit —, z. B. — a mit — b multiplicirt wird. Hierbey ist zuerst klar, daß das Product in Ansehung der Buchstaben heißen werde, ab; ob aber das Zeichen + oder — davor zu setzen sey, ist noch ungewiß; doch so viel ist gewiß, daß es entweder das eine, oder das andere seyn müsse. Nun aber, sage ich, kann es nicht das Zeichen — seyn. Denn — a mit + b multiplicirt, giebt — ab; und also — a mit — b multiplicirt, kann nicht eben das geben, was — a mit + b giebt; sondern es muß das Gegentheil herauskommen, nemlich das Product, + ab. Hieraus entsteht diese Regel: Negatives mit Negativem, oder — mit — multiplicirt, giebt + eben sowohl, als + mit +.

§. 34.

Diese Regeln pflegen auch zusammen gezogen und kurz mit diesen Worten ausgedrückt zu werden: Zwey gleiche Zeichen mit einander multiplicirt, geben +, zwey ungleiche Zeichen aber geben —. Wenn also diese Größen:

B 2   + a,

$$+ a, \; - b, \; - c, \; + d,$$

mit einander multiplicirt werden sollen, so giebt erstlich + a mit — b mult. — ab, dieses mit — c, giebt + abc, und dieses endlich mit + d multiplicirt, giebt + abcd.

§. 35.

Da nun die Sache in Ansehung der Zeichen keine Schwierigkeit hat, so ist noch übrig zu zeigen, wie zwey Zahlen, die schon Producte sind, mit einander multiplicirt werden sollen. Wenn die Zahl a b mit der Zahl c d multiplicirt werden soll, so ist das Product abcd, und entsteht also, wenn man erstlich ab mit c, und das, was man durch die Multiplication gefunden, ferner mit d multiplicirt.

Weil bestimmte Zahlen solches am besten erläutern, so sey z. B. die Zahl 36 mit 12 zu multipliciren; weil nun 12 so viel ist, als 3 mal 4, so hat man nur nöthig 36, erstlich mit 3 und das gefundene, nemlich 108, ferner mit 4 zu multipliciren, da man denn erhält:

$$432. \; \text{welches so viel ist, als 12 mal 36.}$$

§. 36.

Will man aber 5ab mit 3cd multipliciren, so könnte man auch wohl sagen 3cd5ab; da es aber hier nicht auf die Ordnung der mit einander multiplicirten Zahlen ankömmt, so pflegt man die Ziffern zuerst zu setzen, und schreibt das Product 5 . 3 . abcd, oder 15abcd; weil 5 mal 3 so viel ist, als 15.

Eben so, wenn 12pqr mit 7xy, multipliciret werden soll, erhält man 12 . 7pqrxy, oder 84pqrxy.

IV. Ca

IV. Capitel.

Von der Natur der ganzen Zahlen in Absicht auf ihre Factoren.

§. 37.

Wir haben bemerkt, daß ein Product aus zwey oder mehr mit einander multiplicirten Zahlen entstehe. Diese Zahlen werden die Factoren davon genannt.

Also sind die Factoren des Products a b c d die Größen a, b, c, d.

§. 38.

Zieht man nun alle ganze Zahlen in Betracht, in sofern dieselben durch die Multiplication zweyer oder mehrerer Zahlen entstehen können, so wird man bald finden, daß einige gar nicht durch die Multiplication entspringen, und also keine Factoren haben, andere aber aus zwey und auch mehr Zahlen mit einander multiplicirt entstehen können, folglich zwey oder mehr Factoren haben. So ist z. B.

4 so viel als 2.2; ferner 6 so viel als 2.3, und 8 so viel als 2.2.2; ferner 27 so viel als 3.3.3, u. 10 so viel als 2.5, u. s. f.

§. 39.

Hingegen lassen sich die folgenden Zahlen:

2, 3, 5, 7, 11, 13, 17, 19, 23, 29, 31, u. s. f. nicht auf diese Art durch Factoren vorstellen, es wäre denn, daß man auch 1 zu Hülfe nehmen, und z. B. 2 durch 1.2, vorstellen wollte. Allein da mit 1 multipli-

tiplicirt, die Zahl nicht verändert wird, so wird auch
1 nicht unter die Factoren gezählt.

Alle diese Zahlen nun, welche nicht durch Factoren vorgestellt werden können, als:

$$2, 3, 5, 7, 11, 13, 17 \text{ u. s. f.}$$

werden einfache Zahlen, oder Primzahlen; die
übrigen aber, welche sich durch Factoren vorstellen
lassen, als:

$$4, 6, 8, 9, 10, 12, 14, 15, 16, 18 \text{ u. s. f.}$$

zusammengesetzte Zahlen genannt.

§. 40.

Die einfachen oder Primzahlen verdienen also
besonders in Erwägung gezogen zu werden; weil
dieselben aus keiner Multiplication zweyer oder mehrerer Zahlen mit einander entstehen können. Wobey
besonders dieses merkwürdig ist, daß, wenn dieselben der Reihe nach geschrieben werden, als:

$$2, 3, 5, 7, 11, 13, 17, 19, 23, 29, 31, 37, 41,$$
$$43, 47 \text{ u. s. f.}$$

darin keine gewisse Ordnung wahrgenommen wird,
sondern dieselben bald um mehr, bald um weniger fortspringen; und es hat auch bisher kein Gesetz, nach welchem sie fortgingen, ausfindig gemacht
werden können.

Anmerk. Primzahlen sind in folgenden Schriften gesammlet:
Johann Gottlob Krügers, Prof. der Arzneygel. zu
Halle, Gedanken von der Algebra, nebst den Primzahlen
von 1 bis 100000 (auf dem Titel steht falsch 1000000).
Halle 1746. Peter Jäger, Roßschreiber und Quar-
tiermeister zu Nürnberg, hatte diese Zahlen berechnet, auch
eine vollständige anatomiam numerorum zu verfertigen
gesucht. Lamberts Zusätze zu den logarithmischen und
trigonometrischen Tabellen. Berlin 1770. enthalten außer
andern in verschiedenen Theilen der Mathematik sehr nütz-
lichen

lichen Tabellen auch die Primzahlen von 1 bis 102000.
Die Akademie der Wissenschaften zu Paris besitzt dergleichen Tabellen von Hrn. P. Mercastel und von Hrn. du
Tour — bis jetzt sind solche aber noch nicht heraus gegeben.
Eine Nachricht davon findet sich im 5ten Bande der Memoires étrangers présentés à l'Academie, bey Gelegenheit eines Memoire des Hrn. Rallier des Ourmes.

§. 41.

Die zusammengesetzten Zahlen aber, welche sich
durch Factoren vorstellen lassen, entspringen alle
aus den obigen Primzahlen, so daß alle Factoren
davon Primzahlen sind. Denn wenn je ein Factor
keine Primzahl, sondern zusammengesetzt wäre, so
würde man denselben wieder durch zwey oder mehr
Factoren, die Primzahlen wären, vorstellen können.
Also wenn die Zahl 30 durch 5.6 vorgestellt wird,
so ist 6 keine Primzahl, sondern 2.3, und also kann
30 durch 5.2.3, oder durch 2.3.5 vorgestellt
werden, wo alle Factoren Primzahlen sind.

§. 42.

Erwägt man nun alle zusammengesetzte Zahlen,
wie solche durch Primzahlen vorgestellt werden können, so findet sich darinn ein großer Unterschied,
indem einige nur zwey dergleichen Factoren haben,
andere drey oder mehr. Also ist, wie wir schon gesehen haben,

4 so viel als 2.2,	6 so viel als 2.3,
8 - - - 2.2.2,	9 - - - - - 3.3,
10 - - - - 2.5,	12 - - - -2.3.2,
14 - - - 2.7,	15 - - - - - - 3.5,
16 - 2.2.2.2,	und so fort.

§. 43.

Hieraus läßt sich begreifen, wie man von einer
jeden Zahl ihre einfachen Factoren finden kann.

B 4   Wäre

Wäre also die Zahl 360 gegeben, so hat man für dieselbe erstlich 2 . 180.

Nun aber ist

>180 so viel als - - 2 . 90, und
>90 so viel als - - 2 . 45, und
>45 so viel als - - 3 . 15, und
>15 so viel als - - 3 . 5.

Folglich wird die Zahl 360 durch folgende einfache Factoren vorgestellt:

$$2 . 2 . 2 . 3 . 3 . 5.$$

als welche Zahlen alle mit einander multiplicirt, die Zahl 360 hervorbringen.

Anmerk. Joh. Mich. Poetii gründliche Anleitung zu der unter den Gelehrten jetzt üblichen arithmetischen Wissenschaft, vermittelst einer parallelen Algebra; Frkf. u. Lpz. 1728; hat am Ende eine Anatomiam Numerorum oder Zergliederung der Zahlen von 1 bis 10000. Diese Zahlen findet man jetzt auch in andern Büchern abgedruckt, z. B. im Vollst. Mathem. Lexikon; II. Th. Leipz. 1742. Bequemere Einrichtungen solcher Tabellen sind nachher von Lambert, Felkel und Hindenburg angegeben. Hr. Felkel hat solche Tabellen durch ein ihm eigenes mechanisches Verfahren berechnet von 1 bis 2 Millionen, davon ein völlig correctes Manuscript in dem Archiv des k. k. Hofkriegsrathes zu Wien vorhanden ist, ganz nach der Einrichtung der davon abgedruckten 17 Bogen. Tafel aller einfachen Factoren der durch 2, 3, und 5 nicht theilbaren Zahlen von 1 bis 408000. Hr. Hindenburg hat für seine Factorentafeln weit bessere Einrichtungen als Hr. Felkel gefunden, und nach einer ihm ganz eigenen Einfindung berechnet er diese Tabelle auf eine mechanische Art mit unglaublicher Geschwindigkeit. — Schade, daß der Hr. Professor bis jetzt noch nicht Gelegenheit gefunden hat, diese Tafeln durch den Druck bekannter zn machen. In Kastners Fortsetzung der Rechenkunst, findet man Seite 540 u. f. mehrere hieher gehörige litterarische Nachrichten. Ich habe selbst auch Erfindungen gemacht, vermittelst welcher ich dergleichen Tabellen äußerst leicht mechanisch hinschreiben kann.

§. 44.

§. 44.

Wir sehen also hieraus, daß sich die Primzahlen durch keine andere Zahlen theilen lassen, hingegen die zusammengesetzten Zahlen am füglichsten in ihre einfachen Factoren aufgelöset werden, wenn man alle einfache Zahlen sucht, durch welche sich dieselben theilen lassen. Allein hiebey wird die Division gebraucht, von welcher in dem folgenden Capitel gehandelt werden soll.

V. Capitel.

Von der Division mit einfachen Größen.

§ 45.

Wenn eine Zahl in 2, 3, oder mehr gleiche Theile zertheilt werden soll, so geschieht solches durch die Division, welche die Größe eines solchen Theils bestimmen lehret. Also wenn die Zahl 12 in drey gleiche Theile zertheilt werden soll, so findet man durch die Division, daß ein solcher Theil 4 sey.

Man bedienet sich aber dabey gewisser Namen. Die Zahl, die zertheilt werden soll, heißt der Dividendus oder das Dividend, oder die zu theilende Zahl; die andere Zahl aber, welche anzeigt, in wie viel Theile die erstere zergliedert werden soll, wird der Divisor oder Theiler genannt. Die Größe eines solchen Theils aber, welcher durch die Division gefunden wird, pflegt der Quotus oder Quotient genannt zu werden. Also ist in dem angeführten Beyspiele

B 5   12 das

12 das Dividend, oder die zu theilende Zahl.
3 der Diviſor oder Theiler, und
4 der Quotus oder Quotient.

§. 46.

Wenn man alſo eine Zahl durch 2 theilt, oder
in 2 gleiche Theile zergliedert, ſo muß ein ſolcher
Theil, d. i. der Quotient, zweymal genommen, gerade
die vorgegebene Zahl ausmachen. Eben ſo, wenn
eine Zahl durch 3 getheilt werden ſoll, muß der Quotient 3mal genommen, dieſelbe Zahl ausmachen; ja
es muß überhaupt immer das Dividend herauskommen, wenn man den Quotienten und den Diviſor
mit einander multiplicirt.

§. 47.

Daher wird auch die Diviſion eine Rechnungsart genannt, welche für den Quotienten eine ſolche
Zahl finden lehrt, die, mit dem Diviſor multiplicirt,
gerade die zu theilende Zahl hervorbringet. Wenn
alſo z. B. 35 durch 5 getheilt werden ſoll, ſo ſucht
man eine Zahl, welche mit 5 multiplicirt, 35 giebt.
Dieſe Zahl iſt daher 7; weil 5 mal 7 das Product
35 giebt. Man pflegt ſich dabey dieſes Ausdrucks
zu bedienen: 5 in 35 habe ich 7 mal; denn 5
mal 7 iſt 35.

§. 48.

Man ſtellt ſich alſo das Dividend als ein Product vor, von welchem der eine Factor dem Diviſor
gleich iſt, da denn der andre Factor den Quotienten
anzeigt.

Wenn ich alſo 63 durch 7 dividiren ſoll, ſo ſuche
ich ein Product, davon der eine Factor 7, und der
andere alſo beſchaffen iſt, daß, wenn derſelbe mit
dieſer 7 multiplicirt wird, genau 63 heraus kommen.

Ein

Ein solches ist nun 7 . 9, und deßwegen ist 9 der
Quotient, welcher entspringt, wenn man 63 durch
7 dividirt.

§. 49.

Wenn daher auf eine ganz allgemeine Art die
Zahl ab durch a getheilt werden soll, so ist der Quotient offenbar b; weil a mit b multiplicirt, das Dividend ab ausmacht. Hieraus ist ferner klar, daß,
wenn man ab durch b dividiren soll, der Quotient a
seyn werde.

Also muß überhaupt in allen Divisionsexempeln,
wenn man das Dividend durch den Quotienten dividirt, der Divisor herauskommen. Z. B. da 24
durch 4 dividirt, 6 giebt; so giebt auch umgekehrt 24
durch 6 dividirt, 4.

§. 50.

Da nun alles darauf ankömmt, daß man das
Dividend durch zwey Factoren vorstelle, deren einer
dem Divisor gleich ist, weil alsdann der andere den
Quotienten anzeigt; so wird man die folgenden Exempel leicht verstehen. Erstlich das Dividend abc durch
a dividirt, giebt bc; weil a mit bc multiplicirt, abc
ausmacht. Eben so kömmt, wenn abc durch b dividirt wird, ac heraus; und abc durch ac dividirt,
giebt b. Hernach 12mn durch 3m dividirt, giebt
4n; weil 3m mit 4n multiplicirt, 12mn ausmacht.
Wenn aber eben diese Zahl 12mn durch 12 dividirt
werden sollte, so würde mn herauskommen.

§. 51.

Weil eine jede Zahl a durch 1 . a ausgedrückt
werden kann, so ist hieraus offenbar, daß, wenn
man a oder 1 . a durch 1 theilen soll, alsdenn eben
dieselbe Zahl a für den Quotienten heraus kömmt.

Hin=

Hingegen wenn eben dieselbe Zahl a oder 1 . a durch
a getheilet werden soll, so wird der Quotient 1 seyn.

§. 52.

Es geschieht aber nicht immer, daß man das
Dividend als ein Product von zwey Factoren vor=
stellen kann, deren einer dem Divisor gleich ist, und
in solchen Fällen läßt sich die Division nicht auf diese
Art bewerkstelligen. Denn wenn ich z. B. 24
durch 7 dividiren soll, so ist die Zahl 7 kein Factor
von 24; weil 7 . 3 nur 21, und also zu wenig, hin=
gegen 7 . 4 schon 28, und also zu viel ausmacht;
doch sieht man hieraus, daß der Quotient größer seyn
müsse als 3, und doch kleiner als 4. Daher, um
denselben genau zu bestimmen, eine andere Art von
Zahlen, die sogenannten Brüche, zu Hülfe ge=
nommen werden muß, wovon in einem der folgen=
den Capitel gehandelt werden soll.

§. 53.

Ehe man aber zu den Brüchen fortschreitet, so
begnügt man sich, für den Quotienten die nächstklei=
nere ganze Zahl anzunehmen, dabey aber den Rest
zu bestimmen, welcher übrig bleibt. So sagt man
z. B. 7 in 24 habe ich 3 mal, der Rest aber ist 3,
weil 3 mal 7 nur 21 macht, welche Zahl um 3 zu
klein ist. Eben so ist folgendes Exempel zu verstehen:

6|34| 5   nemlich der Divisor ist 6,
|30| das Dividend ist 34,
‾‾‾4   der Quotient ist 5,
                der Rest ist 4,

9|41| 4   und hier ist der Divisor 9,
|36| das Dividend 41,
‾‾‾5   der Quotient 4,
                der Rest 5,

§. 54.

§. 54.

In solchen Exempeln, wo ein Rest übrig bleibt, ist folgende Regel zu merken:

Wenn man den Theiler mit dem Quotienten multipliciret, und zum Product noch den Rest addirt, so muß der Dividendus herauskommen; und auf diese Art pflegt man die Division zu probiren, ob man recht gerechnet habe oder nicht.

Wird also in dem ersten der zwey letztern Exempel, der Divisor 6 mit dem Quotienten 5 multiplicirt, welches 30 giebt, und hierzu der Rest 4 addirt, so kömmt gerade der Dividendus 34 heraus.

Ebenfalls in dem letzten Exempel, wenn man den Theiler 9 mit dem Quotienten 4 multiplicirt, und zum Product 36 noch den Rest 5 addirt, so erhält man das Dividend 41.

§. 55.

Endlich ist hier auch noch nöthig, in Ansehung der Zeichen + und — anzumerken, daß, wenn + ab durch + a dividirt wird, der Quotient + b seyn werde, welches für sich klar ist.

Wenn aber + ab durch — a dividirt werden soll, so wird der Quotient — b seyn, weil — a mit — b multiplicirt + ab ausmacht.

Wenn ferner das Dividend — ab durch den Theiler + a dividirt werden soll, so wird der Quotient — b seyn, weil + a mit — b multiplicirt — ab d. i. den Dividendus giebt.

Soll endlich das Dividend — ab durch den Divisor — a getheilt werden, so wird der Quotus + b seyn, weil — a mit + b multiplicirt — ab ausmacht.

§. 56.

§. 56.

Es finden also bey der Division für die Zeichen
+ und — eben dieselben Regeln statt, welche wir
oben bey der Multiplication angemerkt haben,
nemlich:

+ durch + giebt +
+ durch — giebt —
— durch + giebt —
— durch — giebt +

oder kürzer: **gleiche Zeichen geben plus, ungleiche aber minus.**

§. 57.

Wenn also + 18pq durch — 3p dividirt werden soll, so wird der Quotient — 6q seyn. Denn
— 3p multiplicirt durch — 6q, macht + 18pq.

Ferner — 30xy durch + 6y dividirt, giebt
— 5x, weil das Product aus + 6y in — 5x dem
Dividend — 30xy gleich ist.

Ferner — 54abc durch — 9b dividirt, giebt
+ 6ac, weil — 9b mit + 6ac multiplicirt — 6.9abc,
oder — 54abc giebt.

Dieses mag für die Division mit einfachen
Größen genug seyn. Daher wir zur Erklärung
der Brüche fortschreiten wollen, nachdem wir vorher noch etwas von der Natur der Zahlen in Ansehung ihrer Theiler werden bemerkt haben.

VI. Capitel.

Von den Eigenſchaften der ganzen Zahlen in Anſehung ihrer Theiler.

§. 58.

Da wir geſehen haben, daß ſich einige Zahlen durch gewiſſe Diviſoren theilen laſſen, andere aber nicht; ſo iſt zur Erkenntniß der Zahlen nöthig, dieſen Unterſchied wohl zu bemerken, und diejenigen Zahlen, die ſich durch irgend einen Diviſor theilen laſſen, von denjenigen, die ſich dadurch nicht theilen laſſen, wohl zu unterſcheiden, und zugleich auch den Reſt, welcher bey der Diviſion der letztern übrig bleibt, wohl anzumerken. Zu dieſer Abſicht wollen wir die Diviſoren

2, 3, 4, 5, 6, 7, 8, 9, 10, u. ſ. f. etwas genauer betrachten.

§. 59.

Es ſey erſtlich der Diviſor 2. Die Zahlen, welche ſich dadurch theilen laſſen, ſind folgende:

2, 4, 6, 8, 10, 12, 14, 16, 18, 20, u. ſ. f.

welche denn ſo fort immer um 2 ſteigen. Dieſe Zahlen werden insgeſammt gerade Zahlen genannt.

Hingegen die übrigen Zahlen:

1, 3, 5, 7, 9, 11, 13, 15, 17, 19 u. ſ. f.

welche ſich durch 2 nicht theilen laſſen, ohne daß nicht 1 übrig bliebe, heißen ungerade Zahlen, und ſind alſo immer um eins größer, oder kleiner als die geraden Zahlen. Die geraden Zahlen können

nun

nun alle in der allgemeinen Formel 2a begriffen werden; denn wenn man für a nach und nach alle Zahlen annimmt, als 1, 2, 3, 4, 5, 6, 7, u. s. f., so lassen sich daraus alle gerade Zahlen herleiten. Hingegen sind alle ungerade Zahlen in der Formel 2a + 1 enthalten; weil 2a + 1 um 1 größer ist, als die gerade Zahl 2a.

§. 60.

Zweytens. Es sey der Divisor 3; so sind alle Zahlen, die sich dadurch theilen lassen, folgende:

3, 6, 9, 12, 15, 18, 21, 24, u. s. f.

welche durch die Formel 3a vorgestellt werden können. Denn 3a, durch 3 dividirt, giebt a zum Quotienten, ohne Rest. Die übrigen Zahlen aber, wenn man sie durch 3 theilen will, lassen entweder 1, oder 2, zum Rest übrig, und sind also von zweyerley Art. Diejenigen, welche 1 übrig lassen, sind folgende:

1, 4, 7, 10, 13, 16, 19, 22, 25, u. s. f.

und sind in der Formel 3a + 1 enthalten.

Die von der andern Art, welche 2 übrig lassen, sind folgende:

2, 5, 8, 11, 14, 17, 20, 23, 26, u. s. f.

welche alle durch die Formel 3a + 2 vorgestellt werden können; so daß alle Zahlen entweder in der Form 3a, oder in dieser 3a + 1, oder in dieser 3a + 2 enthalten sind.

§. 61.

Wenn ferner der Divisor 4 ist, so sind alle Zahlen, die sich dadurch theilen lassen, folgende:

4, 8, 12, 16, 20, 24, 28, 32, u. s. f.

welche immer um 4 steigen, und in der Formel 4a enthalten sind. Die übrigen Zahlen aber, welche man

man durch 4 nicht theilen kann, laſſen entweder 1 zum Reſt, und ſind um 1 größer als jene, nemlich:

1, 5, 9, 13, 17, 21, 25, 29, 33, u. ſ. f.

welche folglich alle die Formel 4a + 1 enthält.

Oder ſie laſſen 2 zum Reſt, als:

2, 6, 10, 14, 18, 22, 26, 30, 34, u. ſ. f.

und ſind in der Formel 4a + 2 enthalten.

Oder endlich bleibt 3 zum Reſt übrig, wie bey folgenden Zahlen:

3, 7, 11, 15, 19, 23, 27, 31, 35, u. ſ. f.

welche in der Formel 4a + 3 enthalten ſind, ſo daß alle mögliche Zahlen durch eine von dieſen vier Formeln, nemlich durch

4a, oder 4a + 1, oder 4a + 2, oder 4a + 3

vorgeſtellt werden können.

§. 62.

Eben ſo verhält ſich die Sache mit dem Diviſor 5, da alle Zahlen, welche ſich dadurch theilen laſſen, in der Formel 5a enthalten ſind. Diejenigen aber, welche ſich dadurch nicht theilen laſſen, ſind entweder

5a + 1, oder 5a + 2, oder 5a + 3, oder 5a + 4,

und ſo kann man weiter zu allen größern Diviſoren fortſchreiten.

Zuſatz. Es ſey allgemein n der Diviſor, ſo ſind alle mögliche Zahlen, welche ſich durch n theilen laſſen, in der Formel n. a, und die ſich nicht theilen laſſen, in folgender Formel enthalten: na + 1, na + 2, ···· na + (n — 1), wo n — 1 der größte Reſt iſt.

§. 63.

Hierbey kömmt nun das zu ſtatten, was oben von der Auflöſung der Zahlen in ihre einfachen Factoren geſagt worden iſt; weil eine jede Zahl, und deren Factoren ſich entweder

C   2, oder

2, oder 3, oder 4, oder 5, oder 7, oder eine andere Zahl befindet, ſich auch durch dieſelbe theilen läßt.   Da z. B.

60 ſo viel iſt als: 2.2.3.5;

ſo iſt klar, daß ſich 60 durch 2, durch 3, und auch durch 5 theilen laſſe.

Anmerk. Weiter unten werden Kennzeichen angegeben werden, um zu entſcheiden, ob eine Zahl durch eine andre theilbar oder nicht theilbar ſey.

§. 64.

Da überhaupt der Ausdruck abcd ſich nicht nur durch a und b und c und d, ſondern auch durch folgende

ab, ac, ad, bc, bd, cd; ferner durch
abc, abd, acd, bcd; und endlich auch durch
abcd, d. i. durch ſich ſelbſt, theilen läßt,

ſo muß ſich gleichfalls 60, d. i. 2.2.3.5, außer den einfachen Zahlen, auch durch die theilen laſſen, die aus zwey einfachen zuſammengeſetzt ſind, nemlich durch

4, 6, 10, 15,

ferner auch durch die, welche aus dreien beſtehen, als:

12, 20, 30,

und endlich auch durch 60, d. i. durch ſich ſelbſt.

§. 65.

Wenn man alſo eine beliebige Zahl durch ihre einfachen Factoren vorgeſtellt hat, ſo iſt es ſehr leicht, alle diejenigen Zahlen anzuzeigen, wodurch ſich dieſelbe theilen läßt. Denn man darf nur erſtlich einen jeden von den einfachen Factoren für ſich ſelbſt nehmen, hernach je zwey, je drey, je vier, und ſo fort mit einander multipliciren, bis man auf die gegebene Zahl ſelbſt kommt.

§. 66.

§. 66.

Vor allen Dingen ist hier zu merken, daß sich eine jede Zahl durch 1, so wie auch durch sich selbst, theilen läßt; also daß eine jede Zahl zum wenigsten zwey Theiler oder Divisoren hat, nemlich 1, und sich selbst. Welche Zahlen nun außer diesen beyden Theilern keine andere haben, sind eben diejenigen, welche oben einfache oder Primzahlen genannt wurden.

Alle zusammengesetzte Zahlen aber haben, außer 1 und sich selbst, noch andere Divisoren, wie aus folgender Tafel zu sehen ist, wo unter jeder Zahl alle ihre Theiler stehen, deren Anzahl zugleich bemerkt worden ist. Die Primzahlen werden durch den Buchstaben p angedeutet.

Tafel,

welche die Theiler der ganzen Zahlen von 1 bis 20 enthält (§. 59.)

1	2	3	4	5	6	7	8	9	10	11	12	13	14	15	16	17	18	19	20
1	1	1	1	1	1	1	1	1	1	1	1	1	1	1	1	1	1	1	1
	2	3	2	5	2	7	2	3	2	11	2	13	2	3	2	17	2	19	2
			4		3		4	9	5		3		7	5	4		3		4
					6		8		10		4		14	15	8		6		5
											6				16		9		10
											12						18		20
1	2	2	3	2	4	2	4	3	4	2	6	2	4	4	5	2	6	2	6
	p	p		p		p				p		p				p		p	

§. 67

Endlich ist noch zu merken, daß o als eine solche Zahl angesehen werden kann, welche sich durch alle mögliche Zahlen theilen läßt; weil der Quotient, wenn man o durch eine beliebige Zahl oder Größe, z. B. durch 2, 3, 4 oder a dividirt, allezeit wieder o ist. Denn zweymal o ist o, dreymal o ist o, viermal o ist o, und a mal o ist o, da es unmöglich

C 2 ist,

ist, aus Nichts, wenn man es auch noch so oft wiederholt, etwas herauszubringen.

Zusatz. Da 2a jede gerade Zahl bedeutet, so gehört 2.0 oder o auch unter die geraden Zahlen.

Ein Satz, der nicht, wie es beym ersten Ansehen scheinen möchte, ein bloßes Wortspiel ist. Er sagt: daß, was von geraden Zahlen wahr ist, auch von o gilt, aber nicht, was nur von ungeraden w...e ist. Man sehe die vortrefliche Fortsetzung der Rechenkunst von dem Herrn Hofrath Kästner. Göttingen 1786. Seite 541. No. 6.

VII. Capitel.
Von den Brüchen überhaupt.

§. 68.

Wenn sich eine Zahl, z. B. 7, durch eine andere, z. B. durch 3, nicht theilen läßt; so ist dieses nur so zu verstehen, daß sich der Quotient nicht durch eine ganze Zahl ausdrücken läßt, keinesweges aber, daß es überhaupt unmöglich sey, sich einen Begriff von dem Quotienten zu machen.

Man darf sich nur eine Linie, die 7 Fuß lang ist, vorstellen, so wird wohl niemand zweifeln, daß es nicht möglich seyn sollte, diese Linie in 3 gleiche Theile zu zergliedern, und sich einen Begriff von der Größe eines solchen Theils zu machen.

§. 69.

Da man sich nun einen deutlichen Begriff von dem Quotienten, der in solchen Fällen herauskömmt, machen kann, obgleich derselbe keine ganze Zahl ist, so werden wir hierdurch auf eine besondere Art von Zahlen geleitet, welche Brüche oder gebrochene Zahlen genannt werden.

So

So haben wir im obigen Beyspiele, wo 7 durch
3 dividirt werden soll, einen deutlichen Begriff von
dem daher entspringenden Quotienten, und man
pflegt denselben auf folgende Art anzuzeigen: $\frac{7}{3}$; wo
die oben gesetzte Zahl 7 das Dividend, und die un=
ten gesetzte Zahl 3 der Divisor ist.

§. 70.

Wenn also auf eine allgemeine Art die Zahl a
durch die Zahl b getheilt werden soll, so wird der Quo=
tient durch $\frac{a}{b}$ angedeutet, welcher Ausdruck auch
ein Bruch genannt wird; daher man sich keinen bes=
sern Begriff von einem solchen Bruch $\frac{a}{b}$ machen kann,
als daß man sagt, es werde dadurch der Quotient
angezeigt, welcher entspringe, wenn man die obere
Zahl durch die untere dividire. Hiebey ist noch
zu merken, daß bey allen dergleichen Brüchen die
untere Zahl der Nenner, welcher beym Dividiren
der Divisor heißt, die obere aber, die man als den
Dividendus betrachten kann, der Zähler genannt
zu werden pflegt.

§. 71.

In dem oben angeführten Bruch $\frac{7}{3}$, welcher
sieben Drittel ausgesprochen wird, ist 7 der Zähler,
und 3 der Nenner.

Eben so heißt dieser Bruch

$\frac{2}{3}$, zwey Drittel. $\frac{3}{4}$, drey Viertel.

$\frac{3}{8}$, drey Achtel. $\frac{12}{100}$, zwölf Hundertel.

Der Bruch $\frac{1}{2}$ wird gemeiniglich ein Halbes, anstatt
ein Zweytel, gelesen; denn eigentlich ist $\frac{1}{2}$ der Quo=
tient, welcher herauskömmt, wenn man 1 in zwey
gleiche Theile zerschneidet; da dann, wie bekannt,
ein solcher Theil ein Halbes genannt wird.

§. 72.

Um nun die Natur der Brüche recht kennen zu lernen, wollen wir erſtlich das Beyſpiel $\frac{a}{a}$ betrachten, wo die obere Zahl der untern, oder der Zähler dem Nenner gleich iſt. Weil nun dadurch der Quotient angedeutet wird, der herauskömmt, wenn man a durch a dividiret; ſo iſt klar, daß dieſer Quotient gerade 1, folglich dieſer Bruch $\frac{a}{a}$ ſo viel als ein Ganzes iſt. Daher ſind folgende Brüche:

$$\tfrac{2}{2},\ \tfrac{3}{3},\ \tfrac{4}{4},\ \tfrac{5}{5},\ \tfrac{6}{6},\ \tfrac{7}{7},\ \tfrac{8}{8},\ \text{u. ſ. f.}$$

alle einander gleich, und ein jeder derſelben iſt ſo viel als Eins, oder ein Ganzes.

§. 73.

Da nun jeder Bruch, deſſen Zähler dem Nenner gleich iſt, Eins beträgt, ſo ſind alle Brüche, deren Zähler kleiner ſind, als ihre Nenner, weniger als Eins. Denn wenn ich eine kleinere Zahl durch eine größere dividiren ſoll, ſo kömmt weniger als 1 heraus. Wenn z. B. eine Linie von 2 Fuß in 3 gleiche Theile zerſchnitten werden ſoll, ſo wird ein Theil u ſtreitig kleiner ſeyn, als ein Fuß; daher ſich leicht einſehen läßt, daß $\frac{2}{3}$ weniger iſt, als 1, und dies eben deswegen, weil der Zähler 2 kleiner iſt, als der Nenner 3.

§. 74.

Iſt hingegen der Zähler größer, als der Nenner, ſo iſt der Werth des Bruchs größer als Eins. Alſo iſt $\frac{3}{2}$ mehr als 1, weil $\frac{3}{2}$ ſo viel iſt als $\frac{2}{2}$ und noch $\frac{1}{2}$. Nun aber iſt $\frac{2}{2}$ ſo viel als 1; folglich iſt $\frac{3}{2}$ ſo viel als $1\frac{1}{2}$, nemlich ein Ganzes und noch ein Halbes.

Eben

Eben so ist:

$\frac{4}{3}$ so viel als $1\frac{1}{3}$; ferner $\frac{5}{3}$ so viel als $1\frac{2}{3}$; weiter $\frac{7}{3}$ so viel als $2\frac{1}{3}$

Ueberhaupt darf man in diesen Fällen nur die obere Zahl durch die untere dividiren, und zum Quotienten noch einen Bruch hinzusetzen, dessen Zähler der Rest, der Nenner aber der Divisor ist. Also für den Bruch $\frac{43}{12}$ dividirt man 43 durch 12, und bekömmt 3 zum Quotienten und 7 zum Rest; daher ist $\frac{43}{12}$ so viel als $3\frac{7}{12}$.

§. 75.

Hieraus sieht man, wie Brüche, deren Zähler größer sind, als ihre Nenner, in zwey Glieder aufgelöst werden können, wovon das erste eine ganze Zahl ausmacht, das andere aber einen Bruch, dessen Zähler kleiner ist als sein Nenner. Aus diesem Grunde werden solche Brüche, wo der Zähler größer ist, als der Nenner, unächte oder Bastardbrüche genannt; weil sie eins, oder mehr Ganze in sich begreifen. Hingegen sind die ächten Brüche solche, deren Zähler kleiner sind, als die Nenner, und deren Werth folglich weniger ist, als Eins, oder weniger als ein Ganzes.

§. 76.

Man pflegt sich die Natur der Brüche noch auf eine andere Art vorzustellen, wodurch die Sache nicht wenig erläutert wird. Wenn man z. B. den Bruch $\frac{3}{4}$ betrachtet, so ist klar, daß derselbe 3mal größer ist, als $\frac{1}{4}$. Nun aber bestehet die Bedeutung des Bruchs $\frac{1}{4}$ darinn, daß, wenn man 1 in 4 gleiche Theile zertheilt, ein solcher Theil den Werth desselben anzeiget. Wenn man daher drey solcher

C 4   Theile

Theile zuſammen nimmt, ſo erhält man den Werth
des Bruchs ¼.

Eben ſo kann man einen jeden andern Bruch
betrachten, z. B. $\frac{7}{12}$; wenn man 1 in 12 gleiche
Theile zerſchneidet, ſo machen 7 dergleichen Theile
den Werth des vorgelegten Bruches aus.

§. 77.

Aus dieſer Vorſtellung ſind auch die oben erwähnten Namen des Zählers und Nenners entſprungen.
Denn weil in dem vorigen Bruch ¾ die untere Zahl
4 anzeiget, daß die Einheit in vier gleiche Theile
zertheilt werden muſſe; und alſo dieſe Theile benennet, ſo wird dieſelbe füglich der Nenner genannt.

Da aber die obere Zahl, nemlich 3, anzeigt,
daß für den Werth des Bruchs 3 dergleichen Theile
zuſammen genommen werden müſſen, und alſo dieſelbe gleichſam darzählet, ſo wird die obere Zahl,
der Zähler genannt.

§. 78.

Betrachten wir nun die Brüche, deren Zähler
1 iſt, als ſolche, die den Grund der übrigen enthalten, weil man leicht begreift, was ¾ bedeutet, wenn
man weiß, was ¼ iſt, ſo ſind dergleichen Brüche
folgende:

$$\frac{1}{2}, \frac{1}{3}, \frac{1}{4}, \frac{1}{5}, \frac{1}{6}, \frac{1}{7}, \frac{1}{8}, \frac{1}{9}, \frac{1}{10}, \frac{1}{11}, \frac{1}{12}, \frac{1}{13} \text{ u. ſ. f.}$$

Hierbey iſt zu merken, daß dieſe Brüche immer
kleiner werden; denn in je mehr Theile ein Ganzes
zerſchnitten wird, deſto kleiner werden auch die Theile.
So iſt z. B. $\frac{1}{100}$ kleiner als $\frac{1}{10}$, und $\frac{1}{1000}$ kleiner
als $\frac{1}{100}$; ferner $\frac{1}{10000}$ kleiner als $\frac{1}{1000}$; und
$\frac{1}{100000}$ kleiner als $\frac{1}{10000}$.

§. 79.

§. 79.

Hieraus sieht man nun, daß, je mehr bei solchen Brüchen der Nenner vergrößert werde, der
Werth derselben um so viel kleiner werden müsse.
Hieben entsteht nun die Frage, ob der Nenner nicht
so groß angenommen werden könne, daß der Bruch
gänzlich verschwinde, und zu nichts werde? Dieses
aber wird mit Recht verneint. Denn in so viel
gleiche Theile man auch immer Eins, z. B. die
Länge eines Fußes, zertheilen mag, so behalten die
Theile doch noch immer eine gewisse Größe, und
sind folglich nicht nichts.

§. 80.

Es ist zwar wahr, daß, wenn man die Länge
eines Fußes in mehr als 1000 gleiche Theile zertheilt, die Theile fast nicht mehr in die Augen fallen.
So bald man sie aber durch ein gutes Vergröße-
rungsglas betrachtet, so erscheinen dieselben so groß,
daß sie leicht von neuem in 100 und noch mehrere
Theilchen könnten zertheilt werden.

Hier ist aber die Rede keinesweges von dem, was
wirklich kann verrichtet werden, und was noch in die
Augen fällt, sondern vielmehr von demjenigen, was
an sich möglich ist. Und da ist allerdings gewiß,
daß, so groß auch immer der Nenner angenommen
werden mag, der Bruch gleichwohl nicht gänzlich
verschwinde, oder in nichts, oder 0, verwandelt werde.

§ 81.

Weil man nun, so sehr auch der Nenner vermehret würde, niemals gänzlich zu nichts kömmt,
sondern diese Brüche noch immer einige Größe behalten, und also die oben gesetzte Reihe der Brüche
immer weiter ohne Ende fortgesetzt werden kann; so

C 5   pflegt

pflegt man zu ſagen, daß der Nenner unendlich groß
ſeyn müßte, wenn endlich der Bruch zu o oder
nichts werden ſollte. Denn das Wort unendlich
will hier eben ſo viel ſagen, als daß man mit dem
erwähnten Bruche niemals zu Ende komme.

§. 82.

Um nun dieſen Begriff, welcher allerdings feſt
gegründet iſt, vorzuſtellen, bedient man ſich des
Zeichens ∞, welches eine unendlich große Zahl an=
deutet; und daher kann man ſagen, daß dieſer
Bruch $\frac{1}{\infty}$ ein wirkliches Nichts ſey, eben deswegen
weil ein ſolcher Bruch niemals Nichts werden kann,
ſo lange der Nenner noch nicht ins Unendliche ver=
mehret worden iſt.

§. 83.

Dieſer Begriff von dem Unendlichen iſt deſto
ſorgfältiger zu bemerken, weil derſelbe aus den er=
ſten Gründen unſerer Erkenntniß hergeleitet worden
iſt, und in dem folgenden von der größten Wichtig=
keit ſeyn wird. Es laſſen ſich ſchon hier daraus ſol=
che Folgen ziehen, welche unſere Aufmerkſamkeit
verdienen, da dieſer Bruch $\frac{1}{\infty}$ den Quotienten an=
zeigt, wenn man das Dividend 1 durch den Diviſor
∞ dividirt. Nun wiſſen wir ſchon, daß, wenn
man das Dividend 1 durch den Quotienten, welcher
$\frac{1}{\infty}$ oder o iſt, wie wir geſehen haben, dividirt,
alsdann der Diviſor, nemlich ∞, herauskomme.
Daher erhalten wir einen neuen Begriff von dem
Unendlichen, nemlich: daß daſſelbe herauskomme,
wenn man 1 durch o dividirt. Folglich kann man
mit Grunde ſagen, daß $\frac{1}{o}$, d. i. 1 durch o dividiret,
eine unendlich große Zahl, oder ∞ anzeige.

§. 84.

§. 84.

Hier ist es nöthig, noch einen sehr gewöhnlichen Irrthum aus dem Wege zu räumen, indem viele behaupten, eine unendliche Größe könne weiter nicht vermehret werden. Aber dies kann mit obigen richtigen Gründen nicht bestehen.

Denn da $\frac{1}{0}$ eine unendlich große Zahl andeutet, und $\frac{2}{0}$ unstreitig zweymal, $\frac{3}{0}$ dreymal, und $\frac{4}{0}$ viermal so groß ist, als $\frac{1}{0}$; so folgt hieraus, daß auch so gar eine unendlich große Zahl weit größer werden könne.

Anmerk. Dem Anfänger ist es gewiß nicht zu verdenken, wenn er die Begriffe vom Unendlichen nicht so ganz leicht findet. Große Mathematikverständige selbst sind hierüber verschiedener Meynung, und nicht selten sind einige von ihnen dadurch auf ungereimte Behauptungen gekommen. Wer Beruf hat, Mathematik zu studiren, darf die Kästnerischen Schriften nicht ungelesen lassen, diese vortreflichen Lehrbücher allein geben ihm gewiß den vollständigsten und richtigsten Begriff vom Unendlichen, und wer Gefühl für Wahrheit hat, wird diese Schriften nie ohne Begeisterung, und Hochachtung für diesen verehrungswürdigen Greis lesen. Im folgenden Zusatz werde ich das nöthige darüber mittheilen.

Zusatz. Daß ich jemand Nichts gebe, wenn ich ihm einmal Nichts gebe, und daß er nicht mehr bekömmt, wenn ich ihm zweymal, dreymal u. s. w. Nichts gebe, das läßt sich auch wohl einem Kinde spielend begreiflich machen.

Also: o ein Faktor, ist nichts weiter als ein ganz leichter Begriff der natürlichen Rechenkunst wissenschaftlich ausgedrückt. Aber vor einem Bruch fürchten sich schon Erwachsene; und noch mehr vor einem Bruche, dessen Nenner nicht etwa 2; 3; 4; oder eine große ganze Zahl, sondern selbst ein Bruch ist, z. E.

$$\frac{1}{\frac{1}{1000000000}}$$

Wer sich also einen Begriff von $\frac{1}{0}$ machen sollte, würde wohl zuerst darauf fallen, sich statt des Nenners oder Divisors einen sehr kleinen Bruch vorzustellen, da er dann einsähe, daß der

Quo-

Quotient eine ſehr große Zahl ſeyn müſſe, die immer größer wird, je kleiner er den Diviſor macht. Alſo kann er bey $\frac{1}{0}$ nichts denken, als etwas Größeres als alle Zahlen, die er denken kann.

Dieſe Vorſtellung, wenn man nun auch das Unendlich brauchen will, iſt gewiß nicht ſo leicht,' als die vom Nichts. Man könnte alſo wohl verſtehen, was 0 als Factor bedeutet, ohne zu verſtehen, was es als Diviſor bedeutet.

Und eigentlich läßt ſich das letzte gar nicht verſtehen. Niemand verſteht: wie oft Nichts in Etwas enthalten iſt, obgleich jedermann verſteht, daß, Etwas, keinmal gegeben, Nichts gegeben heißt.

Alle Nullen oder Nichtſe ſind einerley, alſo a . 0 = b . 0 = 0; denn bey Nichts denkt man ſich beſtimmt: keine Gröſſe. Ein Nichts iſt nicht mehr oder weniger als das andere — dieſes müſſen ſich Anfänger der Algebra wohl merken, damit ſie nicht zu Fehlſchlüſſen verleitet werden.

Unendlich groß iſt kein beſtimmter Begriff, jede Größe, von der man einen ſolchen Begriff hat, iſt beſtimmt. Wer eine nicht mehr zählbare Menge denkt, denkt ſie nicht als nur eine, eigentlich iſt ſein Begriff nur verneint: nicht mehr zählbar. Nach dem Geſtändniſſe aller Mathematiker iſt dieſer Begriff viel ſchwerer, als der von Nichts. Auch hat man nie über das Nichts geſtritten, aber viel über das Unendliche.

Daß man bey 2 . 0; 3 . 0 nichts anders denkt, als bey 1 . 0, habe ich oben gezeigt. Aber bey 2 . ∞; 3 . ∞ u. ſ. w. denkt man gewiß etwas anders, als bey 1 . ∞. Das iſt, was ich damit ſagen will, wer eine unzählbare Menge denkt, denkt ſie nicht als nur eine. Leipz. Mag. für reine und angewandte Mathematik. Drittes Stück, 1786, Seite 419.

———————

VIII. Capitel.

Von den Eigenschaften der Brüche.

§. 85.

Wie wir oben (§. 72.) gesehen haben, daß jeder dieser Brüche,

$$\tfrac{2}{2}, \tfrac{3}{3}, \tfrac{4}{4}, \tfrac{5}{5}, \tfrac{6}{6}, \tfrac{7}{7}, \tfrac{8}{8}, \text{ u. s. f.}$$

ein Ganzes ausmache, und folglich alle gleich sind; so sind auch folgende Brüche,

$$\tfrac{2}{1}, \tfrac{4}{2}, \tfrac{6}{3}, \tfrac{8}{4}, \tfrac{10}{9}, \tfrac{12}{6}, \text{ u. s. f.}$$

einander gleich, weil jeder zwey Ganze ausmacht: denn es giebt der Zähler eines jeden, durch seine Nenner dividirt, 2. Eben so sind alle diese Brüche,

$$\tfrac{3}{1}, \tfrac{6}{2}, \tfrac{9}{3}, \tfrac{12}{4}, \tfrac{15}{5}, \tfrac{18}{6}, \text{ u. s. f.}$$

einander gleich, weil der Werth eines jeden 3 beträgt.

§. 86.

So läßt sich der Werth aller Brüche auf unendlich vielfältige Art vorstellen. Denn wenn man sowohl den Zähler als den Nenner eines Bruchs durch eine beliebige Zahl, die man multiplicirt, so behält der Bruch immer gleichen Werth. Also sind alle diese Brüche,

$$\tfrac{1}{2}, \tfrac{2}{4}, \tfrac{3}{6}, \tfrac{5}{10}, \tfrac{6}{12}, \tfrac{7}{14}, \tfrac{8}{16}, \tfrac{9}{18}, \tfrac{10}{20}, \text{ u. s. f.}$$

einander gleich, und ein jeder so viel als $\tfrac{1}{2}$. Eben so sind auch alle diese Brüche,

$$\tfrac{1}{3}, \tfrac{2}{6}, \tfrac{3}{9}, \tfrac{4}{12}, \tfrac{5}{15}, \tfrac{6}{18}, \tfrac{7}{21}, \tfrac{8}{24}, \tfrac{9}{27}, \tfrac{10}{30}, \text{ u. s. f.}$$

einander gleich, und der Werth eines jeden $\tfrac{1}{3}$. Ferner sind auch folgende Brüche, als:

$$\tfrac{2}{3}, \tfrac{4}{6}, \tfrac{6}{9}, \tfrac{8}{12}, \tfrac{10}{15}, \tfrac{12}{18}, \tfrac{14}{21}, \tfrac{16}{24}, \text{ u. s. f.}$$

ein-

einander gleich, daher allgemein der Bruch $\frac{a}{b}$ auf folgende Arten vorgestellt werden kann,

$$\frac{a}{b}, \frac{2a}{2b}, \frac{3a}{3b}, \frac{4a}{4b}, \frac{5a}{5b}, \frac{6a}{6b} \text{ u. s. f.,}$$ wovon jeder so groß ist, als der erste $\frac{a}{b}$.

§. 87.

Um dies zu beweisen, darf man nur statt des Werths des Bruchs $\frac{a}{b}$ einen besondern Buchstaben, als c schreiben, so, daß c der Quotient sey, wenn man a durch b dividirt. Nun aber ist vorher (§. 46.) gezeigt worden, daß, wenn man den Quotienten c mit dem Divisor b multiplicirt, der Dividendus herauskommen müsse.

Da nun c mit b multiplicirt, a giebt, so wird c mit 2b multiplicirt 2a, c mit 3b multiplicirt 3a, und überhaupt c mit mb multiplicirt, ma geben.

Macht man hieraus wieder ein Divisionsexempel und dividirt das Product ma durch den einen Factor mb, so muß der Quotient dem andern Factor c gleich seyn: aber ma durch mb dividirt, giebt den Bruch $\frac{ma}{mb}$; daher der Werth desselben c ist. Da nun c auch dem Werth des Bruchs $\frac{a}{b}$ gleich ist, so ist offenbar, daß der Bruch $\frac{ma}{mb}$ dem Bruch $\frac{a}{b}$ gleich sey, man mag statt m eine Zahl annehmen, welche man will.

§. 88.

Weil aber jeder Bruch durch unendlich verschiedene Formen von gleichem Werth dargestellt werden kann,

kann, so wird man unstreitig diejenige am leichtesten fassen, welche aus den kleinsten Zahlen besteht.
So könnte man z. B. statt $\frac{2}{3}$ einen jeden der folgen-
den Brüche, $\frac{4}{6}$, $\frac{6}{9}$, $\frac{8}{12}$, $\frac{10}{15}$, $\frac{12}{18}$ u. s. f. nach Willkühr setzen; es wird aber niemand zweifeln, daß
nicht die Form $\frac{2}{3}$ von allen die deutlichste sey. Hiebey läßt sich nun noch die Frage aufwerfen, wie man
einen Bruch, der nicht in seine kleinsten Zahlen
ausgedrückt ist, als z. B. $\frac{8}{12}$, auf seine kleinste
Form, nemlich $\frac{2}{3}$, bringen könne?

§. 89.

Diese Frage läßt sich am leichtesten auflösen,
wenn man bedenkt, daß jeder Bruch seinen Werth
behält, wenn sowohl Zähler als Nenner mit einerley Zahl multipliciret werden. Denn daraus folgt,
daß, wenn man auch den Zähler und Nenner eines
Bruchs durch eben dieselbe Zahl dividirt, der Bruch
einen gleichen Werth behalten müsse. Noch leichter
ergiebt sich dies aus der allgemeinen Form $\frac{na}{nb}$.
Denn wenn man sowohl den Zähler na als den Nenner nb durch die Zahl n dividirt, so kömmt der
Bruch $\frac{a}{b}$ heraus, der jenem gleich ist, wie schon
vorher (§. 87.) gezeigt worden ist.

§. 90.

Um nun einen vorgegebenen Bruch auf seine
kleinste Form zu bringen, muß man solche Zahlen
finden, wodurch sich sowohl Zähler als Nenner theilen lassen. Diese Zahl wird der gemeine Theiler genannt, und so lange man zwischen dem Zähler und Nenner einen gemeinen Theiler anzeigen
kann, so lange läßt sich der Bruch noch auf eine
klei-

kleinere Form bringen; findet aber außer 1 kein gemeiner Theiler weiter ſtatt, ſo iſt der Bruch ſchon auf ſeine kleinſte Form gebracht.

§. 91.

Um dies zu erläutern, wollen wir den Bruch $\frac{48}{120}$ betrachten. Hier ſieht man gleich, daß ſich Zähler und Nenner durch 2 theilen laſſen, woraus der Bruch $\frac{24}{60}$ entſteht. Dieſer läßt ſich nun noch einmal durch 2 theilen, und ſo entſteht ein neuer Bruch $\frac{12}{30}$. Auch hier iſt 2 nochmal der gemeine Theiler, wodurch man $\frac{6}{15}$ erhält. Man ſieht aber leicht, daß Zähler und Nenner ſich noch durch 3 theilen laſſen, woraus endlich der Bruch $\frac{2}{5}$ entſpringt, welcher dem vorgegebenen gleich iſt, und ſich in ſeiner kleinſten Form befindet, weil die Zahlen 2 und 5 weiter keinen gemeinſchaftlichen Theiler haben als 1, welcher keine Zahl verkleinert.

§. 92.

Dieſe Eigenſchaft der Brüche, daß, wenn man Zähler und Nenner mit Einer Zahl entweder multiplicirt oder dividirt, der Werth des Bruchs unverändert bleibe, iſt von der größten Wichtigkeit und es gründet ſich hierauf faſt die ganze Lehre von den Brüchen. So laſſen ſich z. B. zwei Brüche nicht gut addiren, oder von einander ſubtrahiren, ehe man ſie nicht in andere Formen gebracht hat, deren Nenner einander gleich ſind; wovon im folgenden Capitel gehandelt werden ſoll.

§. 93.

Es iſt hier nur noch zu bemerken, daß man auch jede ganze Zahl in Form eines Bruchs vorſtellen könne. So iſt z. B. 6 ſo viel als $\frac{6}{1}$, weil 6 durch

I divi-

1 dividirt, auch 6 giebt. Und daher entstehen noch folgende Formen,

$$\tfrac{12}{2}, \quad \tfrac{18}{3}, \quad \tfrac{24}{4}, \quad \tfrac{36}{6}, \quad \text{u. f. f.}$$

welche alle einen gleichen Werth, nemlich 6, in sich enthalten.

IX. Capitel.

Von der Addition und Subtraction der Brüche.

§. 94.

Haben mehrere Brüche gleiche Nenner, so macht ihre Addition und Subtraction keine Schwierigkeit, indem $\tfrac{2}{7} + \tfrac{3}{7}$ so viel als $\tfrac{5}{7}$ und $\tfrac{4}{7} - \tfrac{2}{7}$ so viel als $\tfrac{2}{7}$ ist. In diesem Fall addirt oder subtrahirt man bloß die Zähler, und schreibt den gemeinschaftlichen Nenner darunter. Also macht

$\tfrac{7}{100} + \tfrac{9}{100} - \tfrac{12}{100} - \tfrac{15}{100} + \tfrac{20}{100}$ so viel als $\tfrac{9}{100}$:

$\tfrac{24}{50} - \tfrac{7}{50} - \tfrac{12}{50} + \tfrac{31}{50}$ so viel als $\tfrac{36}{50}$ oder $\tfrac{18}{25}$:

$\tfrac{16}{20} - \tfrac{3}{20} - \tfrac{11}{20} + \tfrac{14}{20}$ so viel als $\tfrac{16}{20}$ oder $\tfrac{4}{5}$.

eben so macht $\tfrac{1}{3} + \tfrac{2}{3}$ so viel als $\tfrac{3}{3}$ oder 1, das ist ein Ganzes, und $\tfrac{2}{4} - \tfrac{3}{4} + \tfrac{1}{4}$ so viel als $\tfrac{0}{4}$, das ist nichts, oder 0.

§. 95.

Wenn aber die Brüche nicht gleiche Nenner haben, so ist es jedesmal möglich, sie in andere von gleichem Werth zu verwandeln, deren Nenner gleich sind. Also wenn die Brüche $\tfrac{1}{2}$ und $\tfrac{1}{3}$ gegeben sind, und zusammen addirt werden sollen, so ist zu bemerken, daß $\tfrac{1}{2}$ so viel ist als $\tfrac{3}{6}$, und $\tfrac{1}{3}$ so viel als $\tfrac{2}{6}$: man

D   hat

hat alſo ſtatt der vorigen die Brüche $\frac{2}{5} + \frac{2}{5}$, welche $\frac{4}{5}$ geben. Ferner bey $\frac{2}{5} - \frac{1}{5}$ iſt derſelbe Fall, nur daß das Zeichen minus dazwiſchen ſteht; alſo $\frac{2}{5} - \frac{2}{5}$ giebt $\frac{1}{5}$. Sind ferner dieſe Brüche gegeben $\frac{3}{4} + \frac{5}{8}$, ſo kann man anſtatt $\frac{3}{4}$ den Bruch $\frac{6}{8}$ ſetzen, da denn $\frac{6}{8} + \frac{5}{8} = \frac{11}{8}$ oder $1\frac{3}{8}$ giebt. Frägt man, wie viel $\frac{1}{3}$ und $\frac{1}{4}$ zuſammen ausmachen, ſo ſchreibe man ſtatt deſſen nur $\frac{4}{12}$ und $\frac{3}{12}$, welches dann $\frac{7}{12}$ giebt.

§. 96.

Wenn mehr als zwey Brüche gegeben ſind, als: $\frac{1}{2}$, $\frac{2}{3}$, $\frac{3}{4}$, $\frac{4}{5}$, $\frac{5}{6}$, die unter gleiche Nenner gebracht werden ſollen, ſo kommt es blos darauf an, daß man eine Zahl finde, die ſich durch alle dieſe Nenner theilen laſſe. Eine ſolche iſt nun 60, welche der gemeinſchaftliche Nenner oder ſogenannte Haupt-nenner wird. Alſo hat man ſtatt $\frac{1}{2}$ dieſen $\frac{30}{60}$, ſtatt $\frac{2}{3}$ dieſen $\frac{40}{60}$, ſtatt $\frac{3}{4}$ dieſen $\frac{45}{60}$, ſtatt $\frac{4}{5}$ dieſen $\frac{48}{60}$, und ſtatt $\frac{5}{6}$ dieſen $\frac{50}{60}$. Sollten nun dieſe Brüche $\frac{30}{60}$, $\frac{40}{60}$, $\frac{45}{60}$, $\frac{48}{60}$, $\frac{50}{60}$, zuſammen addirt werden, ſo geben ſie zuſammen $\frac{213}{60}$, oder 3 Ganze und $\frac{33}{60}$, oder $3\frac{33}{60}$.

§. 97.

Es kommt hierbey darauf an, daß man zwey Brüche von ungleichen Nennern in andere verwandele, deren Nenner einander gleich ſind. Um dieſes auf eine allgemeine Art thun zu können, ſo ſetze man, es wären die vorgegebenen Brüche $\frac{a}{b}$ und $\frac{c}{d}$. Nun multiplicire man den erſten Bruch oben und unten mit d, ſo bekommt man $\frac{ad}{bd}$, welcher Bruch gleich $\frac{a}{b}$ iſt; den andern Bruch multiplicire man wie den erſten oben und unten mit b, ſo bekommt man

man statt seiner $\frac{bc}{bd}$, in welcher Gestalt die Nenner gleich sind und die Summe $\frac{ad+bc}{bd}$ und die Differenz $\frac{ad-bc}{bd}$ ist. Wenn also folgende Brüche gegeben sind, $\frac{2}{3}$ und $\frac{4}{5}$, so bekommt man dafür $\frac{10}{15}$ und $\frac{12}{15}$, deren Summe $\frac{22}{15}$, die Differenz aber $\frac{2}{15}$ beträgt.

§. 98.

Hier pflegt auch die Frage vorzukommen, welcher von zwey gegebenen Brüchen größer, oder kleiner sey, als der andere? Z. B. welcher von diesen zwey Brüchen $\frac{2}{3}$ und $\frac{5}{7}$ ist der größere? Zu diesem Ende darf man nur die beyden Brüche auf gleiche Benennung bringen, da man denn für den ersten $\frac{14}{21}$ und für den andern $\frac{15}{21}$ bekommt, woraus sich offenbar ergiebt, daß $\frac{5}{7}$ größer ist als $\frac{2}{3}$, und zwar um $\frac{1}{21}$. Wenn ferner die Brüche $\frac{3}{5}$ und $\frac{5}{8}$ gegeben sind, so bekommt man statt deren die Brüche $\frac{24}{40}$ und $\frac{25}{40}$; woraus erhellet, daß $\frac{5}{8}$ mehr sey als $\frac{3}{5}$, aber nur um $\frac{1}{40}$.

§. 99.

Soll ein Bruch von einer ganzen Zahl abgezogen werden, z. B. $\frac{2}{3}$ von 1·, so darf man nur $\frac{3}{3}$ statt 1 schreiben, da man denn gleich sieht, daß $\frac{1}{3}$ übrig bleibt. Eben so $\frac{1}{12}$ von 1 abgezogen, giebt $\frac{11}{12}$. Soll man aber $\frac{3}{4}$ von 2 abziehen, so schreibe man für 2 nur 1 und $\frac{4}{4}$, da denn 1 und $\frac{1}{4}$ übrig bleibt. Uebrigens ist bekannt, daß wenn ein Bruch zu einer ganzen Zahl addirt werden soll, man ihn nur geradezu anhängt, als: $\frac{2}{3}$ zu 6 addirt, giebt $6\frac{2}{3}$.

§. 100.

Zuweilen geſchieht es auch, daß 2 oder mehr Brüche zuſammen addirt, mehr als ein Ganzes ausmachen, welches denn bemerkt werden muß: als $\frac{2}{3} + \frac{3}{4}$, oder $\frac{8}{12} + \frac{9}{12}$ giebt $\frac{17}{12}$, welches gleich iſt, $1\frac{5}{12}$. Eben ſo, wenn mehrere ganze Zahlen und Brüche addirt werden ſollen, ſo addirt man erſt die Brüche, und wenn ihre Summe 1 oder mehr Ganze enthält, ſo werden dieſe hernach zu den ganzen Zahlen addirt, z. B. wären $3\frac{1}{2}$ und $2\frac{2}{3}$ zu addiren, ſo machen die Brüche für ſich zuſammen $\frac{7}{6}$, oder $1\frac{1}{6}$, welches mit den Ganzen zuſammen genommen, 6 und $\frac{1}{6}$ ausmacht.

Zuſatz. Bey der Rechnung mit Brüchen finden verſchiedene Vortheile ſtatt, wozu ich hier nur ein Paar beybringen werde.

$$\frac{a}{b} \pm \frac{a}{d} = \frac{ad \pm ab}{bd} = \frac{a\,(d \pm b)}{bd}$$

Wenn alſo Brüche gleiche Zähler haben, ſo darf man nur, um ſie zu addiren oder zu ſubtrahiren, die Summe oder Differenz ihrer Nenner mit dem Zähler multipliciren, und das Product mit dem Product der Nenner dividiren.

Statt dieſe Brüche $\frac{a}{b} - \frac{c}{d}$ nach der gewöhnlichen Art zu ſubtrahiren, verfahre man nach folgender Formel.

$$\frac{a\,(d-c) - c\,(b-a)}{bd}.$$

Man multiplicirt nemlich den Zähler jedes Bruchs mit der Differenz zwiſchen Zähler und Nenner des andern, zieht dieſe Producte von einander ab, und dividirt, wie gewöhnlich mit dem Producte den Nenner.

Die Richtigkeit der Formel erhellet, wenn man in der Formel die angezeigte Multiplication wirklich verrichtet. Es entſteht nehmlich $\frac{ad - ac - cb + ac}{bd} = \frac{ad - cb}{bd}$ wie gewöhnlich.

Einen andern Beweis findet man im erſten Theil meiner Sammlung algebraiſcher Aufgaben in der Einleitung.

Sehr

Sehr brauchbar ist dieser Vortheil, wenn die Brüche sehr groß, und der Zähler also wenig vom Nenner unterschieden sind.

Z. B. $\frac{57}{59} - \frac{22}{21} = \frac{57}{59} - \frac{20}{21} = \frac{38}{59} : - \frac{2}{21}$; hier ist nehmlich $d - c = b - a$, daher kann man die Formel in diesem Fall noch mehr verkürzen, indem man schreibt $\frac{(a--c)(d--c)}{bd}$

X. Capitel.

Von der Multiplication und Division der Brüche.

§. 101.

Wenn ein Bruch mit einer ganzen Zahl multiplicirt werden soll, so multiplicirt man damit nur den Zähler, und läßt den Nenner unverändert; z. B.

2mal $\frac{1}{4}$ macht $\frac{2}{4}$, oder 1 Ganzes;

2mal $\frac{1}{3}$ macht $\frac{2}{3}$; ferner 3mal $\frac{1}{6}$ macht $\frac{3}{6}$, oder $\frac{1}{2}$;

4mal $\frac{5}{12}$ macht $\frac{20}{12}$, oder 1 und $\frac{8}{12}$, oder $1\frac{2}{3}$.

Hieraus ergiebt sich die Regel: daß ein Bruch mit einer ganzen Zahl multiplicirt wird, wenn man entweder den Zähler damit multiplicirt, oder den Nenner durch die ganze Zahl dividirt; geht das letztere an, so wird die Rechnung dadurch um vieles verkürzt. Z. B. es soll $\frac{2}{9}$ mit 3 multiplicirt werden, so kommt $\frac{6}{9}$ heraus, wenn der Zähler mit der ganzen Zahl multiplicirt wird, welches so viel als $\frac{2}{3}$ ist; läßt man aber den Zähler unverändert und dividirt den Nenner 9 durch 3, so bekommt man ebenfalls $\frac{2}{3}$; das ist 2 und $\frac{2}{3}$. Eben so giebt $\frac{1}{4}$ mit 6 multipli- cirt $\frac{13}{4}$, oder $3\frac{1}{4}$.

D 3   §. 102.

§. 102.

Wenn also ein Bruch $\frac{a}{b}$ durch c multiplicirt werden soll, so bekommt man $\frac{ac}{b}$. Hierbey ist zu merken, daß, wenn die ganze Zahl gerade dem Nenner gleich ist, alsdann das Product dem Zähler gleich werde, also:

$\frac{1}{2}$ zweymal genommen giebt 1.
$\frac{2}{3}$ mit 3 mult. giebt 2.
$\frac{3}{4}$ mit 4 mult. giebt 3.

und allgemein, wenn der Bruch $\frac{a}{b}$ mit der Zahl b multiplicirt wird, so ist das Product a, wovon der Grund schon vorher (§. 46) gezeigt worden; denn da $\frac{a}{b}$ den Quotienten ausdruckt, der entsteht, wenn der Dividendus a durch den Divisor b dividirt wird, und zugleich bewiesen ist, daß der Quotient mit dem Divisor multiplicirt, den Dividendus gebe, so folgt hieraus, daß $\frac{a}{b}$ mit b multiplicirt, die Zahl a geben müsse.

§. 103.

Da nun gezeigt ist, wie man einen Bruch mit einer ganzen Zahl multiplicire; so ist noch nöthig zu zeigen, wie man einen Bruch durch eine ganze Zahl dividiren müsse, ehe die Multiplication eines Bruchs mit einem Bruch gelehrt werden kann. Es ist aber leicht einzusehen, daß wenn man den Bruch $\frac{2}{3}$ durch 2 dividiren soll, $\frac{1}{3}$ herauskomme, eben so wie in dem Fall, da $\frac{6}{3}$ durch 3 getheilt werden sollen, $\frac{2}{3}$ heraus kommen. Hieraus erhellet, daß man nur den **Zähler durch die ganze Zahl theilen müsse,**

müsse, da denn der Nenner unverändert bleibt. Also:

$\frac{12}{23}$ durch 2 div. giebt $\frac{6}{23}$, und

$\frac{12}{23}$ durch 3 div. giebt $\frac{4}{23}$, und

$\frac{12}{23}$ durch 4 div. giebt $\frac{3}{23}$ u. s. f.

§. 104.

Es hat dies also keine Schwierigkeit, wenn sich nur der Zähler durch die vorgegebene Zahl theilen läßt: geht dies aber nicht an, so merke man, daß der Bruch in unendlich viele andere Formen verändert werden könne, unter welchen sich gewiß auch solche finden müssen, deren Zähler sich durch die gegebene Zahl theilen lassen. Also wenn $\frac{1}{4}$ durch 2 getheilt werden soll, so verwandle man diesen Bruch in $\frac{2}{8}$, so giebt dies $\frac{1}{8}$, wenn es durch 2 dividirt wird.

Eine allgemeine Regel ist folgende: wenn der Bruch $\frac{a}{b}$ durch c dividirt werden soll, so verwandle man denselben in $\frac{ac}{bc}$, dessen Zähler ac durch c dividirt a giebt, also ist der gesuchte Quotient $\frac{a}{bc}$.

§. 105.

Hieraus sieht man, daß, wenn ein Bruch, als $\frac{a}{b}$, durch eine ganze Zahl c dividirt werden soll, man nur den Nenner b mit dieser ganzen Zahl zu multipliciren brauche, ohne den Zähler verändern zu lassen. Also, $\frac{5}{8}$ durch 3 dividirt, giebt $\frac{5}{24}$, und $\frac{2}{16}$ durch 5 dividirt, giebt $\frac{2}{80}$. Wenn sich aber der Zähler selbst durch eine ganze Zahl theilen läßt, so wird die Rechnung leichter, z. B. $\frac{2}{16}$ durch 3 ge-

D 4   theilt,

theilt, giebt $\frac{3}{16}$. Nach jener Art aber $\frac{9}{48}$, welches so viel als $\frac{3}{16}$ ist. Denn 3 mal 3 ist 9, und 3 mal 16 ist 48.

§. 106.

Nun ist es möglich zu zeigen, wie ein Bruch $\frac{a}{b}$ mit einem andern Bruch $\frac{c}{d}$ multipliciret werden soll. Man darf nur bedenken, daß $\frac{c}{d}$ so viel ist als c getheilt durch d: und also darf man nur den Bruch $\frac{a}{b}$ erstlich mit c multipliciren, da denn $\frac{ac}{b}$ heraus kommt, hernach durch d dividiren, da es denn $\frac{ac}{bd}$ giebt; und hieraus folgt die Regel: daß, um zwey Brüche mit einander zu multipliciren, man erst die Zähler, und hernach die Nenner besonders mit einander multipliciren müsse.

Also: $\frac{1}{2}$ mit $\frac{2}{3}$ mult. giebt $\frac{2}{6}$ oder $\frac{1}{3}$: ferner
$\frac{2}{3}$ mit $\frac{4}{5}$ mult. giebt $\frac{8}{15}$; und
$\frac{3}{4}$ mit $\frac{5}{12}$ mult. giebt $\frac{15}{48}$ oder $\frac{5}{16}$ u. s. f.

§. 107.

Nun ist nur noch übrig zu zeigen, wie ein Bruch durch einen andern Bruch dividirt werden soll. Hiebey ist erstlich zu merken, daß, wenn die Brüche gleiche Nenner haben, die Division nur an den Zählern verrichtet werde: weil z. B. $\frac{3}{12}$ in $\frac{9}{12}$ eben so vielmal enthalten ist, als 3 in 9, das ist 3 mal. Daher wenn $\frac{8}{12}$ durch $\frac{9}{12}$ dividirt werden soll, so darf man nur 8 und 9 dividiren; dies giebt $\frac{8}{9}$. Ferner $\frac{6}{20}$ in $\frac{18}{20}$ ist 3 mal: $\frac{7}{100}$ in $\frac{49}{100}$ ist 7 mal: $\frac{6}{3}$ durch $\frac{7}{3}$ giebt $\frac{6}{7}$: eben so $\frac{2}{3}$ durch $\frac{4}{3}$ giebt $\frac{2}{4}$.

§. 108.

§. 108.

Wenn aber die Brüche nicht gleiche Nenner haben, so weiß man, wie dieselben auf gleiche Nenner gebracht werden müssen. Z. B. soll man den Bruch $\frac{a}{b}$ durch $\frac{c}{d}$ dividiren, und bringt man diese Brüche unter gleiche Benennung, so bekommt man den Bruch $\frac{ad}{bd}$ durch $\frac{bc}{bd}$ zu dividiren, wo denn eben so viel heraus kommen muß, als wenn man den ersten Zähler ad durch den letztern bc dividirt: Folglich wird der gesuchte Quotient seyn $\frac{ad}{bc}$.

Hieraus entspringt diese Regel: man muß den Zähler des Dividendus mit dem Nenner des Divisors, und den Nenner des Dividendus mit dem Zähler des Divisors multipliciren, so wird jenes Product den Zähler, und dieses den Nenner zum Quotienten geben.

§. 109.

Wenn also $\frac{1}{2}$ durch $\frac{3}{8}$ dividirt werden soll, so bekommt man nach dieser Regel $\frac{15}{16}$ zum Quotienten: Wenn ferner $\frac{3}{4}$ durch $\frac{1}{2}$ dividirt werden soll, so giebt es $\frac{6}{4}$ oder $\frac{3}{2}$, das ist $1\frac{1}{2}$. Ferner wenn durch $\frac{5}{6}$ der Bruch $\frac{25}{48}$ dividirt werden soll, so bekommt man $\frac{150}{240}$ oder $\frac{5}{8}$.

§. 110.

Man pflegt diese Regel für die Division auch bequemer auf folgende Art vorzutragen: man kehrt den Bruch, durch welchen dividirt werden soll, um, indem man seinen Nenner oben, und seinen Zähler unten
D 5   schreibt,

schreibt, und multiplicirt den Bruch, welcher getheilt werden soll, mit diesem umgekehrten Bruch, so erhält man den gesuchten Quotienten. Also $\frac{3}{4}$ durch $\frac{3}{4}$ dividirt, ist eben so viel als $\frac{3}{4}$ mit $\frac{4}{3}$ multiplicirt, woraus entsteht $\frac{9}{6}$ oder $1\frac{1}{2}$. Eben so $\frac{5}{8}$ durch $\frac{2}{3}$ dividirt, ist eben so viel als $\frac{5}{8}$ mit $\frac{3}{2}$ multiplicirt, welches $\frac{15}{16}$ giebt: ferner $\frac{25}{48}$ durch $\frac{5}{6}$ dividirt, giebt eben so viel als $\frac{25}{48}$ durch $\frac{6}{5}$ multiplicirt, welches $\frac{150}{240}$ oder $\frac{5}{8}$ giebt.

Man sieht also überhaupt, daß durch den Bruch $\frac{1}{2}$ dividiren eben so viel ist, als mit $\frac{2}{1}$, das ist mit 2 multipliciren: und durch $\frac{1}{3}$ dividiren, eben so viel, als mit $\frac{3}{1}$, das ist mit 3 multipliciren.

§. 111.

Wenn daher die Zahl 100 durch $\frac{1}{2}$ dividirt werden soll, so giebt es 200; und 1000 durch $\frac{1}{3}$ dividirt, giebt 3000. Wenn ferner 1 durch $\frac{1}{1000}$ dividirt werden soll, so kommt 1000; und 1 durch $\frac{1}{100000}$ dividirt, giebt 100000; woraus sich erklären läßt, daß eine Division, die durch o geschiehet, unendlich viel geben müsse, weil, wenn man 1 durch diesen kleinen Bruch $\frac{1}{1000000000}$ dividirt, die große Zahl 1000000000 herauskommt.

§. 112.

Wenn ein Bruch durch sich selbst dividirt werden soll, so versteht sich von selbst, daß der Quotient 1 seyn werde, weil eine jede Zahl durch sich selbst dividirt 1 giebt: eben dieses zeigt auch unsere Regel. Wenn z. B. $\frac{3}{4}$ durch $\frac{3}{4}$ dividirt werden soll, so multiplicirt man $\frac{3}{4}$ mit $\frac{4}{3}$, da dann $\frac{12}{12}$, das ist 1, herauskommt. Und wenn $\frac{a}{b}$ durch $\frac{a}{b}$ dividirt

werden

werden soll, so multiplicirt man $\frac{a}{b}$ mit $\frac{b}{a}$, wo denn $\frac{ab}{ab}$, das ist 1, heraus kommt.

§. 113.

Es ist jetzt noch übrig, eine Redensart zu erklären, die sehr oft gebraucht wird: z. B. fragt man, was die Hälfte von $\frac{3}{4}$ sey, so heißt das so viel, als man soll $\frac{3}{4}$ mit $\frac{1}{2}$ multipliciren. Eben so, wenn man fragt, was $\frac{2}{3}$ von $\frac{5}{8}$ sey, so muß man $\frac{5}{8}$ mit $\frac{2}{3}$ multipliciren, da denn $\frac{10}{24}$ heraus kommt; und $\frac{3}{4}$ von $\frac{9}{16}$ ist eben so viel als $\frac{9}{16}$ mit $\frac{3}{4}$ multiplicirt, welches $\frac{27}{64}$ giebt. Dies ist wohl zu merken, so oft diese Redensart vorkommt.

§. 114.

Endlich ist hier wegen der Zeichen $+$ und $-$ eben das zu bemerken, was oben bey den ganzen Zahlen gesagt worden. Also: $+\frac{1}{2}$ mit $-\frac{1}{3}$ multiplicirt, giebt $-\frac{1}{6}$; und $-\frac{2}{3}$ mit $-\frac{4}{5}$ multiplicirt, giebt $+\frac{8}{15}$. Ferner $-\frac{5}{8}$ durch $+\frac{2}{3}$ dividirt, giebt $-\frac{15}{16}$; und $-\frac{3}{4}$ durch $-\frac{3}{4}$, giebt $+\frac{12}{12}$ oder $+1$.

XI. Capitel.

Von den Quadratzahlen.

§. 115.

Wenn man eine Zahl mit sich selbst multiplicirt, so wird das Product ein Quadrat genannt, so wie in Ansehung dessen die Zahl, daraus es entstanden, seine Quadratwurzel heißt.

Also

Also, wenn man z. B. 12 mit 12 multiplicirt, so ist das Product 144 eine Quadratzahl, deren Wurzel die Zahl 12 ist.

Der Grund dieser Benennung ist aus der Geometrie genommen, wo der Inhalt eines Quadrats, d. i. eines gleichseitigen und rechtwinklichten Vierecks, gefunden wird, wenn man die Seite desselben mit sich selbst multiplicirt.

§. 116.

Daher findet man alle Quadratzahlen durch die Multiplication, wenn man nemlich die Wurzel mit sich selbst multiplicirt.

Also, weil 1 mit 1 multiplicirt 1 giebt, so ist 1 das Quadrat von 1.

Ferner ist 4 das Quadrat von der Zahl 2; hingegen 2 die Quadratwurzel von 4.

Eben so ist 9 das Quadrat von 3, und 3 die Quadratwurzel von 9. Wir wollen daher die Quadrate der natürlichen Zahlen betrachten, und folgende Tafel hersetzen, in welcher man die Zahlen oder Wurzeln in der ersten, die Quadrate aber in der zweyten Reihe findet.

Zahlen	1	2	3	4	5	6	7	8	9	10	11	12	13	14	15	16	17
Quad.	1	4	9	16	25	36	49	64	81	100	121	144	169	196	225	256	289

Anmerk. Wir haben sehr vollständige Tafeln für die Quadrate der natürlichen Zahlen unter dem Titel Tetragonometria Tabularia etc. auctore I. Jobo Ludolfo. Amstelodami, 1690. 4. Diese Tafeln enthalten die Quadrate von allen Zahlen von 1 bis 100000. In der Einleitung werden verschiedene Anwendungen dieser Tafeln gezeigt, unter andern auch die Producte von jeden zwey Factoren zu finden, die kleiner als 100000 sind. Von diesem Werke besitze ich, außer der genannten Ausgabe, noch folgende zwey: Erffordiae 1709 und Jenae 1711.

§. 117.

§. 117.

Bey diesen der Ordnung nach fortschreitenden Quadratzahlen bemerkt man sogleich folgende Eigenschaft, daß, wenn man ein jedes Quadrat von dem folgenden subtrahiret, die Reste in dieser Ordnung fortgehen:

3, 5, 7, 9, 11, 13, 15, 17, 19, 21, u. s. f.

welche immer um zwey steigen, und alle ungerade Zahlen der Ordnung nach enthalten.

§. 118.

Auf gleiche Weise werden die Quadrate von Brüchen gefunden, wenn man nemlich einen Bruch mit sich selbst multiplicirt. Also ist von $\frac{2}{3}$ das Quadrat $\frac{4}{9}$,

$$\text{von } \tfrac{1}{2} \text{ ist das Quadrat } \tfrac{1}{4},$$
$$\text{von } \tfrac{2}{3} \qquad\qquad \tfrac{4}{9},$$
$$\text{von } \tfrac{1}{4} \qquad\qquad \tfrac{1}{16},$$
$$\text{von } \tfrac{3}{4} \qquad\qquad \tfrac{9}{16} \text{ u. s. f.}$$

Man darf nemlich nur das Quadrat des Zählers durch das Quadrat des Nenners dividiren, so bekommt man das Quadrat des Bruchs. Also ist $\frac{25}{64}$ das Quadrat des Bruchs $\frac{5}{8}$ und umgekehrt ist $\frac{5}{8}$ die Wurzel von $\frac{25}{64}$.

§. 119.

Wenn man das Quadrat von einer vermischten Zahl, welche aus einer ganzen Zahl und einem Bruch besteht, finden will, so darf man sie nur zu einem unächten Bruch machen, und das Quadrat davon nehmen. Also um das Quadrat von $2\frac{1}{2}$ zu finden, so ist erstlich $2\frac{1}{2}$ so viel als $\frac{5}{2}$, und folglich das Quadrat $\frac{25}{4}$, welches $6\frac{1}{4}$ beträgt. Also ist $6\frac{1}{4}$ das Quadrat von $2\frac{1}{2}$. Eben so, um das Quadrat

von

von $3\frac{1}{4}$ zu finden, so bemerke man, daß $3\frac{1}{4}$ so viel ist als $\frac{13}{4}$, wovon das Quadrat $\frac{169}{16}$ ist, welches 10 und $\frac{9}{16}$ ausmacht. Wir wollen z. B. die Quadrate der Zahlen, welche von 3 bis 4 um ein Viertel steigen, betrachten, als:

Zahlen	3	$3\frac{1}{4}$	$3\frac{1}{2}$	$3\frac{3}{4}$	4
Quadr.	9	$10\frac{9}{16}$	$12\frac{1}{4}$	$14\frac{1}{16}$	16

Woraus man leicht abnehmen kann, daß, wenn die Wurzel einen Bruch enthält, das Quadrat derselben auch immer einen Bruch enthalte. Also wenn die Wurzel ist $1\frac{5}{12}$, so wird das Quadrat derselben gefunden $\frac{289}{144}$, welches $2\frac{1}{144}$, und also nur um sehr wenig größer als 2 ist.

§. 120.

Auf eine allgemeine Art, wenn die Wurzel a ist, so ist das Quadrat aa: ferner von der Wurzel 2a ist das Quadrat 4 aa. Hieraus sieht man, daß, wenn die Wurzel 2mal so groß genommen wird, das Quadrat 4mal größer werde. Ferner ist von der Wurzl 3a das Quadrat 9aa, und von der Wurzel 4a ist das Quadrat 16aa u. s. f. Heißt aber die Wurzel ab, so ist ihr Quadrat aabb, und wenn abc die Wurzel ist, so ist ihr Quadrat aabbcc.

§. 121.

Wenn daher die Wurzel aus zwey oder mehrern Factoren besteht, so muß man die Quadrate derselben mit einander multipliciren, und umgekehrt, wenn das Quadrat aus 2 oder mehrern Factoren besteht, deren jeder ein Quadrat ist, so braucht man nur die Wurzeln derselben mit einander zu multipliciren. Also da 2304 so viel ist, als 4 . 16 . 36; so ist

ist die Quadratwurzel davon 2 . 4 . 6, das ist 48, und in der That ist 48 die Quadratwurzel von 2304, weil 48 . 48 eben so viel ausmacht, als 2304.

§. 122.

Nun ist noch nöthig zu zeigen, was es mit den Zeichen plus und minus bey den Quadraten für eine Bewandniß habe. Es erhellet sogleich, daß, wenn die Wurzel das Zeichen + hat, oder eine positive Zahl ist, dergleichen wir bisher angenommen haben, das Quadrat derselben auch eine positive Zahl seyn müsse, weil + mit + multiplicirt, + giebt. Also wird das Quadrat von + a seyn + aa. Wenn aber die Wurzel eine negative Zahl ist, als — a, so wird ihr Quadrat seyn + aa, eben so als wenn die Wurzel + a wäre; folglich ist + aa eben so wohl das Quadrat von + a als von — a; und man kann daher von einem jeden Quadrat zwey Quadratwurzeln angeben, deren eine positiv, die andere negativ ist. Also ist die Quadratwurzel von 25 sowohl + 5, als — 5, weil + 5 mit + 5 multiplicirt, und auch — 5 mit — 5 multiplicirt, + 25 giebt.

XII. Capitel.

Von den Quadratwurzeln und den daraus entstehenden Irrationalzahlen.

§. 123.

Aus dem vorhergehenden erhellet, daß die Quadratwurzel einer gegebenen Zahl nichts anders sey, als eine solche Zahl, deren Quadrat der gegebenen Zahl gleich ist. Also die Quadratwurzel von 4 ist 2, von

9

9 ist sie 3, von 16 ist sie 4, u. s. f. wobey man bemerken muß, daß diese Wurzeln sowohl mit dem Zeichen plus als minus gesetzt werden können. Also von der Zahl 25 ist die Quadratwurzel sowohl $+5$, als -5, weil -5 mit -5 multiplicirt, eben so wohl $+25$ ausmacht, als $+5$ mit $+5$ multiplicirt.

§. 124.

Wenn daher die gegebene Zahl ein Quadrat ist, und man die Quadratzahlen so weit im Gedächtniß hat, so ist es leicht, die Quadratwurzel zu finden: z. B. wäre die Zahl 196 gegeben, so weiß man, daß die Quadratwurzel davon 14 ist. Mit den Brüchen verhält es sich eben so, und aus dem obigen ist klar, daß von dem Bruch $\frac{4}{9}$ die Quadratwurzel $\frac{2}{3}$ sey, weil man nur so wohl vom Zähler, als vom Nenner die Quadratwurzel nehmen darf. Ist die gegebene Zahl eine vermischte Zahl, als $12\frac{1}{4}$, so bringe man sie auf einen einzelnen Bruch, nemlich $\frac{49}{4}$, wovon die Quadratwurzel $\frac{7}{2}$, oder $3\frac{1}{2}$ ist. Dies ist also offenbar die Quadratwurzel von $12\frac{1}{4}$.

§. 125.

Ist aber die gegebene Zahl kein Quadrat, als z. B. 12, so ist es auch nicht möglich die Quadratwurzel davon, das ist eine solche Zahl, welche mit sich selbst multiplicirt, gerade 12 ausmache, zu finden oder anzugeben. Indessen wissen wir doch, daß die Quadratwurzel von 12 größer ist als 3, weil 3 . 3 nur 9 macht, doch aber kleiner als 4, weil 4 . 4 schon 16 macht; man weiß auch, daß sie kleiner seyn müsse, als $3\frac{1}{2}$, weil das Quadrat von $3\frac{1}{2}$ mehr ist als 12; denn $3\frac{1}{2}$ ist $\frac{7}{2}$, und dessen Quadrat $\frac{49}{4}$ oder $12\frac{1}{4}$. Diese Wurzel läßt sich sogar noch näher bestimmen durch $3\frac{7}{15}$, denn das Quadrat von

$$3\frac{7}{15}$$

$3\frac{7}{13}$ oder $\frac{52}{13}$ macht $\frac{2704}{2223}$; folglich ist $3\frac{7}{13}$ noch um etwas zu groß, denn $\frac{2704}{2223}$ ist um $\frac{4}{2223}$ größer als 12.

§. 126.

Da nun $3\frac{1}{2}$ und auch $3\frac{7}{13}$ um etwas größer ist als die Quadratwurzel von 12, so könnte man glauben, daß, wenn man statt des Bruchs $\frac{7}{13}$ einen etwas kleinern zu 3 addirte, das Quadrat davon genau 12 werden könnte.

Man nehme also $3\frac{3}{7}$, weil $\frac{3}{7}$ um etwas weniges kleiner ist als $\frac{7}{13}$. Nun ist $3\frac{3}{7}$ so viel als $\frac{24}{7}$, wovon das Quadrat $\frac{576}{49}$, und also kleiner ist als 12. Denn 12 beträgt $\frac{588}{49}$, also $\frac{12}{49}$ mehr. Hieraus sieht man also, daß $3\frac{3}{7}$ zu klein, $3\frac{7}{13}$ aber zu groß ist. Man könnte also $3\frac{5}{11}$ annehmen, weil $\frac{5}{11}$ größer ist als $\frac{3}{7}$ und doch kleiner als $\frac{7}{13}$. Da nun $3\frac{5}{11}$, in einen Bruch gebracht, $\frac{38}{11}$ sind, so ist das Quadrat davon $\frac{1444}{121}$. Aber 12 auf diesen Nenner gebracht, giebt $\frac{1452}{121}$, woraus erhellet, daß $3\frac{5}{11}$ noch zu klein ist und zwar nur um $\frac{8}{121}$. Wollte man nun setzen, die Wurzel wäre $3\frac{6}{13}$, weil $\frac{6}{13}$ etwas größer ist als $\frac{5}{11}$, so wäre das Quadrat davon $\frac{2025}{169}$; aber 12 auf gleichen Nenner gebracht, giebt $\frac{2028}{169}$. Also ist $3\frac{6}{13}$ noch zu klein, aber nur um $\frac{3}{169}$, da doch $3\frac{7}{13}$ zu groß ist.

§. 127.

Es läßt sich aber leicht begreifen, daß, was man auch immer für einen Bruch zu 3 hinzusetzen mag, das Quadrat davon jedesmal einen Bruch in sich fassen müsse, und also niemals genau 12 betragen könne. Also, ungeachtet wir wissen, daß die Quadratwurzel von 12 größer ist als $3\frac{6}{13}$, aber kleiner als $3\frac{7}{13}$, so muß man doch gestehen, daß es nicht möglich sey, zwischen diesen zwey Brüchen einen

E   solchen

solchen ausfindig zu machen, welcher zu 3 addirt, die Quadratwurzel von 12 genau ausdrückte. Inzwischen läßt sich doch nicht behaupten, daß die Quadratwurzel von 12 an und für sich selbst unbestimmt wäre, sondern es folgt aus dem angeführten nur so viel, daß diese Zahl durch Brüche nicht ausgedrückt werden kann, ungeachtet sie nothwendig eine bestimmte Größe haben muß.

§. 128.

Dies leitet auf eine neue Art von Zahlen, welche sich keinesweges durch Brüche ausdrücken lassen und gleichwohl eine bestimmte Größe haben, wie wir von der Quadratwurzel der Zahl 12 sehen. Diese neue Art von Zahlen werden nun Irrationalzahlen genannt, und sie entstehen, so oft man die Quadratwurzel aus einer Zahl suchen soll, welche kein Quadrat ist. Also weil 2 kein Quadrat ist, so ist auch die Quadratwurzel aus 2, oder diejenige Zahl, welche mit sich selbst multiplicirt, genau 2 hervorbringt, eine Irrationalzahl. Zuweilen pflegt man solche Zahlen auch surdische zu nennen.

§. 129.

Ungeachtet sich nun solche Irrationalzahlen durch keinen Bruch darstellen lassen, so haben wir doch einen deutlichen Begriff von der Größe derselben. Denn z. B. die Quadratwurzel aus 12 mag auch immer noch so verborgen scheinen, so ist doch bekannt, daß sie eine solche Zahl ist, welche mit sich selbst multiplicirt, gerade 12 hervorbringt. Und diese Eigenschaft ist hinlänglich, einen deutlichen Begriff von dieser Zahl zu geben, besonders da man immer näher zu dem Werth derselben gelangen kann.

§. 130.

§. 130.

Weil wir nun einen hinlänglichen Begriff von dergleichen Irrationalzahlen haben, so bedient man sich eines gewissen Zeichens, um die Quadratwurzel solcher Zahlen, die keine Quadrate sind, anzudeuten. Dieses Zeichen hat diese Figur $\sqrt{}$, und wird mit dem Wort Quadratwurzel ausgesprochen. Also $\sqrt{}$ 12 bedeutet diejenige Zahl, welche mit sich selbst multiplicirt, 12 giebt, oder mit einem Wort die Quadratwurzel aus 12. Eben so bedeutet $\sqrt{}$ 2 die Quadratwurzel aus 2, $\sqrt{}$ 3 die Quadratwurzel aus 3: ferner $\sqrt{}$ $\frac{2}{3}$ die Quadratwurzel aus $\frac{2}{3}$, und überhaupt $\sqrt{}$ a, die Quadratwurzel aus der Zahl a. So oft man also aus einer Zahl, welche kein Quadrat ist, die Quadratwurzel anzeigen soll, so bedient man sich dieses Zeichens $\sqrt{}$, welches vor jene Zahl geschrieben wird.

§. 131.

Der jetzt erklärte Begriff von den Irrationalzahlen führt nun sogleich auf einen Weg, die gewöhnlichen Rechnungen damit anzustellen. Weil nemlich die Quadratwurzel aus 2 mit sich selbst multiplicirt, 2 geben muß, so wissen wir, daß, wenn $\sqrt{}$ 2 mit $\sqrt{}$ 2 multiplicirt wird, nothwendig 2 heraus komme: eben so giebt $\sqrt{}$ 3 mit $\sqrt{}$ 3 multiplicirt, 3; und $\sqrt{}$ 5 mit $\sqrt{}$ 5, 5; imgleichen $\sqrt{}$ $\frac{2}{3}$ mit $\sqrt{}$ $\frac{2}{3}$ giebt $\frac{2}{3}$; und überhaupt $\sqrt{}$ a mit $\sqrt{}$ a multiplicirt, giebt a.

§. 132.

Wenn aber $\sqrt{}$ a mit $\sqrt{}$ b multiplicirt werden soll, so ist das Product $\sqrt{}$ ab, weil oben gezeigt ist (§. 121), daß, wenn ein Quadrat Factoren hat, die Wurzel davon auch aus den Wurzeln der Factoren

E 2   ent=

entſteht. Daher findet man die Quadratwurzel aus
dem Product ab, das iſt $\sqrt{}$ ab, wenn man die
Quadratwurzel von a, das iſt $\sqrt{}$ a mit der Qua=
dratwurzel von b, das iſt $\sqrt{}$ b, multiplicirt. Hier=
aus erhellet ſogleich, daß wenn b gleich a wäre, als=
denn $\sqrt{}$ a mit $\sqrt{}$ b multiplicirt; $\sqrt{}$ aa gäbe. Nun
aber iſt $\sqrt{}$ aa offenbar a, weil aa das Quadrat von
a iſt.

§. 133.

Eben ſo, wenn $\sqrt{}$ a durch $\sqrt{}$ b dividirt werden
ſoll, ſo bekömmt man $\sqrt{}$ $\frac{a}{b}$, wobey es möglich iſt,
daß im Quotienten die Irrationalität verſchwindet.
Alſo wenn $\sqrt{}$ 18 durch $\sqrt{}$ 8 dividirt werden ſoll, ſo
bekommt man $\sqrt{}$ $\frac{18}{8}$. Es iſt aber $\frac{18}{8}$ ſo viel als $\frac{9}{4}$
und die Quadratwurzel von $\frac{9}{4}$ iſt $\frac{3}{2}$.

§. 134.

Wenn die Zahl, vor welche das Wurzelzeichen
$\sqrt{}$ geſetzt wird, ſelbſt ein Quadrat iſt, ſo läßt ſich
die Wurzel davon auf die gewöhnliche Art ausdrük=
ken. Alſo iſt $\sqrt{}$ 4 ſo viel als 2; $\sqrt{}$ 9 iſt 3; $\sqrt{}$ 36
iſt 6; und $\sqrt{}$ 12$\frac{1}{4}$ iſt $\sqrt{}$ $\frac{49}{4}$: das iſt $\frac{7}{2}$ oder 3$\frac{1}{2}$.
In dieſen Fällen iſt daher die Irrationalität nur
ſcheinbar und fällt von ſelbſt weg.

§. 135.

Es iſt auch leicht, ſolche Irrationalzahlen mit ge=
wöhnlichen Zahlen zu multipliciren. Alſo iſt 2 mal
$\sqrt{}$ 5 ſo viel als 2 $\sqrt{}$ 5; und $\sqrt{}$ 2 mit 3 multipli=
cirt, giebt 3 $\sqrt{}$ 2; weil aber 3 ſo viel iſt als $\sqrt{}$ 9,
ſo giebt auch $\sqrt{}$ 9 mit $\sqrt{}$ 2 multiplicirt, folgende
Form, nemlich $\sqrt{}$ 18, ſo daß $\sqrt{}$ 18 eben ſo viel iſt,
als 3 $\sqrt{}$ 2. Eben ſo iſt 2 $\sqrt{}$ a ſo viel als $\sqrt{}$ 4 a,
und

und 3 √ a so viel als √ 9 a. Und auf eine allgemeine Art ist b √ a so viel als die Quadratwurzel
aus bba oder √ abb; woraus man sieht, daß, wenn
die Zahl, die hinter dem Zeichen steht, ein Quadrat
in sich enthält, die Wurzel davon vor das Zeichen
gesetzt werden kann; als b √ a anstatt √ bba.
Hieraus werden folgende Reductionen klar seyn:

$$\sqrt{8}, \text{ oder } \sqrt{2 \cdot 4}, \text{ ist so viel als } 2\sqrt{2}.$$
$$\sqrt{12}, \text{ oder } \sqrt{3 \cdot 4}, \text{ ———— } 2\sqrt{3}.$$
$$\sqrt{18}, \text{ oder } \sqrt{2 \cdot 9}, \text{ ———— } 3\sqrt{2}.$$
$$\sqrt{24}, \text{ oder } \sqrt{6 \cdot 4}, \text{ ———— } 2\sqrt{6}.$$
$$\sqrt{32}, \text{ oder } \sqrt{2 \cdot 16}, \text{ ———— } 4\sqrt{2}.$$
$$\sqrt{75}, \text{ oder } \sqrt{3 \cdot 25}, \text{ ———— } 5\sqrt{3}. \text{ u.s.f,}$$

§. 136.

Mit der Division hat es gleiche Bewandniß:
√ a durch b dividirt, giebt $\dfrac{\sqrt{a}}{\sqrt{b}}$, das ist $\sqrt{\dfrac{a}{b}}$.

Auf eben diese Weise ist $\dfrac{\sqrt{8}}{\sqrt{2}}$ so viel als $\sqrt{\dfrac{8}{2}}$
oder √ 4, oder 2.

$\dfrac{\sqrt{18}}{\sqrt{2}}$ ist $\sqrt{\dfrac{18}{2}}$, oder √ 9, oder 3.

$\dfrac{\sqrt{12}}{\sqrt{3}}$ ist $\sqrt{\dfrac{12}{3}}$, oder √ 4, oder 2.

$\dfrac{2}{\sqrt{2}}$ ist $\dfrac{\sqrt{4}}{\sqrt{2}}$, oder $\sqrt{\dfrac{4}{2}}$, oder √ 2.

$\dfrac{3}{\sqrt{3}}$ ist $\dfrac{\sqrt{9}}{\sqrt{3}}$, oder $\sqrt{\dfrac{9}{3}}$, oder √ 3.

$\dfrac{12}{\sqrt{6}}$ ist $\dfrac{\sqrt{144}}{\sqrt{6}}$, oder $\sqrt{\dfrac{144}{6}}$, oder √ 24, oder
√ 6 . 4, das ist 2 √ 6.

E 3   §. 137.

§. 137.

Bey der Addition und Subtraction ist nichts besonders zu erinnern, weil die Zahlen nur mit plus und minus verbunden werden. Als: $\sqrt{2}$ zu $\sqrt{3}$ addirt, giebt $\sqrt{2} + \sqrt{3}$; und $\sqrt{3}$ von $\sqrt{5}$ abgezogen, giebt $\sqrt{5} - \sqrt{3}$.

§. 138.

Endlich ist noch zu merken, daß man zum Unterschied dieser sogenannten Irrationalzahlen, die gewöhnlichen Zahlen, sowohl Ganze als Brüche, Rationalzahlen zu nennen pflegt.

Wenn also von Rationalzahlen die Rede ist, so werden darunter jedesmal ganze Zahlen, oder auch Brüche, die sich genau angeben lassen, verstanden, dergleichen z. B. die Quadratwurzel aus 16, aus 25 und aus $13\frac{4}{9}$.

XIII. Capitel.

Von den aus eben dieser Quelle entspringenden unmöglichen oder imaginären Zahlen.

§. 139.

Wir haben schon oben (§. 122) gesehen, daß die Quadrate sowohl der positiven als negativen Zahlen immer positiv sind, oder mit dem Zeichen plus heraus kommen; indem $-a$ mit $-a$ multiplicirt eben sowohl $+aa$ giebt, als wenn man $+a$ mit $+a$ multiplicirt. Und daher sind in dem vorigen Capitel alle Zahlen, woraus die Quadratwurzeln gezogen werden sollen, als positiv angenommen worden.

§. 140.

§. 140.

Wenn daher aus einer negativen Zahl die Quadratwurzel gezogen werden soll, so ist man allerdings in einer großen Verlegenheit, weil sich keine Zahl angeben läßt, deren Quadrat eine negative Zahl wäre. Denn wenn man z. B. die Quadratwurzel von der Zahl — 4 verlangt, so will man eine solche Zahl haben, welche mit sich selbst multiplicirt — 4 gebe. Diese gesuchte Zahl ist aber weder + 2 noch — 2, indem sowohl + 2 als — 2, mit sich selbst multiplicirt, allemal + 4 giebt, und nicht — 4.

§. 141.

Hieraus erkennt man also, daß die Quadratwurzel von einer negativen Zahl weder eine positive, noch negative Zahl seyn könne, weil auch von allen negativen Zahlen die Quadrate positiv werden, oder das Zeichen + bekommen; folglich muß die verlangte Wurzel von einer ganz besondern Art seyn, indem dieselbe weder zu den positiven, noch negativen Zahlen gerechnet werden kann.

§. 142.

Da nun oben (§. 19) schon angemerkt ist, daß die positiven Zahlen alle größer sind, als nichts oder 0: die negativen Zahlen hingegen alle kleiner, als nichts oder 0; also, daß alles, was größer ist als nichts, durch positive Zahlen; hingegen alles, was kleiner ist als nichts, durch negative Zahlen ausgedrückt wird: so sieht man, daß die Quadratwurzel aus negativen Zahlen weder größer noch kleiner als nichts sind. Nichts sind sie aber doch auch nicht, weil 0 mit 0 multiplicirt 0, und also keine negative Zahl giebt.

§. 143.

§. 143.

Weil nun alle mögliche Zahlen, die man ſich nur immer vorſtellen mag, entweder größer oder kleiner als o, oder o ſelbſt ſind; ſo iſt klar, daß die Quadratwurzel von negativen Zahlen nicht einmal unter die möglichen Zahlen gerechnet werden kann. Folglich muß man behaupten, daß ſie unmögliche Zahlen ſind. Und dieſer Umſtand leitet auf den Begriff von ſolchen Zahlen, welche ihrer Natur nach unmöglich ſind, und gewöhnlich i m a g i n ä r e oder e i n g e b i l d e t e Z a h l e n genannt werden, weil ſie bloß in der Einbildung ſtatt finden.

§. 144.

Daher bedeuten alle dieſe Ausdrücke: $r - 1$, $r - 2$, $r - 3$, $r - 4$, u. ſ. f. ſolche unmög= liche oder imaginäre Zahlen, weil dadurch Quadrat= wurzeln von negativen Zahlen angezeigt werden.

Von dieſen kann man alſo mit allem Recht be= haupten, daß ſie weder größer noch kleiner als nichts, und auch nicht einmal nichts ſelbſt ſind, folglich müſſen ſie aus dieſem Grunde für unmöglich gehal= ten werden.

§. 145.

Gleichwohl aber ſtellen ſie ſich unſerm Verſtande dar, und finden in unſerer Einbildung ſtatt; daher ſie auch bloß eingebildete Zahlen genannt werden. Ungeachtet aber dieſe Zahlen, als z. B. $r - 14$, ihrer Natur nach ganz und gar unmöglich ſind, ſo haben wir doch davon einen hinlänglichen Begriff, indem wir wiſſen, daß dadurch eine ſolche Zahl an= gedeutet werde, welche mit ſich ſelbſt multiplicirt, zum Product — 4 hervorbringe; und dieſer Begriff iſt

ist hinreichend, um diese Zahlen in der Rechnung gehörig zu behandeln.

§. 146.

Dasjenige nun, was wir zu allererst von dergleichen unmöglichen Zahlen, als z. B. von $\sqrt{-3}$, wissen, besteht darin, daß das Quadrat davon, oder das Product, welches herauskommt, wenn $\sqrt{-3}$ mit $\sqrt{-3}$ multiplicirt wird, — 3 giebt. Eben so ist $\sqrt{-1}$ mit $\sqrt{-1}$ mult., — 1. Und überhaupt, wenn man $\sqrt{-a}$ mit $\sqrt{-a}$ multiplicirt, oder das Quadrat von $\sqrt{-a}$ nimmt, so giebt es — a.

§. 147.

Da —a so viel ist, als $+$ a mit — 1 multiplicirt, und die Quadratwurzel aus einem Product gefunden wird, wenn man die Quadratwurzeln aus den Factoren mit einander multiplicirt (§. 121), so ist die Wurzel aus a mal — 1 oder $\sqrt{-a}$ so viel, als $\sqrt{a}$ mit $\sqrt{-1}$ multiplicirt. Nun aber ist $\sqrt{a}$ eine mögliche Zahl, folglich läßt sich das Unmögliche, welches darin vorkommt, allezeit auf $\sqrt{-1}$ bringen. Aus diesem Grunde ist also $\sqrt{-4}$ so viel als $\sqrt{4}$ mit $\sqrt{-1}$ multiplicirt: $\sqrt{4}$ aber ist 2, also ist $\sqrt{-4}$ so viel als $2\sqrt{-1}$, und $\sqrt{-9}$ so viel als $\sqrt{9}$ mal $\sqrt{-1}$, das ist 3 $\sqrt{-1}$, und $\sqrt{-16}$ so viel als 4 $\sqrt{-1}$.

§. 148.

Da ferner $\sqrt{a}$ mit $\sqrt{b}$ multiplicirt, $\sqrt{ab}$ giebt, so wird $\sqrt{-2}$ mit $\sqrt{-3}$ multiplicirt, $\sqrt{6}$ geben. Eben so wird $\sqrt{-1}$ mit $\sqrt{-4}$ multiplicirt $\sqrt{4}$, das ist 2 geben. Hieraus sieht man, daß zwey unmögliche Zahlen mit ein-

E 5

einander multiplicirt, eine mögliche oder wirkliche Zahl hervorbringen.

Wenn aber $\sqrt{}$ — 3 mit $\sqrt{}$ + 5, multiplicirt wird, ſo bekommt man $\sqrt{}$ — 15. Oder eine mögliche Zahl mit einer unmöglichen multiplicirt, giebt allezeit etwas unmögliches.

Zuſaz. $\sqrt{}$ — a. $\sqrt{}$ — b = $\sqrt{\overline{-a. -b}}$ = $\sqrt{}$ ab; welches auch ſo bewieſen werden kann:

$\sqrt{}$ -- a. $\sqrt{}$ -- b = $\sqrt{}$ a. $\sqrt{}$ -- 1. $\sqrt{}$ b. $\sqrt{}$ -- 1 = $\sqrt{}$ a. $\sqrt{}$ b. $\sqrt{}$ -- 1. $\sqrt{}$ -- 1 = $\sqrt{}$ ab. -- 1 = -- 1. $\sqrt{}$ ab = -- $\sqrt{}$ ab. Vorhin fanden wir $\sqrt{}$ ab, und es kann einen Anfänger ſehr ungewiß machen, welches von beyden Reſultaten er als richtig anerkennen ſoll, da doch nur eines davon richtig ſeyn kann. Folgende Betrachtung wird ihm darüber allen Zweifel benehmen.

$\sqrt{}$ ab kann ſowohl poſitiv als negativ ſeyn (§. 122). Es frägt ſich alſo nur, welcher Fall hier ſtatt finden muß, und dieſes entſcheidet der zweyte Beweis, der ganz beſtimmt $\sqrt{}$ — a. $\sqrt{}$ — b = — $\sqrt{}$ ab giebt, welches allerdings eine mögliche Größe iſt.

$\sqrt{}$ — a. $\sqrt{}$ b = $\sqrt{\overline{—ab}}$ = $\sqrt{\overline{— 1. ab}}$ = $\sqrt{}$ ab. $\sqrt{}$ — 1 oder auch ſo:
$\sqrt{}$ — a. $\sqrt{}$ b = $\sqrt{}$ a. $\sqrt{}$ — 1. $\sqrt{}$ b = $\sqrt{}$ ab. $\sqrt{}$ — 1, welches eine unmögliche Größe iſt.

§. 149.

Eben ſo verhält es ſich auch mit der Diviſion. Denn da $\sqrt{}$ a durch $\sqrt{}$ b dividirt $\sqrt{}$ $\frac{a}{b}$ giebt, ſo wird $\sqrt{}$ — 4 durch $\sqrt{}$ — 1 dividirt $\sqrt{}$ + 4 geben, und $\sqrt{}$ + 3 durch $\sqrt{}$ — 3 dividirt, wird geben $\sqrt{}$ — 1: Ferner 1 durch $\sqrt{}$ — 1 dividirt, giebt $\sqrt{}$ $\frac{+1}{-1}$ das iſt $\sqrt{}$ — 1, weil 1 ſo viel iſt, als $\sqrt{}$ + 1.

Zuſaz.

Zusatz. Da $(\pm\sqrt{-1})\cdot(\pm\sqrt{-1}) = -1$, so ist
$(\mp\sqrt{-1.})(\pm\sqrt{-1}) = +1$,

also $\mp\sqrt{-1} = \dfrac{1}{\pm\sqrt{-1}}$

woraus man deutlich sieht, daß

$$\dfrac{1}{+\sqrt{-1}} = -\sqrt{-1}$$

und $\dfrac{1}{-\sqrt{-1}} = +\sqrt{-1}$

Wer nun bloß $\sqrt{-1}$ schreibt, will offenbar dadurch anzeigen, daß er diese Wurzel positiv nimmt, daher ist es bey Euler falsch, wenn $\dfrac{1}{\sqrt{-1}} = \sqrt{-1}$ gesetzt wird.

Es erhellet auch schon sehr leicht aus folgenden Schlüssen:
$$\sqrt{-1}.\sqrt{-1} = -1,$$

folglich $\sqrt{-1} = \dfrac{-1}{\sqrt{-1}}$ oder $-\sqrt{-1} = \dfrac{1}{\sqrt{-1}}$

Euler schließt so:
$$\dfrac{1}{\sqrt{-1}} = \dfrac{\sqrt{+1.}}{\sqrt{-1}} = \dfrac{\sqrt{+1}}{\sqrt{-1}} = \sqrt{-1}$$

Aber bey diesen Schlüssen bleibt man ungewiß, ob die Wurzel positiv oder negativ genommen werden muß, indem Euler mit eben dem Rechte die $\sqrt{+1} = -1$ nehmen könnte.

Anfänger mögen aus diesen Erinnerungen sehen, daß sie selbst die Schriften eines so großen Mathematikers, wie Euler war, mit Vorsicht lesen müssen.

$\dfrac{\sqrt{-a}}{\sqrt{-b}} = \dfrac{\sqrt{a}.\sqrt{-1}}{\sqrt{b}.\sqrt{-1}} = \dfrac{\sqrt{a}}{\sqrt{b}} = \sqrt{\dfrac{a}{b}}$. Mehrere Exempel zur Uebung werden unten vorkommen.

§. 150.

Wie aber jene Anmerkung (§. 122) allezeit statt findet, daß die Quadratwurzel aus einer jeden Zahl immer einen doppelten Werth hat, oder sowohl negativ als positiv genommen werden kann, indem z. B. $\sqrt{4}$ sowohl $+2$ als -2 ist, und überhaupt für die Quadratwurzel aus a sowohl $+\sqrt{a}$ als $-\sqrt{a}$,

r a, geschrieben werden kann, so gilt dies auch bey den unmöglichen Zahlen; und die Quadratwurzel aus — a ist sowohl $+ r$ — a, als — r — a, wobey man die Zeichen $+$ und —, welche vor dem r Zeichen gesetzt werden, von dem Zeichen, welches hinter dem r Zeichen steht, wohl unterscheiden muß.

§. 151.

Endlich muß noch der Zweifel gehoben werden, daß, da dergleichen Zahlen unmöglich sind, dieselben auch ganz und gar keinen Nutzen zu haben scheinen und diese Lehre als eine bloße Grille angesehen werden könnte. Allein sie ist in der That von der größten Wichtigkeit, indem oft Fragen vorkommen, von welchen man sogleich nicht wissen kann, ob sie möglich sind oder nicht. Wenn nun ihre Auflösung auf solche unmögliche Zahlen führt, so ist es ein sicheres Zeichen, daß die Frage selbst unmöglich sey. Um dieses mit einem Beispiele zu erläutern, so wollen wir folgende Frage betrachten: man soll die Zahl 12 in zwey solche Theile zerlegen, deren Product 40 ausmache; wenn man nun diese Frage nach den Regeln auflöset, so findet man für die zwey gesuchten Theile 6 $+ r$ — 4, und 6 — r — 4, welche folglich unmöglich sind, und hieraus eben erkennt man, daß diese Frage sich durchaus nicht auflösen läßt. Wollte man aber die Zahl 12 in zwey solche Theile zerfällen, deren Product 35 wäre, so ist offenbar, daß diese Theile 7 und 5 seyn würden.

XIV. Ca=

XIV. Capitel.

Von den Cubiczahlen.

§. 152.

Wenn eine Zahl dreymal mit sich selbst, oder ihr Quadrat nochmal mit derselben Zahl multiplicirt wird, so wird das Product ein Cubus oder eine Cubiczahl genannt. Also ist von der Zahl a der Cubus aaa, welcher entsteht, wenn die Zahl a mit sich selbst, nemlich mit a, und das Quadrat derselben aa nochmals mit der Zahl a multiplicirt wird.

Also sind die Cubi der natürlichen Zahlen folgende:

Zahlen	1,	2,	3,	4,	5,	6,	7,	8,	9,	10
Cubi	1,	8,	27,	64,	125,	216,	343,	512,	729,	1000

Anmerk. Die vollständigsten Cubictafeln, die ich kenne, verdanken wir einem Mathematiker, *I. Paul Büchner*, Nürnberg 1701. In diesen Tafeln finden sich alle Quadrat= und Cubiczahlen von 1 bis 12000, allein sie sind wegen ihrer Unrichtigkeiten sehr unsicher zu gebrauchen. Herr Prof. Hindenburg hat uns schon längst dergleichen Tafeln versprochen, die nach seinen Erfindungen mit einer bewundernswürdigen Geschwindigkeit und Richtigkeit unter der Aufsicht des Herrn von Schönberg bereits berechnet seyn sollen.

§. 153.

Wenn man bey diesen Cubiczahlen ihre Differenzen, wie solches bey den Quadratzahlen geschehen, in Betrachtung zieht, indem man eine jede von der folgenden subtrahirt, so bekommt man folgende Reihe von Zahlen, wobey sich noch keine Ordnung bemerken läßt,

7, 19.

7, 19, 37, 61, 91, 127, 169, 217, 271;
wenn man aber von denselben noch ferner die Differenzen nimmt, so erhält man folgende Reihe Zahlen, welche offenbar immer um 6 steigen, als:

12, 18, 24, 30, 36, 42, 48, 54.

§. 154.

Auf diese Art wird man auch leicht die Cubiczahlen von Brüchen finden können: also ist von $\frac{1}{2}$ der Cubus $\frac{1}{8}$, von $\frac{1}{3}$ ist er $\frac{1}{27}$, von $\frac{2}{3}$ ist er $\frac{8}{27}$. Man darf nemlich nur besonders vom Zähler und Nenner die Cubiczahl nehmen. Also vom Bruch $\frac{3}{4}$ wird der Cubus seyn $\frac{27}{64}$.

§. 155.

Wenn von einer vermischten Zahl der Cubus gefunden werden soll, so muß dieselbe erstlich in einen einzelnen gleichgeltenden Bruch verwandelt werden, da denn die Rechnung leicht angestellt wird. Also von der Zahl $1\frac{1}{2}$ wird es leicht seyn den Cubus zu finden: denn da $1\frac{1}{2}$ zu einem einzelnen Bruch gebracht $\frac{3}{2}$ ist, so wird der Cubus von $\frac{3}{2}$ seyn $\frac{27}{8}$, das ist 3 und $\frac{3}{8}$. Eben so von der Zahl $1\frac{1}{4}$ oder $\frac{5}{4}$ ist der Cubus $\frac{125}{64}$, das ist 1 und $\frac{61}{64}$. Ferner von der Zahl $3\frac{1}{4}$ oder $\frac{13}{4}$ ist der Cubus $\frac{2197}{64}$, welches giebt $34\frac{21}{64}$.

§. 156.

Da von der Zahl a der Cubus aaa ist, so wird von der Zahl ab der Cubus seyn aaabbb; woraus man sieht, daß, wenn die Zahl zwey oder mehr Factoren hat, der Cubus davon gefunden werde, wenn man die Cubiczahlen von allen Factoren mit einander multiplicirt. Also z. B.: weil 12 so viel ist als 3.4, so multiplicirt man den Cubus von 3, welcher 27 ist,

27 ist, mit dem Cubus von 4, nemlich 64, und
so bekommt man 1728, und dieses ist der Cubus
von 12. Hieraus ist ferner klar, daß der Cubus
von 2a ist 8aaa, und also 8 mal größer, als der
Cubus von a; eben so ist von 3a der Cubus 27aaa,
und also 27 mal größer, als der Cubus von a.

§. 157.

Betrachtet man nun auch hier die Zeichen +
und —, so ist für sich klar, daß von einer positiven
Zahl + a der Cubus + aaa und folglich auch positiv seyn müsse. Wenn aber von einer negativen
Zahl, als — a, der Cubus genommen werden soll,
so nehme man erstlich das Quadrat, welches ist + aa,
und da solches nochmals mit — a multiplicirt werden
soll, so wird der gesuchte Cubus — aaa und folglich
auch negativ seyn. Daher es mit den Cubis eine
ganz andere Bewandniß hat als mit den Quadraten,
welche allezeit positiv herauskommen. Also ist von
— 1, der Cubus — 1, von — 2, der Cubus — 8;
von — 3, ist er — 27, u. s. f.

XV. Capitel.

Von den Cubicwurzeln und den daher entsprin-
genden Irrationalzahlen.

§. 158.

Da vorher gezeigt worden, wie von einer gegebenen
Zahl der Cubus gefunden werden soll, so kann auch
umgekehrt aus einer gegebenen Zahl diejenige Zahl
gefunden werden, welche dreymal mit sich selbst mul-
tipli=

tiplicirt, dieselbe Zahl hervorbringe: und diese wird in Ansehung jener ihre Cubicwurzel genannt. Also ist die Cubicwurzel aus einer gegebenen Zahl eine solche Zahl, deren Cubus der gegebenen Zahl gleich ist.

§. 159.

Wenn also die gegebene Zahl eine wirkliche Cubiczahl ist, dergleichen im obigen Capitel gefunden, so ist es leicht, die Cubicwurzel davon zu finden. Also ist von 1 die Cubicwurzel 1; von 8 ist sie zwei; von 27 ist sie 3; von 64 ist sie 4, u. s. w.

Eben so ist auch von — 27 die Cubicwurzel — 3; von — 125 ist sie — 5. Wenn die Zahl gebrochen ist, so ist von $\frac{8}{27}$ die Cubicwurzel $\frac{2}{3}$, und von $\frac{64}{343}$ ist sie $\frac{4}{7}$. Ferner wenn es eine vermischte Zahl ist, als $2\frac{10}{27}$, welche in einem einzelnen Bruch $\frac{64}{27}$ beträgt, so ist die Cubicwurzel davon $\frac{4}{3}$, das ist $1\frac{1}{3}$.

§. 160.

Wenn aber die gegebene Zahl kein wirklicher Cubus ist, so läßt sich auch die Cubicwurzel davon weder durch ganze noch gebrochene Zahlen ausdrücken. Also da 43 keine Cubiczahl ist, so kann unmöglich weder in ganzen Zahlen noch in Brüchen eine Zahl angezeigt werden, deren Cubus genau 43 ausmache. Inzwischen ist aber doch so viel bekannt, daß die Cubicwurzel davon größer sey, als 3, weil der Cubus davon nur 27 ausmacht, und doch kleiner als 4, weil der Cubus davon schon 64 ist. Folglich muß die verlangte Cubicwurzel zwischen den Zahlen 3 und 4 enthalten seyn.

§. 161.

Wollte man nun zu 3, weil die Cubicwurzel aus 43 größer ist als 3, noch einen Bruch hinzusetzen,

ſetzen, ſo könnte man der Wahrheit zwar näher kommen, da aber doch der Cubus davon immer einen
Bruch enthalten würde, ſo kann derſelbe niemals
genau 43 werden. Man ſetze z. B. die geſuchte
Cubicwurzel wäre 3½ oder $\frac{7}{2}$, ſo würde der Cubus
davon ſeyn $\frac{343}{8}$ oder 42⅞, folglich nur um ⅛ kleiner als 43.

§. 162.

Dies beweiſet alſo deutlich, daß ſich die Cubicwurzel aus 43 auf keinerley Weiſe durch ganze Zahlen und Brüche ausdrücken laſſe; da wir aber gleichwohl einen deutlichen Begriff von der Größe derſelben haben, ſo bedient man ſich, um dieſelbe anzuzeigen, des bey den Quadratwurzeln üblichen Zeichens, in welches man aber, um die Cubicwurzel
von der Quadratwurzel zu unterſcheiden, die Ziffer
3 zu ſetzen pflegt. Alſo bedeutet $\sqrt[3]{\,}$ 43 die Cubicwurzel von 43, das heißt, eine ſolche Zahl, deren
Cubus 43 iſt, oder welche dreymal mit ſich ſelbſt
multiplicirt, 43 giebt.

Anmerk. Die Urſache, warum man eine 3 in das Wurzelzeichen ſetzt, wenn man dadurch Cubikwurzeln anzeigen
will, iſt die, weil man die Cubiczahlen als Producte von
3 gleichen Factoren betrachten kann; denn von a iſt der
Cubus aaa.

§. 163.

Man kann alſo dergleichen Ausdrücke durchaus
nicht zu den Rationalzahlen rechnen, ſondern muß
ſie als eine beſondere Art von Irrationalgrößen dar-
ſtellen. Sie haben auch mit den Quadratwurzeln
keine Gemeinſchaft, und es iſt nicht möglich, eine
ſolche Cubicwurzel durch eine Quadratwurzel, als
etwa $\sqrt{\,}$ 12 auszudrücken: denn da von $\sqrt{\,}$ 12, das
Quadrat 12 iſt, ſo iſt der Cubus davon 12 $\sqrt{\,}$ 12,

F   alſo

also noch irrational, folglich kann derselbe nicht 43 seyn.

§. 164.

Ist aber die gegebene Zahl ein wirklicher Cubus, so werden diese Ausdrücke rational, also ist $\sqrt[3]{1}$ so viel als 1, $\sqrt[3]{8}$ so viel als 2, und $\sqrt[3]{27}$ so viel als 3, und überhaupt $\sqrt[3]{aaa}$ so viel als a.

§. 165.

Sollte man eine Cubicwurzel, als $\sqrt[3]{a}$, mit einer andern multipliciren, als mit $\sqrt[3]{b}$, so ist das Product $\sqrt[3]{ab}$; denn wir wissen, daß die Cubicwurzel aus einem Product ab gefunden wird, wenn man die Cubicwurzeln aus den Factoren mit einander multiplicirt. Und eben so, wenn $\sqrt[3]{a}$ durch $\sqrt[3]{b}$ dividirt werden soll, so ist der Quotient $\sqrt[3]{\frac{a}{b}}$.

§. 166.

Daher läßt sich einsehen, daß $2\sqrt[3]{a}$ so viel ist als $\sqrt[3]{8a}$, weil 2 gleich ist $\sqrt[3]{8}$. Eben so ist $3\sqrt[3]{a}$ so viel als $\sqrt[3]{27a}$, und $b\sqrt[3]{a}$ so viel als $\sqrt[3]{abbb}$. Also auch umgekehrt, wenn die Zahl hinter dem Zeichen einen Factor hat, der ein Cubus ist, so kann die Cubicwurzel daraus vor das Zeichen gesetzt werden. Also ist $\sqrt[3]{64a}$ so viel als $4\sqrt[3]{a}$, und $\sqrt[3]{125a}$ so viel als $5\sqrt[3]{a}$. Hieraus folgt, daß $\sqrt[3]{16}$ so viel ist als $2\sqrt[3]{2}$, weil 16 gleich 8 . 2 ist.

§. 167.

§. 167.

Iſt die gegebene Zahl negativ, ſo hat die Cubicwurzel davon keine ſolche Schwierigkeit, wie oben bey den Quadratwurzeln; weil nehmlich die Cubi von negativen Zahlen auch negativ werden, ſo ſind auch hinwiederum die Cubicwurzeln aus negativen Zahlen negativ. Alſo iſt $\sqrt[3]{} - 8$ ſo viel als $- 2$, und $\sqrt[3]{} - 27$ iſt $- 3$. Ferner $\sqrt[3]{} - 12$ iſt ſo viel als $- \sqrt[3]{} 12$, und $\sqrt[3]{} - a$ ſo viel als $- \sqrt[3]{} a$. Woraus man ſieht, daß das Zeichen ($-$), welches hinter dem Cubicwurzelzeichen ſteht, auch vor daſſelbe geſchrieben werden kann. Alſo wird man hier auf keine unmögliche oder eingebildete Zahlen geleitet, wie bey den Quadratwurzeln der negativen Zahlen.

XVI. Capitel.

Von den Dignitäten oder Potenzen überhaupt.

§. 168.

Wenn eine Zahl mehrmal mit ſich ſelbſt multiplicirt wird, ſo wird das Product eine Dignität oder Potenz, zuweilen auch eine Poteſtät genannt. Im Deutſchen könnte man dieſen Namen durch Macht ausdrücken. Da nun ein Quadrat entſteht, wenn eine Zahl zweymal, und ein Cubus, wenn die Zahl dreymal mit ſich ſelbſt multiplicirt wird, ſo ſind ſowohl die Quadrate, als die Cubi, unter dem Namen der Potenzen oder Dignitäten begriffen.

Anme

Anmerk. Für Potenz oder Dignität die deutschen
Wörter Macht oder Würde zu gebrauchen, ist zwar
von einigen neuern Schriftstellern versucht, aber durchaus
abzurathen. Dieses gilt fast von allen neueingeführten
mathematischen Kunstwörtern.

§. 169.

Diese Potenzen werden nach der Anzahl, wie
vielmal eine Zahl mit sich selbst multiplicirt worden,
von einander unterschieden. Also wenn eine Zahl
zweymal mit sich selbst multiplicirt wird, so heißt das
Product ihre zweyte Potenz, welche demnach eben so
viel ist, als das Quadrat davon; wird eine Zahl
dreymal mit sich selbst multiplicirt, so heißt das Product ihre dritte Potenz, welche also einerley Bedeutung mit dem Cubus hat: wird ferner eine Zahl
viermal mit sich selbst multiplicirt, so wird das Product ihre vierte Potenz genannt, welche man gewöhnlich mit dem Namen des Biquadrats be-
legt: und hieraus ergiebt sich ferner von selbst, was
die fünfte, sechste, siebente Potenz einer Zahl bedeute; welche höhere Potenzen übrigens mit keinem
besondern Namen bezeichnet werden.

§. 170.

Um dieses besser zu erläutern, so muß man bemerken, erstlich, daß von der Zahl 1 alle Potenzen
immer 1 bleiben; weil, so vielmal man auch 1 mit
sich selbst multiplicirt, das Product immer 1 bleibt.
Wir wollen daher die Potenzen der Zahl 2 sowohl als
der Zahl 3 nach ihrer Ordnung herschreiben. Sie
gehen folgendermaßen fort:

Poten=

Potenzen.	der Zahl 2.	der Zahl 3.
I.	2	3
II.	4	9
III.	8	27
IV.	16	81
V.	32	243
VI.	64	729
VII.	128	2187
VIII.	256	6561
IX.	512	19683
X.	1024	59049
XI.	2048	177147
XII.	4096	531441
XIII.	8192	1594323
XIV.	16384	4782969
XV.	32768	14348907
XVI.	65536	43046721
XVII.	131072	129140163
XVIII.	262144	387420489

Vorzüglich merkwürdig sind die Potenzen der Zahl 10, nemlich

I.   II.   III.   IV.   V.   VI.

10, 100, 1000, 10000, 100000, 1000000, weil sich darauf unsere ganze Rechenkunst gründet. Uebrigens ist zu merken, daß die über die Zahlen 10, 100, 1000 u. s. w. gesetzten römischen Ziffern andeuten, die wievielste Potenz von 10 eine jede dieser Zahlen sey.

§. 171.

Will man die Sache auf eine allgemeine Art betrachten, so würden sich die Potenzen der Zahl a folgendergestalt verhalten.

I. II. III.   IV.   V.   VI.

a, aa, aaa, aaaa, aaaaa, aaaaaa, u. s. w.

F 3   Diese

Dieſe Art zu ſchreiben hat aber die Unbequem=
lichkeit, daß, wenn ſehr hohe Potenzen geſchrieben
werden ſollen, man eben denſelben Buchſtaben viel=
mal hinſchreiben müßte, und es dem Leſer noch viel
beſchwerlicher fallen würde, die Menge dieſer Buch=
ſtaben zu zählen, um zu wiſſen, die wievielſte Po=
tenz dadurch angezeigt werde. Alſo z. B. würde ſich
die hundertſte Potenz auf dieſe Art ſchwerlich ſchrei=
ben laſſen, und noch viel weniger zu erkennen ſeyn.

§. 172.

Um dieſer Unbequemlichkeit abzuhelfen, hat man
eine weit bequemere Art, ſolche Potenzen auszudrük=
ken, eingeführt, die daher auf das ſorgfältigſte erklärt
zu werden verdient. Man pflegt nemlich über der
Zahl, wovon z. B. die hundertſte Potenz angezeigt
werden ſoll, etwas ſeitwärts zur Rechten die Zahl
100 zu ſchreiben: alſo a^{100}, welches ausgeſprochen
wird, a erhoben zu Hundert. Die oben dabey ge=
ſchriebene Zahl, als in unſerm Fall 100, wird der
Exponent der Potenz genannt, welcher Name
wohl zu merken iſt.

§. 173.

Nach dieſer Art deutet alſo a^2, oder a erhoben zu
2, die zweyte Potenz von a an, und pflegt auch bis=
weilen anſtatt aa geſchrieben zu werden; weil beyde
Arten gleich leicht zu ſchreiben und zu verſtehen ſind.
Hingegen wird gemeiniglich anſtatt des Cubi oder
der dritten Potenz aaa, nach dieſer neuen Art a^3 ge=
ſchrieben, weil dadurch mehr Platz erſpart wird.
Eben ſo drückt a^4 die vierte Potenz, a^5 die fünfte,
und a^6 die ſechſte Potenz von a aus, u. ſ. w.
Anmerk. Da $a^2 = a.a = 1.a.a$; $a^3 = 1.a.a.a$;
$a^4 = 1.a.a.a.a$, u.ſ.f. iſt; und überhaupt $a^m = a.a.$
$a----a = 1.a.a.a.----a$ ſeyn muß, wo a m mal
vor=

vorkömmt; so bedeutet der Exponent m jeder mten Potenz
von a nichts anders, als daß die Einheit so oft mit der
Zahl a multiplicirt ist, als m Einheiten enthält, oder daß
die Zahl a so vielmal mit sich selbst multiplicirt ist, als der
Exponent weniger Eins anzeigt, vorausgesetzt, daß m
eine ganze positive Zahl bedeutet.

§. 174.

Nach dieser Art werden alle Potenzen von der
Zahl a folgendergestalt vorgestellt,

$$a^1, \ a^2, \ a^3, \ a^4, \ a^5, \ a^6, \ a^7, \ a^8, \ a^9, \ a^{10}, \ a^{11}, \ a^{12}, \ \text{u. s. f.}$$

woraus man sieht, daß für das erste Glied a füglich
a^1 geschrieben werden könnte, um die Ordnung desto
deutlicher in die Augen fallen zu machen. Daher
ist a^1 nichts anders als a, weil die Einheit anzeigt, daß der Buchstabe a nur einmal geschrieben
werden soll. Eine solche Reihe von Potenzen heißt
eine geometrische Progression, weil immer ein
jedes Glied gleich vielmal größer ist, als das vorhergehende.

§. 175.

Wie in dieser Reihe der Potenzen ein jedes Glied
gefunden wird, wenn man das vorhergehende mit a
multiplicirt, wodurch der Exponent um eins größer
wird; so wird auch aus einem jeglichen Gliede das
vorhergehende gefunden, wenn man jenes durch a
dividirt, als wodurch der Exponent um eins vermindert wird. Hieraus sieht man, daß das dem ersten
Glied a^1 vorhergehende Glied $\frac{a}{a}$ seyn müsse, das ist
1: nach dem Exponenten wird aber eben dasselbe a^0
seyn, woraus diese merkwürdige Eigenschaft folgt,
daß a^0 allezeit 1 seyn müsse, die Zahl a mag auch so
groß oder so klein seyn, als sie immer will, ja so

F 4   gar

gar auch, wenn a nichts iſt, alſo daß 0⁰ gewiß 1
ausmacht.

§ 176.

Dieſe Reihe von Potenzen läßt ſich noch weiter
rückwärts fortſetzen, und zwar auf eine doppelte
Weiſe. Einmal, indem immer das Glied durch a
getheilt wird; hernach aber auch, indem man den
Exponenten um eins vermindert oder eins davon
ſubtrahirt. Und es iſt gewiß, daß nach beyden Arten die Glieder einander vollkommen gleich ſind.
Wir wollen alſo die obige Reihe auf dieſe doppelte
Art rückwärts vorſtellen, welche auch rückwärts von
der Rechten zur Linken geleſen werden muß:

	$\frac{1}{aaaaaa}$	$\frac{1}{aaaaa}$	$\frac{1}{aaaa}$	$\frac{1}{aaa}$	$\frac{1}{aa}$	$\frac{1}{a}$	1	a
1ſte	$\frac{1}{a^6}$	$\frac{1}{a^5}$	$\frac{1}{a^4}$	$\frac{1}{a^3}$	$\frac{1}{a^2}$	$\frac{1}{a^1}$		
2te	a^{-6}	a^{-5}	a^{-4}	a^{-3}	a^{-2}	a^{-1}	a^0	a^1

§. 177.

Hierdurch lernt man alſo ſolche Potenzen kennen, deren Exponenten negative Zahlen ſind; und
man iſt im Stande den Werth derſelben genau anzuzeigen. Wir wollen daher dasjenige, was wir
gefunden, folgendergeſtalt vor Augen legen:

Erſtlich a^0, iſt ſo viel als 1.

$$-\quad a^{-1}\quad -\quad -\quad \frac{1}{a}$$

$$-\quad a^{-2}\quad -\quad -\quad \frac{1}{aa}\ \text{oder}\ \frac{1}{a^2}$$

$$-\quad a^{-3}\quad -\quad -\quad \frac{1}{a^3}$$

$$-\quad a^{-4}\quad -\quad -\quad \frac{a}{a^4}\ \text{u. ſ. f.}$$

Anmer.

Anmerk. Die Einheit m mal mit a multipliciren, und sie m mal mit a dividiren, sind entgegengesetzte Bedingun-

gen: also ist auch $\dfrac{1}{aaa\ldots a}$ das Entgegengesetzte von

1.a.a.a---a, wenn bey jeder für sich genommenen Beziehung a m mal vorkömmt. So wie daher 1.a.a.a --- a durch a^m angezeigt wird, eben so kann man

$\dfrac{1}{a.a.a\ldots a} = \dfrac{1}{a^m}$ mit Recht durch a^{-m} anzeigen. Bey einer

Bezeichnung, wie a^{-m}, müßte nemlich der Exponent — m durch seine Einheiten anzeigen, wie oft Eins mit a divi-dirt ist, also gerade das Entgegengesetzte vom a^m.

Zwischen $+$ 1 und $-$ 1 liegt 0: da nun bey a^1 oder a

die Einheit einmal mit a multiplicirt, und bey a$^{-1} = \dfrac{1}{a}$

dieselbe mit a dividirt ist, so muß bey a^0 die Einheit mit a weder multiplicirt noch dividirt, sondern ungeändert ge-lassen werden, das heißt: wenn man sich bey a^0 durch 0 einen Exponenten, und durch a^0 eine Potenz von a den-ken will, so muß man allemal a^0 = 1 setzen.

§. 178.

Hieraus ist auch klar, wie die Potenzen von ei-nem Product, als ab, gefunden werden müssen. Diese sind nemlich:

ab oder a^{1}b^1, a^{2}b^2, a^{3}b^3, a^{4}b^4, a5b5, a^{6}b^6, u. s. f. Eben so werden auch die Potenzen von Brüchen ge-funden, als von dem Bruch $\frac{a}{b}$ sind die Potenzen folgende:

$\dfrac{a^1}{b^1}, \dfrac{a^2}{b^2}, \dfrac{a^3}{b^3}, \dfrac{a^4}{b^4}, \dfrac{a^5}{b^5}, \dfrac{a^6}{b^6}, \dfrac{a^7}{b^7}$ u. s. f.

§. 179.

Endlich kommen auch noch hier die Potenzen von negativen Zahlen vor. Es sey demnach gege-ben die negative Zahl — a, so werden ihre Poten-zen der Ordnung nach also auf einander folgen:

—a, $+$ a^2, —a^3, $+$a^4, — a^5, $+$a^6, — a^7, u. s. f.

F 5   woraus

woraus erhellet, daß nur diejenigen Potenzen, deren Exponenten ungerade Zahlen sind, negativ werden; hingegen sind diejenigen Potenzen, deren Exponenten gerade sind, allezeit positiv. Also müssen die dritte, fünfte, siebente, neunte Potenz der negativen Zahlen alle das Zeichen — haben.

Die zweyte, vierte, sechste, achte Potenz hingegen alle das Zeichen +.

XVII. Capitel.

Von den Rechnungsarten mit Potenzen.

§. 180.

Bey der Addition und Subtraction ist hier nichts zu bemerken, indem verschiedene Potenzen nur mit dem Zeichen + und — verbunden werden.

Also ist $a^3 + a^2$ die Summe von der dritten und zweyten Potenz der Zahl a; und $a^5 - a^4$ ist der Rest, wenn von der fünften Potenz die vierte abgezogen wird, und beydes läßt sich nicht kürzer ausdrücken. Wenn aber gleiche Potenzen vorkommen, so ergiebt sich, daß für $a^3 + a^3$ geschrieben werden kann $2a^3$ u.s.f.

§. 181.

Bey der Multiplication solcher Potenzen aber kommt verschiedenes zu bemerken vor. Erstlich, wenn eine jede Potenz von a mit der Zahl a selbst multiplicirt werden soll, so kommt die folgende Potenz heraus, deren Exponent um 1 größer ist. Also a^2 mit a multiplicirt, giebt a^3, und a^3 mit a multiplicirt, giebt a^4 u. s. f. Eben so mit denjenigen, deren

ren Exponenten negativ sind, wenn diese mit a multiplicirt werden sollen, darf man nur zu dem Exponenten 1 addiren. Also a^{-1} mit a multiplicirt, giebt a^0, das ist 1, welches daraus erhellet, weil a^{-1} so viel als $\frac{1}{a}$ (§. 176) ist, welches mit a multiplicirt, $\frac{a}{a}$ giebt, das ist 1. Eben so a^{-2}, wenn solches mit a multiplicirt werden soll, giebt a^{-1}, das ist $\frac{1}{a}$, und a^{-10} mit a multiplicirt, giebt a^{-9}, u. s. f.

§. 182.

Wenn aber eine Potenz mit aa, oder mit der zweyten Potenz multiplicirt werden soll, so wird der Exponent um 2 größer; also a^2 mit a^2 multiplicirt, giebt a^4, und a^3 mit a^2 multiplicirt, giebt a^5; ferner a^4 mit a multiplicirt, giebt a^6, und überhaupt a^n mit a^2 multiplicirt, giebt a^{n+2}. Eben so mit negativen Exponenten, als a^{-1} mit a^2 multiplicirt, giebt a^1, das ist a, welches sich daraus ergiebt, weil a^{-1} ist $\frac{1}{a}$, dieses mit aa multiplicirt, giebt $\frac{aa}{a}$, das ist a. Eben so giebt a^{-2} mit a^2 multiplicirt, a^0, das ist 1, ferner a^{-3} mit a^2 multiplicirt, giebt a^{-1}.

§. 183.

Eben so beweiset man, daß, wenn eine jede Potenz der Wurzel a mit der dritten Potenz von a, oder mit a^3 multiplicirt werden soll, der Exponent derselben um 3 vermehrt werden müsse; oder a^n mit a^3 multiplicirt, giebt a^{n+3}. Und überhaupt, wenn zwey Potenzen von a mit einander multiplicirt werden sollen, so ist das Product wieder eine Potenz von a, deren Exponent die Summe von jenen Exponenten ist. Also a^4 mit a^5 multiplicirt, giebt a^9,

und

und a^{12} mit a^7 multiplicirt, giebt a^{19}, oder a^n mit a^m multiplicirt, giebt a^{n+m}.

§. 184.

Aus diesem Grunde können die hohen Potenzen von bestimmten Zahlen ziemlich leicht gefunden werden; wenn man z. B. die 24ste Potenz von 2 haben wollte, so würde man dieselbe finden, wenn man die 12te Potenz mit der 12ten Potenz multiplicirte, weil 2^{24} so viel ist, als 2^{12} mit 2^{12} multiplicirt. Nun aber ist 2^{12}, wie wir oben gesehen haben, 4096: daher multiplicirt man 4096 mit 4096, so wird das Product 16777216 die verlangte Potenz, nemlich 2^{24} anzeigen.

§. 185.

Bey der Division ist folgendes zu merken. Erstlich wenn eine Potenz von a durch a dividirt werden soll, so wird ihr Exponent um 1 kleiner, oder man muß 1 davon subtrahiren. Also a^5 durch a dividirt, giebt a^4, und a^0, das ist 1, durch a dividirt, giebt 1^{-1} oder $\frac{1}{a}$. Ferner a^{-3} durch a dividirt, giebt a^{-4}.

§. 186.

Wenn aber eine Potenz von a durch a^2 dividirt werden soll, so muß man von dem Exponenten derselben 2 abziehen, und wollte man dieselbe durch a^3 dividiren, so müßte man von ihrem Exponenten 3 abziehen. Also überhaupt, was für eine Potenz auch immer von a durch eine andere dividirt werden soll, so muß man von dem Exponenten der erstern den Exponenten der andern subtrahiren. Also a^{15} durch a^7 dividirt, giebt a^8, und a^5 durch a^7 dividirt, giebt a^{-1}. Ferner auch a^{-3} durch a^4 dividirt, giebt a^{-1}.

§. 187.

§. 187.

Hieraus ist leicht zu begreifen, wie Potenzen von Potenzen gefunden werden müssen, weil solches durch die Multiplication geschieht. Also wenn man die zweyte Potenz oder das Quadrat von a^3 verlangt, so ist dasselbe a^6., und die dritte Potenz, oder der Cubus von a^4 wird seyn a^{12}; woraus erhellet, daß, um das Quadrat einer Potenz zu finden, man den Exponenten derselben nur zu verdoppeln brauche. Also von a^n ist das Quadrat a^{2n}, und der Cubus oder die dritte Potenz von a^n wird seyn a^{3n}. Eben so wird auch die siebente Potenz von a^n gefunden a^{7n}, u. s. f.

§. 188.

Das Quadrat von a^2 ist a^4, das ist die vierte Potenz von a, welche daher das Quadrat des Quadrats ist. Hieraus erhellet, warum man die vierte Potenz ein Biquadrat oder auch ein Quadratoquadrat nennet.

Weil ferner von a^3 das Quadrat a^6 ist, so pflegt man auch die sechste Potenz einen Quadrato-Cubus zu nennen.

Endlich, weil der Cubus von a^3 ist a^9, das ist die neunte Potenz von a, so pflegt dieselbe deswegen auch ein Cubocubus genannt zu werden. Mehrere Namen sind heut zu Tage nicht üblich.

Anmerk. Die Rechenmeister drücken sich in der Potenzenrechnung sehr unbequem aus, ihre sehr zusammengesetzten Benennungen und Beziehungen sind jetzo nur als Antiquität merkwürdig. Man findet solche noch in Martini getreuem arithmetischen Wegweiser. Berlin 1741, 494 S. und in Marpurg Progressionalcalcul, Berlin 1774. 40 S.

XVIII. Ca=

XVIII. Capitel.

Von den Wurzeln in Abſicht auf alle Potenzen.

§. 189.

Weil die Quadratwurzel einer gegebenen Zahl eine
ſolche Zahl iſt, deren Quadrat derſelben gleich iſt,
und die Cubicwurzel eine ſolche, deren Cubus ihr
gleich iſt, ſo können auch von einer jeden gegebenen
Zahl ſolche Wurzeln angezeigt werden, deren vierte
oder fünfte, oder eine beliebige andere Potenz derſelben gegebenen Zahl gleich iſt. Um dieſe verſchiedene
Arten von Wurzeln von einander zu unterſcheiden,
wollen wir die Quadratwurzel die zweyte Wurzel,
und die Cubicwurzel die dritte Wurzel nennen, da
denn die Wurzel, deren vierte Potenz einer gegebenen Zahl gleich iſt, ihre vierte Wurzel, und diejenige, deren fünfte Potenz derſelben Zahl gleich iſt,
ihre fünfte Wurzel u. ſ. f. heißen wird.

§. 190.

Wie die zweyte oder Quadratwurzel durch das
Zeichen $\sqrt{\ }$, und die dritte oder Cubicwurzel durch
dieſes Zeichen $\sqrt[3]{\ }$ angedeutet wird; ſo pflegt man auf
gleiche Weiſe die vierte Wurzel durch dieſes Zeichen
$\sqrt[4]{\ }$, die fünfte Wurzel durch dieſes Zeichen $\sqrt[5]{\ }$, u.
ſ. f. anzuzeigen; woraus denn klar iſt, daß nach
dieſer Schreibart die Quadratwurzel durch $\sqrt[2]{\ }$
ausgedrückt werden ſollte. Weil aber die Quadratwurzeln am häufigſten vorkommen, ſo wird der Kürze
halber die Zahl 2 aus dem Wurzelzeichen wegge-
laſſen,

lassen. Daher, wenn in dem Wurzelzeichen keine
Ziffer befindlich ist, so muß allezeit dadurch die Quadratwurzel verstanden werden.

§. 191.

Um dieses vor Augen zu legen, so wollen wir
die verschiedenen Wurzeln der Zahl a hierher setzen,
und ihre Bedeutung anzeigen.

$\sqrt{}\ a$ ist die IIte Wurzel von a

$\sqrt[3]{}\ a$ = = IIIte = = = a

$\sqrt[4]{}\ a$ = = IVte = = = a

$\sqrt[5]{}\ a$ = = Vte = = = a

$\sqrt[6]{}\ a$ = = VIte = = = a u. s. f.

Also daß hinwiederum die
IIte Potenz von $\sqrt{}\ a$ dem a gleich ist

IIIte = = = $\sqrt[3]{}\ a$ = a = =

IVte = = = $\sqrt[4]{}\ a$ = a = =

Vte = = = $\sqrt[5]{}\ a$ = a = =

VIte = = = $\sqrt[6]{}\ a$ = a = = u. s. f.

§. 192.

Die Zahl a mag nun groß oder klein seyn, so begreift man daher, wie alle Wurzeln von diesen verschiedenen Graden verstanden werden müssen.

Hierbey ist zu merken, daß, wenn für a die Zahl
1 genommen wird, alle diese Wurzeln immer 1 bleiben, weil alle Potenzen von 1 immer 1 sind.

Wenn aber die Zahl a größer ist als 1, so sind
auch alle Wurzeln größer als 1.

Ist aber die Zahl kleiner als 1, so sind auch alle
ihre Wurzeln kleiner als 1.

§. 193.

§. 193.

Ist die Zahl a positiv, so begreift man aus demjenigen, was oben von den Quadrat= und Cubicwurzeln angeführt worden, daß auch alle Wurzeln wirklich angezeigt werden können, und folglich wirkliche und mögliche Zahlen sind.

Ist aber die Zahl a negativ, so werden ihre zweyten, vierten, sechsten und überhaupt alle gerade Wurzeln unmögliche Zahlen, weil alle gerade Potenzen so wohl von positiven als negativen Zahlen immer das Zeichen plus bekommen (§. 188).

Hingegen aber werden die dritten, fünften, siebenten, und überhaupt alle ungerade Wurzeln negativ, weil die ungeraden Potenzen von negativen Zahlen auch negativ sind.

§. 194.

Daher erhält man also eine unendliche Menge neuer Arten von Irrational= oder surdischen Zahlen, denn so oft die Zahl a keine solche wirkliche Potenz ist, als die Wurzel anzeigt, so oft ist es auch nicht möglich, diese Wurzel durch ganze Zahlen oder Brüche auszudrücken, folglich gehört sie in dasjenige Geschlecht von Zahlen, welche Irrationalzahlen genannt werden.

XIX. Ca=

XIX. Capitel.
Von der Bezeichnung der Irrationalzahlen durch gebrochene Exponenten.

§. 195.

Wir haben oben im XVII. Capitel von den Rechnungsarten mit den Potenzen (§. 187) gezeigt, daß man das Quadrat von einer jeden Potenz finde, wenn man ihren Exponenten verdoppelt, und daß überhaupt das Quadrat oder die zweyte Potenz von a^n, a^{2n} sey. Daher ist hinwiederum von der Potenz a^{2n} die Quadratwurzel a^n, und wird folglich gefunden, wenn man den Exponenten derselben halbirt oder durch 2 dividirt.

§. 196.

Also ist von a^2 die Quadratwurzel a^1, von a^4 ist die Quadratwurzel a^2, und von a^6 ist die Quadratwurzel a^3 u. s. f. Weil nun dieses eine allgemeine Wahrheit ist, so sieht man, wenn die Quadratwurzel von a^3 gefunden werden soll, daß dieselbe $a^{\frac{3}{2}}$ seyn werde. Eben so wird von a^5 die Quadratwurzel seyn $a^{\frac{5}{2}}$. Folglich von der Zahl a selbst oder von a^1 wird die Quadratwurzel seyn $a^{\frac{1}{2}}$. Woraus erhellet, daß $a^{\frac{1}{2}}$ eben so viel sey als $\sqrt{a}$, welche neue Art die Quadratwurzel anzudeuten, wohl zu bemerken ist.

§. 197.

Es ist ferner gezeigt, daß, um den Cubus von einer Potenz, als a^n, zu finden, man ihren Exponenten mit 3 multipliciren müsse, und also der Cubus davon a^{3n} ist,

G

Wenn

Wenn alſo rückwärts von der Potenz a^{3n} die dritte oder die Cubicwurzel gefunden werden ſoll, ſo iſt dieſelbe a^n, und man hat nur nöthig, den Exponenten jener durch 3 zu dividiren. Alſo von a^3 iſt die Cubicwurzel a^1 oder a, von a^6 iſt dieſelbe a^2, von a^9 iſt dieſelbe a^3, u. ſ. f.

§. 198.

Dieſes muß nun auch wahr ſeyn, wenn ſich der Exponent nicht durch 3 theilen läßt, und daher wird von a^2 die Cubicwurzel ſeyn $a^{\frac{2}{3}}$. Und von a^4 iſt dieſelbe $a^{\frac{4}{3}}$ oder $a^{1\frac{1}{3}}$. Folglich wird auch von der Zahl a ſelbſt, das iſt von a^1, die Cubic= oder dritte Wurzel ſeyn $a^{\frac{1}{3}}$. Hieraus ſieht man, daß $a^{\frac{1}{3}}$ eben ſo viel ſey als $\sqrt[3]{}\,a$.

§. 199.

Eben ſo verhält es ſich auch mit den höhern Wurzeln, und die vierte Wurzel von a wird ſeyn $a^{\frac{1}{4}}$, welches folglich eben ſo viel iſt als $\sqrt[4]{}\,a$. Gleicher Weiſe wird die fünfte Wurzel von a ſeyn $a^{\frac{1}{5}}$, welches eben ſo viel iſt als $\sqrt[5]{}\,a$, und dieſes iſt auch von allen höhern Wurzeln zu verſtehen.

§. 200.

Man könnte nun alſo die ſchon längſt eingeführten Wurzelzeichen gänzlich entbehren, und anſtatt derſelben die hier erklärten gebrochenen Exponenten gebrauchen; allein da man einmal an jene Zeichen gewöhnt iſt, und dieſe in allen Schriften vorkommen, ſo iſt es nicht rathſam, ſie ganz abzuſchaffen. Doch wird dieſe neue Art jetzt auch häufig gebraucht, weil ſie die Natur der Sache deutlich in ſich faßt. Denn
daß

daß $a^{\frac{1}{2}}$ wirklich die Quadratwurzel von a sey, sieht man gleich, wenn man nur das Quadrat davon nimmt, welches geschieht, wenn man $a^{\frac{1}{2}}$ mit $a^{\frac{1}{2}}$ multiplicirt, da denn offenbar herauskömmt a^1, das ist a.

§. 201.

Hieraus ersieht man auch, wie alle übrige gebrochene Exponenten verstanden werden müssen; als wenn man $a^{\frac{4}{3}}$ hat, so muß von der Zahl a erstlich ihre vierte Potenz a^4 genommen, und hernach die Cubic- oder dritte Wurzel gezogen werden, also daß $a^{\frac{4}{3}}$ eben so viel ist, als nach der gemeinen Art $\sqrt[3]{} \ a^4$.

Eben so wird der Werth von $a^{\frac{3}{4}}$ gefunden, wenn man erstlich den Cubus oder die dritte Potenz von a sucht, welche a^3 ist und hernach aus derselben die vierte Wurzel ziehet: so daß also $a^{\frac{3}{4}}$ eben so viel ist, als $\sqrt[4]{} \ a^3$. Eben so ist $a^{\frac{4}{5}}$ eben so viel als $\sqrt[5]{} \ a^4$ u. s f.

Anmerk. Bey Potenzen, wie $a^{\frac{n}{m}}$ mit gebrochenen Exponenten, kann man sich die Sache auch so vorstellen: die gegebene Wurzel (a) soll in so viel gleiche Factoren zertheilt werden, als der Nenner oder Divisor (m) anzeigt, und von diesen gleichen Factoren soll man so viel behalten, als der Zähler oder der Dividendus (n) angezeigt. Z. B. $a^{\frac{2}{5}}$; hier stelle man sich vor, a sey = xxxxx, und von diesen 5 gleichen Factoren behält man nur 2, also xx, so hat man $a^{\frac{2}{5}}$.

Denn hier ist $x = \sqrt[5]{} \ a$, folglich $x^2 = (\sqrt[5]{} \ a)^2 = \sqrt[5]{} \ a \cdot \sqrt[5]{} \ a = \sqrt[5]{} \ a^2 = a^{\frac{2}{5}}$.

§. 202.

Wenn der Bruch, der den Exponenten vorstellt, größer ist als 1, so läßt sich der Werth auch auf folgende

folgende Art beſtimmen.   Es ſey gegeben $a^{\frac{5}{2}}$, ſo iſt
dieſes ſo viel als $a^{2\frac{1}{2}}$, welches heraus kommt, wenn
man a^2 mit $a^{\frac{1}{2}}$ multiplicirt. Da nun $a^{\frac{1}{2}}$ ſo viel iſt
als $\sqrt{}\,a$, ſo iſt $a^{\frac{5}{2}}$ ſo viel als $a^2 \sqrt{}\,a$.   Eben ſo iſt
$a^{\frac{10}{3}}$, das iſt $a^{3\frac{1}{3}}$ eben ſo viel als $a^3 \sqrt[3]{}\,a$; und $a^{\frac{15}{4}}$,
das iſt $a^{3\frac{3}{4}}$, iſt eben ſo viel als $a^3 \sqrt[4]{}\,a^3$.   Aus die=
ſem allen zeigt ſich hinlänglich der herrliche Gebrauch
der gebrochenen Exponenten.

§. 203.

Auch in Brüchen hat dies ſeinen großen Nutzen.
Es ſey z. B. gegeben $\dfrac{1}{\sqrt{}\,a}$, ſo iſt dieſes ſo viel als $\dfrac{1}{a^{\frac{1}{2}}}$.
Wir haben aber oben geſehen, daß ein ſolcher Bruch
$\dfrac{1}{a^n}$ durch a^{-n} ausgedrückt werden kann, folglich kann
$\dfrac{1}{\sqrt{}\,a}$ durch $a^{-\frac{1}{2}}$ ausgedrückt werden: Eben ſo wird $\dfrac{1}{\sqrt[3]{}\,a}$
ſeyn $a^{-\frac{1}{3}}$ und $\dfrac{a^2}{\sqrt[4]{}\,a^3}$ wird verwandelt in $\dfrac{a^2}{a^{\frac{3}{4}}}$, woraus
entſpringet a^2, multiplicirt mit $1^{-\frac{3}{4}}$, welches ferner
verwandelt wird in $a^{\frac{5}{4}}$, das iſt $a^{1\frac{1}{4}}$, und das iſt fer=
ner $a\sqrt[4]{}\,a$. Dergleichen Reductionen werden durch
Uebung gar merklich erleichtert.

§. 204.

Endlich iſt noch zu merken, daß eine jede ſolche
Wurzel auf vielerley Art kann vorgeſtellt werden.
Denn da $\sqrt{}\,a$ ſo viel iſt als $a^{\frac{1}{2}}$ und $\frac{1}{2}$ in alle dieſe
Brüche: $\frac{2}{4}$, $\frac{3}{6}$, $\frac{4}{8}$, $\frac{5}{10}$, $\frac{6}{12}$, u. ſ. f. verwandelt
werden kann; ſo iſt klar, daß $\sqrt{}\,a$ ſo viel iſt als
$\sqrt[4]{}\,a^2$, imgleichen auch $\sqrt[6]{}\,a^3$ und $\sqrt[8]{}\,a^4$ u. ſ. f. Eben
ſo

so ist $\sqrt[3]{}a$ so viel als $a^{\frac{1}{3}}$; $a^{\frac{1}{3}}$ aber so viel als $\sqrt[6]{}a^2$, oder $\sqrt[9]{}a^3$, oder $\sqrt[12]{}a^4$. Hieraus sieht man leicht, daß die Zahl a selbst, oder a^1, durch folgende Wurzelzeichen ausgedrückt werden könne:

$\sqrt[2]{}a^2$, oder $\sqrt[3]{}a^3$, oder $\sqrt[4]{}a^4$, oder $\sqrt[5]{}a^5$, u. s. f.

§. 205.

Dieses kommt bey der Multiplication und Division wohl zu statten: als z. B. wenn $\sqrt[2]{}a$ mit $\sqrt[3]{}a$ multiplicirt werden soll, so schreibe man anstatt $\sqrt[2]{}a$ die $\sqrt[6]{}a^3$, und anstatt $\sqrt[3]{}a$ die $\sqrt[6]{}a^2$. So bekommt man gleiche Wurzelzeichen, und erhält daher das Product $\sqrt[6]{}a^5$. Welches auch daraus erhellet, weil $a^{\frac{1}{2}}$ mit $a^{\frac{1}{3}}$ multiplicirt, $a^{\frac{1}{2}+\frac{1}{3}}$ giebt. Nun aber ist $\frac{1}{2}+\frac{1}{3}$ so viel als $\frac{5}{6}$, und also das Product $a^{\frac{5}{6}}$ oder $\sqrt[6]{}a^5$. Sollte $\sqrt[2]{}a$ oder $a^{\frac{1}{2}}$ durch $\sqrt[3]{}a$ a oder $a^{\frac{1}{3}}$ dividirt werden, so bekömmt man $a^{\frac{1}{2}-\frac{1}{3}}$ das ist $a^{\frac{3}{6}-\frac{2}{6}}$ also, $a^{\frac{1}{6}}$, folglich $\sqrt[6]{}a$.

XX. Capitel.

Von den verschiedenen Rechnungsarten und ihrer Verbindung überhaupt.

§. 206.

Wir haben bisher verschiedene Rechnungsarten, als die Addition, Subtraction, Multiplication und Division, die Erhebung zu Potenzen, und endlich die Ausziehung der Wurzeln, vorgetragen.

G 3   Daher

Daher wird es zur beſſern Erläuterung dienen, wenn wir den Urſprung dieſer Rechnungsarten und ihre Verbindung unter ſich deutlich erklären, damit man daraus ſchließen könne, ob noch andere dergleichen Arten möglich ſind oder nicht.

Zu dieſem Ende brauchen wir ein neues Zeichen, welches anſtatt der bisher ſo häufig vorgekommenen Redensart, iſt ſo viel als, geſetzt werden kann. Dieſes Zeichen iſt nun =, und wird ausgeſprochen, iſt gleich. Alſo wenn geſchrieben wird $a = b$, ſo iſt die Bedeutung, daß a eben ſo viel ſey als b, oder daß a dem b gleich ſey; alſo iſt z. B. $3 \cdot 5 = 15$.

§. 207.

Die erſte Rechnungsart, welche ſich unſerm Verſtand darſtellt, iſt unſtreitig die Addition, durch welche zwey Zahlen zuſammen addirt, oder die Summe derſelben gefunden werden ſoll. Es ſeyen demnach a und b die zwey gegebenen Zahlen und ihre Summe werde durch den Buchſtaben c angedeutet, ſo hat man $a + b = c$. Alſo wenn die beyden Zahlen a und b bekannt ſind, ſo lehrt die Addition, wie man daraus die Zahl c finden ſoll.

§. 208.

Man behalte dieſe Vergleichung $a + b = c$, kehre aber jetzt die Frage um, und frage, wenn die Zahlen a und c bekannt ſind, wie man die Zahl b finden ſoll.

Man frägt alſo, was man für eine Zahl zu der Zahl a addiren müſſe, damit die Zahl c herauskomme. Es ſey z. B. $a = 3$ und $c = 8$, alſo daß $3 + b = 8$ ſeyn müßte, ſo iſt klar, daß b gefunden wird, wenn man 3 von 8 ſubtrahirt. Ueberhaupt alſo, um b zu finden, ſo muß man a von c ſubtra-

hiren

hiren und da wird b = c — a. Denn wenn a dazu addirt wird, so bekommt man c — a $+$ a, das ist c.

Hierin besteht also der Ursprung der Subtraction.

§. 209.

Die Subtraction entsteht also, wenn die Frage, welche bey der Addition vorkommt, umgekehrt wird. Und da es sich zutragen kann, daß die Zahl, welche abgezogen werden soll, größer ist, als diejenige, von der sie abgezogen werden soll: als wenn z. B. 9 von 5 abgezogen werden sollte; so erhalten wir daher den Begriff von einer neuen Art Zahlen, welche negativ genannt werden, weil 5 — 9 = — 4.

§. 210.

Wenn viele Zahlen, welche zusammen addirt werden sollen, einander gleich sind, so wird ihre Summe durch die Multiplication gefunden, und heißt alsdenn das Product. Also bedeutet ab das Product, welches entsteht, wenn die Zahl a mit der Zahl b multiplicirt wird. Wenn wir nun dieses Product mit dem Buchstaben c andeuten, so haben wir ab = c, und die Multiplication lehrt, wenn die Zahlen a und b bekannt sind, wie man daraus die Zahl c finden solle.

§. 211.

Man werfe nun folgende Frage auf: wenn die Zahlen c und a bekannt sind, wie soll man daraus die Zahl b finden? Es sey z. B. a = 3 und c = 15, so daß 3b = 15, und es werde gefragt, mit was für einer Zahl man 3 multipliciren müsse, damit 15 herauskomme? Dieses geschieht nun durch die Division und wird daher überhaupt die Zahl b gefunden, wenn

man

man c durch a dividirt; woraus folglich dieſe Gleichung entſteht b = $\frac{c}{a}$.

§. 212.

Weil es ſich nun oft zutragen kann, daß ſich die
Zahl c nicht wirklich durch die Zahl a theilen läßt,
und gleichwohl der Buchſtaben b einen beſtimmten
Werth haben muß, ſo werden wir auf eine neue Art
von Zahlen geleitet, welche Brüche genannt werden.
Alſo wenn wir annehmen a = 4, und c = 3, alſo daß
4b = 3, ſo ſieht man wohl, daß b keine ganze Zahl
ſeyn kann, ſondern ein Bruch iſt, nemlich b = $\frac{3}{4}$.

§. 213.

Wie nun die Multiplication aus der Addition
entſtanden iſt, wenn viele Zahlen, die addirt werden ſollen, einander gleich waren, ſo wollen wir jetzt
auch bey der Multiplication annehmen, daß viele
gleiche Zahlen mit einander multiplicirt werden ſollen, und dadurch gelangen wir zu den Potenzen,
welche auf eine allgemeine Art durch dieſe Form a^b
vorgeſtellt werden, wodurch angezeigt wird, daß die
Zahl a ſo viele mal mit ſich ſelbſt multiplicirt werden
müſſe, als die Zahl b anweiſet. Hier wird, wie
oben ſchon erklärt worden, a die Wurzel, b der Exponent und a^b die Potenz genannt.

§. 214.

Laßt uns nun dieſe Potenz ſelbſt durch den
Buchſtaben c andeuten, ſo haben wir a^b = c, worin
alſo drey Buchſtaben, a, b, c, vorkommen. Dieſes
vorausgeſetzt, ſo wird in der Lehre von den Potenzen gezeiget, wie man, wenn die Wurzel a nebſt
dem Exponenten b bekannt iſt, daraus die Potenz
selbſt,

selbst, das ist den Buchstaben c bestimmen soll. Es sey z. B. a = 5 und b = 3, also c = 5³: woraus man sieht, daß von 5 die dritte Potenz genommen werden müsse, welche 125 ist; also wird c = 125.

Hier wird also gelehrt, wie man aus der Wurzel a und den Exponenten b die Potenz c finden soll.

§. 215.

Wir wollen nun auch hier sehen, wie die Frage umgekehrt oder verändert werden kann, also daß aus zweyen von diesen dreyen Zahlen a, b, c, die dritte gefunden werden soll, welches auf zweyerley Art geschehen kann, indem nebst dem c, entweder a oder b, für bekannt angenommen wird. Wobey zu merken, daß in den obigen Fällen bey der Addition und Multiplication nur eine Veränderung statt findet, weil im ersten Fall; wo a + b = c, es gleich viel ist, ob man nebst dem c noch a oder b für bekannt annimmt, indem es gleich viel ist, ob ich schreibe a + b oder b + a; und eben so verhält es sich auch mit der Gleichung ab = c oder ba = c, wo die Buchstaben a und b ebenfalls verwechselt werden können. Allein dieses findet nicht bey den Potenzen statt, indem für a^b keinesweges gesetzt werden kann b^a, welches aus einem einzigen Exempel leicht zu ersehen; wenn z. B. a = 5 und b = 3 gesetzt wird, so wird $a^b = 5^3$ = 125. Hingegen wird $b^a = 3^5 = 243$, welches sehr weit von 125 verschieden ist.

§. 216.

Hieraus ergiebt sich, daß hier wirklich noch zwey Fragen angestellt werden können, wovon die erste ist: wenn nebst der Potenz c noch der Exponent b gegeben wird, wie man daraus die Wurzel a finden soll? Die zweyte

G 5   Frage

Frage aber iſt: wenn nebſt der Potenz c noch
die Wurzel a für bekannt angenommen
wird, wie man daraus den Exponenten
b finden ſoll?

§. 217.

Im obigen iſt nur die erſte von dieſen zwey Fragen erörtert worden, und zwar im 18ten Capitel in
der Lehre von den Wurzeln u. ſ. w. Denn wenn
man z. B. b = 2 und a² = c, ſo muß a eine ſolche
Zahl ſeyn, deren Quadrat dem c gleich ſey, und da
wird a = $\sqrt{}$ c. Eben ſo, wenn b = 3, ſo hat man
a³ = c; da muß alſo der Cubus von a der gegebenen
Zahl c gleich ſeyn, und da erhält man a = $\sqrt[3]{}$ c.
Hieraus läßt ſich auf eine allgemeine Art verſtehen,
wie man aus den beyden Buchſtaben c und b den
Buchſtaben a finden müſſe. Es wird nemlich ſeyn
a = $\sqrt[b]{}$ c.

§. 218.

So oft es ſich nun ereignet, daß die gegebene
Zahl c nicht wirklich eine ſolche Potenz iſt, deren
Wurzel verlangt wird, ſo iſt ſchon oben (§. 128.)
bemerkt worden, daß die verlangte Wurzel a weder
in ganzen Zahlen noch in Brüchen könne ausgedrückt werden. Da nun dieſelbe gleichwohl ihren beſtimmten Werth haben muß, ſo ſind wir dadurch zu
einer neuen Art von Zahlen gelanget, welche Irratio-
nal- oder ſurdiſche Zahlen genannt werden; von welchen es nach der Mannigfaltigkeit der Wurzeln, ſo
gar unendlich vielerley Arten giebt. Auch hat uns
dieſe Betrachtung noch auf eine ganz beſondere Art
von Zahlen geleitet, welche unmöglich ſind und imaginäre oder eingebildete Zahlen genannt werden.

§. 219.

§. 219.

Man sieht also, daß uns noch eine Frage zu betrachten übrig ist, nemlich, wenn außer der Potenz c noch die Wurzel a für bekannt angenommen wird, wie man daraus den Exponenten finden soll? Diese Frage wird uns auf die wichtige Lehre von den Logarithmen leiten, deren Nutzen in der ganzen Mathematik so groß ist, daß fast keine weitläuftige Rechnung ohne Hülfe der Logarithmen zu Stande gebracht werden kann. Wir werden also diese Lehre in dem folgenden Capitel erklären, und dies wird uns wieder auf ganz neue Arten von Zahlen leiten, welche nicht einmal zu den obigen Irrationalen gerechnet werden können.

XXI. Capitel.

Von den Logarithmen überhaupt.

§. 220.

Wir betrachten also diese Gleichung $a^b = c$, und bemerken dabey wir zuerst, daß in der Lehre von den Logarithmen für die Wurzel a eine gewisse Zahl nach Belieben festgestellet werde, also daß diese immer einen gleichen Werth behalte. Wenn nun der Exponent b also angenommen wird, daß die Potenz a^b einer gegebenen Zahl c gleich werde, so wird der Exponent b der Logarithmus dieser Zahl c genannt, und um die Logarithmen anzuzeigen, pflegt man sich entweder der ersten Sylbe oder des ersten Buchstabens von diesem Worte zu bedienen. So schreibt man

man z. B. b = log. c, oder b = lg. c; oder auch b = l. c, und lieſet: b iſt der Logarithmus von c.

§. 221.

Nachdem alſo die Wurzel a einmal feſtgeſtellt worden, ſo iſt der Logarithmus einer jeden Zahl c nichts anders, als der Exponent derjenigen Potenz von a, welche der Zahl c gleich iſt. Da nun $c = a^b$, ſo iſt b der Logarithmus der Potenz a^b. Setzt man nun b = 1, ſo iſt 1 der Logarithmus von a^1, das iſt log. a = 1: ſetzt man b = 2, ſo iſt 2 der Logarithmus von a^2, das iſt log. $a^2 = 2$. Eben ſo wird man haben: log. $a^3 = 3$, log. $a^4 = 4$, log. $a^5 = 5$ u. ſ. f.

1. Erklärung. Wenn eine Zahl a beſtändig einerley Werth behält, ſo kann man annehmen, daß ſie zur x Potenz erhoben einer andern gegebenen Zahl gleich werde, wie der Ausdruck $a^x = c$. Sodann pflegt man den zu ſuchenden Exponenten x den Logarithmen von c, die Zahl a die Baſis oder Grundzahl zu nennen.

Wird in dem Ausdrucke $a^x = c$ für c nach und nach eine andere Zahl geſetzt, ſo muß, wenn a einerley bleibt, der Exponent x, d. i. der Logarithme von c, verändert gefunden werden. Setzt man nun für c die auf einander folgenden natürlichen Zahlen, ſo wird ſodann eine Reihe Logarithmen von dieſen Zahlen entſtehen. Eine ſolche Reihe von Logarithmen mit den dazu gehörigen Zahlen für einerley Grundzahl heißt ein logarithmiſches Syſtem. Es kann demnach unzählig viele verſchiedene logarithmiſche Syſteme geben, weil man für die Grundzahl des Syſtems jede willkührliche Zahl annehmen kann.

2. Erklärung. Logarithmentafeln ſind ein Buch, worin die Logarithmen einer Reihe von Zahlen für eine gewiſſe Baſis berechnet worden ſind. Bey den gewöhnlichen Logarithmentafeln, welche man auch Tabularlogarithmen oder nach dem Erfinder Brigge, briggiſche Logarithmen benennet, liegt die Baſis 10 zum Grunde.

§. 222.

Setzt man b = 0, ſo wird 0 der Logarithmus ſeyn von a^0: nun aber iſt $a^0 = 1$, und alſo iſt log. 1 = 0,

1 = 0, die Wurzel a mag angenommen werden, wie man will.

Setzt man ferner b = — 1, so wird — 1 der Logarithmus von a^{-1}. Es ist aber $a^{-1} = \frac{1}{a}$; also hat man log. $\frac{1}{a} = -1$. Eben so bekommt man log. $\frac{1}{a^2} = -2$, log. $\frac{1}{a^3} = -3$, log. $\frac{1}{a^4} = -4$ u. f. f.

§. 223.

Hieraus erhellet, wie die Logarithmen von allen Potenzen der Wurzel a und auch sogar von Brüchen, deren Zähler = 1, der Nenner aber eine Potenz von a ist, können angezeigt werden; in welchen Fällen die Logarithmen ganze Zahlen sind. Nimmt man aber für b Brüche an, so werden diese Logarithmen von Irrationalzahlen; wenn nemlich b = ½, so ist ½ der Logarithmus von $a^{\frac{1}{2}}$, oder von $\sqrt{}$ a. Daher bekommt man log. $\sqrt{}$ a = ½; eben so log. $\sqrt[3]{}$ a = ⅓ und log. $\sqrt[4]{}$ a = ¼, u. f. f.

§ 224.

Wenn aber der Logarithmus von einer andern Zahl c gefunden werden soll, so sieht man leicht, daß derselbe weder eine ganze Zahl noch ein Bruch seyn kann. Inzwischen muß es doch immer einen solchen Exponenten geben, nemlich b, so daß die Potenz a^b der gegebenen Zahl c gleich werde, und alsdann hat man b = log. c. Folglich hat man auf eine allgemeine Art $a^{\log. c} = c$.

§. 225.

Wir wollen nun eine andere Zahl d betrachten, deren Logarithmus ebenfalls durch log. d angedeutet wird,

wird, alſo daß a$^{\log.\ d}$= d.   Man multiplicire nun
dieſe Formel mit der vorhergehenden a$^{\log. c}$ = c, ſo
bekommt man a$^{\log c\,+\,\log. d}$=cd: nun aber iſt der
Exponent allezeit der Logarithmus der Potenz, folglich iſt log. c + log. d = log. cd. Dividirt man aber
die erſte Formel durch die letztere, ſo bekommt man
a$^{\log. c\,-\,\log. d}$=$\frac{c}{d}$. Folglich wirdlog. c — log.d=log.$\frac{c}{d}$.

§. 226.

Hierdurch werden wir zu den zwey Haupteigen-
ſchaften der Logarithmen geführt, wovon die erſte
in der Gleichung log. c + log.d=log. cd beſteht, und
woraus wir lernen, daß der Logarithmus
von einem Product als cd gefunden werde, wenn man die Logarithmen der Factoren zuſammen addirt. Die zweyte Eigen-
ſchaft iſt in der Gleichung log. c — log. d = log.$\frac{c}{d}$
enthalten und zeiget an, daß der Logarithmus
von einem Bruch gefunden werde, wenn
man von dem Logarithmus des Zählers
den Logarithmus des Nenners ſubtrahirt.

§. 227.

Und eben hierin beſtehet der große Nutzen, den
die Logarithmen in der Rechenkunſt leiſten. Denn
wenn zwey Zahlen mit einander multiplicirt oder dividirt werden ſollen, ſo hat man nur nöthig, die
Logarithmen derſelben zu addiren oder zu ſubtrahiren. Es iſt aber offenbar, daß es ungleich viel leichter
ſey, Zahlen zu addiren oder ſubtrahiren, als zu multipliciren oder dividiren, beſonders wenn die Zahlen ſehr groß ſind.

§. 228.

§. 228.

Noch wichtiger aber ist der Nutzen bey den Potenzen und der Ausziehung der Wurzeln. Denn wenn d = c, so hat man aus der erstern Eigenschaft log. c + log. c = log. = cc, also ist log. c^2 = 2 log. c; eben so bekommt man log. c^3 = 3 log. c und log. c^4 = 4 log. c, und allgemein log. c^n = n log. c.

Nimmt man nun für n gebrochene Zahlen an, so bekommt man log. $c^{\frac{1}{2}}$, das ist log. $\sqrt{c}$ = ½ log. c; ferner auch für negative Zahlen log. c^{-1}, das ist log. $\frac{1}{c}$ = — log. c, und log. c^{-2}, das ist log. $\frac{1}{c^2}$ = — 2 log. c, u. s. f.

§. 229.

Wenn man also solche Tabellen hat, worin für alle Zahlen die Logarithmen berechnet sind, so kann man durch Hülfe derselben die schwersten Rechnungen, wo große Multiplicationen und Divisionen oder auch Erhebungen zu Potenzen und Ausziehungen der Wurzeln vorkommen, mit leichter Mühe ausführen, weil man in diesen Tafeln sowohl für jede Zahl ihre Logarithmen, als auch für einen jeden Logarithmus die Zahl selbst, finden kann. Also wenn man aus einer Zahl c die Quadratwurzel finden soll, so sucht man erstlich den Logarithmus der Zahl c, welcher ist log. c, hernach nimmt man davon die Hälfte, welche ist ½ log. c, und diese ist der Logarithmus der gesuchten Quadratwurzel; also die Zahl, die diesem Logarithmus zukommt, und in der Tafel gefunden wird, ist die Quadratwurzel selbst.

§. 230.

Wir haben schon oben gesehen, daß die Zahlen 1, 2, 3, 4, 5, 6, u. s. f. und folglich alle positive Zahlen

Zahlen Logarithmen der Wurzel a und ihren positiven Potenzen sind; das ist von Zahlen, die größer sind, als Eins.

Hingegen die negativen Zahlen, als: — 1, — 2 u. s. f. sind Logarithmen von den Brüchen $\frac{1}{a}$, $\frac{1}{aa}$ u. s. f., welche kleiner als Eins, aber gleichwohl noch größer als Null sind.

Hieraus folgt, daß wenn der Logarithmus positiv ist, die Zahl immer größer sey als Eins; wenn aber der Logarithmus negativ ist, so ist die Zahl immer kleiner als Eins, doch aber größer als Null. Folglich können für negative Zahlen keine Logarithmen angezeigt werden, oder die Logarithmen von negativen Zahlen sind unmöglich und gehören zu dem Geschlecht der imaginären oder eingebildeten Zahlen.

§. 231.

Um dieses besser zu erläutern, wird es gut seyn, für die Wurzel a eine bestimmte Zahl anzunehmen, und zwar diejenige, nach welcher die gebräuchlichen logarithmischen Tabellen berechnet sind. Es wird aber darin die Zahl 10 für die Wurzel a angenommen, weil nach derselben schon die ganze Rechenkunst eingerichtet ist. Man sieht aber leicht, daß dafür eine jede andere Zahl, die nur größer ist als Eins, angenommen werden könnte; denn wenn man $a = 1$ setzen wollte, so würden alle Potenzen davon als $a^b = 1$, und immer Eins bleiben, und niemals einer andern gegebenen Zahl, als c, gleich werden können.

XXII. Ca.

XXII. Capitel.

Von den gebräuchlichen Logarithmiſchen Tabellen.

§. 232.

In dieſen Tabellen wird, wie ſchon oben geſagt worden, angenommen, daß die Wurzel a = 10 ſey; alſo iſt der Logarithmus von einer jeden Zahl c derjenige Exponent, welcher anzeigt, zu was für einer Potenz man die Zahl 10 erheben müſſe, um die Zahl c zu erhalten. Oder wenn der Logarithmus der Zahl c durch log. c angedeutet wird, ſo hat man immer $10^{\log. c} = c$.

§. 233.

Wir haben ſchon bemerkt, daß von der Zahl 1 der Logarithmus immer 0 ſey, weil $10^0 = 1$; alſo iſt log. 1 = 0, log. 10 = 1, log. 100 = 2, log. 1000 = 3, log. 10000 = 4, log. 100000 = 5, log. 1000000 = 6. Ferner log. $\frac{1}{10}$ = -1, log. $\frac{1}{100}$ = -2, log. $\frac{1}{1000}$ = -3, log. $\frac{1}{10000}$ = -4, log. $\frac{1}{100000}$ = -5, log $\frac{1}{1000000}$ -6.

§. 234.

Wie ſich nun die Logarithmen von dieſen Hauptzahlen von ſelbſt ergeben, ſo ſchwer iſt es, die Logarithmen aller übrigen dazwiſchen liegenden Zahlen zu finden, welche gleichwohl in den Tabellen müſſen angezeigt werden. Hier iſt auch noch nicht der Ort, eine hinlängliche Anweiſung zu geben, wie dieſe gefunden werden können, daher wollen wir nur überhaupt bemerken, was dabey zu beobachten vorkommt.

H   §. 235.

§. 235.

Da nun log. $1 = 0$, und log. $10 = 1$, ſo iſt leicht zu erachten, daß von allen Zahlen zwiſchen 1 und 10, die Logarithmen zwiſchen 0 und 1 enthalten ſeyn müſſen, oder ſie ſind größer als 0, und doch kleiner als 1.

Laßt uns nur die Zahl 2 betrachten, ſo iſt gewiß, daß ihr Logarithmus, den wir durch den Buchſtaben x andeuten wollen, alſo log. $2 = x$, größer ſey als 0, und doch kleiner als 1. Es muß aber eine ſolche Zahl ſeyn, daß 10^x genau der Zahl 2 gleich werde.

Man kann auch leicht ſehen, daß x viel kleiner ſeyn müſſe als $\frac{1}{2}$, oder daß $10^{\frac{1}{2}}$ größer ſey als 2, denn wenn man von beyden die Quadrate nimmt, ſo wird das Quadrat von $10^{\frac{1}{2}} = 10$: das Quadrat von 2 aber wird 4, alſo viel kleiner. Eben ſo iſt auch $\frac{1}{3}$ für x noch zu groß, oder $10^{\frac{1}{3}}$ iſt größer als 2. Denn der Cubus von $10^{\frac{1}{3}} = 10$, der Cubus von 2 aber iſt nur 8. Hingegen iſt $\frac{1}{4}$ für x angenommen zu klein: denn $10^{\frac{1}{4}}$ iſt kleiner als 2, weil die vierte Potenz von jenem 10 iſt, von dieſem aber 16. Hieraus ſieht man alſo, daß x oder der log. 2 kleiner iſt als $\frac{1}{3}$ und doch größer als $\frac{1}{4}$; man kann auch für einen jeden andern Bruch, der zwiſchen $\frac{1}{3}$ und $\frac{1}{4}$ iſt, finden, ob derſelbe zu groß oder zu klein ſey. Alſo iſt $\frac{2}{7}$ kleiner als $\frac{1}{3}$ und größer als $\frac{1}{4}$; wollte man nun $\frac{2}{7}$ für x nehmen, ſo müßte $10^{\frac{2}{7}} = 2$ ſeyn; fände aber dieſes ſtatt, ſo müſſen auch die ſiebenten Potenzen einander gleich ſeyn: es iſt aber von $10^{\frac{2}{7}}$ die ſiebente Potenz $= 10^2 = 100$, welche der ſiebenten Potenz von 2 gleich ſeyn müßte; da nun die ſiebente Potenz von $2 = 128$ und alſo

größer

größer als jene ist, so ist auch $10^{\frac{2}{7}}$ kleiner als 2, und also $\frac{2}{7}$ kleiner als log. 2: oder log. 2 ist größer als $\frac{2}{7}$ und doch kleiner als $\frac{1}{3}$.

Ein Bruch nun, der kleiner als $\frac{1}{3}$, aber größer als $\frac{2}{7}$, ist $\frac{3}{10}$; sollte nun $10^{\frac{3}{10}} = 2$ seyn, so müßten auch die zehnten Potenzen einander gleich seyn: es ist aber von $10^{\frac{3}{10}}$ die zehnte Potenz $= 10^3 = 1000$, von 2 aber ist die zehnte Potenz $= 1024$; woraus wir schließen, daß $\frac{3}{10}$ noch zu klein ist, oder daß log. 2 größer sey als $\frac{3}{10}$, und doch kleiner als $\frac{1}{3}$.

§. 236.

Dies dient dazu, um zu zeigen, daß log. 2 seine bestimmte Größe habe, weil wir wissen, daß derselbe gewiß größer ist als $\frac{3}{10}$ und doch kleiner als $\frac{1}{3}$. Weiter läßt sich hier noch nicht gehen, und weil wir den wahren Werth noch nicht wissen, so wollen wir für denselben den Buchstaben x gebrauchen, also, daß log. 2 = x, und zeigen, wenn derselbe gefunden wäre, wie man daraus von unzählig vielen andern Zahlen die Logarithmen finden könne; wozu die oben gegebene Gleichung dienet log. cd = log. c + log. d, oder daß der Logarithmus von einem Product gefunden werde, wenn man die Logarithmen der Factoren zusammen addirt. (§. 225.)

§. 237.

Da nun log. 2 = x, und log. 10 = 1, so bekommen wir log. 20 = x + 1, und log. 200 = x + 2, ferner log. 2000 = x + 3, weiter log. 20000 = x + 4 und log. 200000 = x + 5 u. s. f.

§. 238.

Da ferner log. c^2 = 2 log. c und log. c^3 = 3 log. c, log. c^4 = 4 log. c u. s. f. so erhalten wir daher log. 4 = 2x, log. 8 = 3x, log. 16 = 4x, log. 32 = 5x, log. 64 = 6x u. s. f.

Hieraus erhalten wir ferner log. 40 = 2x + 1, log. 400 = 2x + 2, log. 4000 = 2x + 3, log. 40000 = 2x + 4 u. s. f.

log. 80 = 3x + 1, log. 800 = 3x + 2, log. 8000 = 3x + 3, log. 80000 = 3x + 4 u. s. f.

log. 160 = 3x + 1, log. 1600 = 4x + 2, log. 16000 = 4x + 3, log. 160000 = 4x + 4 u. s. f.

§. 239.

Da ferner gefunden worden log. $\frac{c}{d}$ = log. c − log. d, so setze man c = 10, und d = 2, und weil log. 10 = 1 und log. 2 = x, so bekommen wir log. $\frac{10}{2}$, das ist log. 5 = 1 − x, daher erhalten wir log. 50 = 2 − x, log. 500 = 3 − x, log. 5000 = 4 − x u. s. f.

Ferner log. 25 = 2 − 2x, log. 125 = 3 − 3x, log. 625 = 4 − 4x u. s. f.

Auf diese Art gelangen wir weiter zu folgenden:

log. 250 = 3 − 2x, log. 2500 = 4 − 2x, log. 25000 = 5 − 2x u. s. f., ferner

log. 1250 = 4 − 3x, log. 12500 = 5 − 3x, log. 125000 = 6 − 3x u. s. f., ferner

log. 6250 = 5 − 4x, log. 62500 = 6 − 4x, log. 625000 = 7 − 4x u. s. f.

§. 240.

Hätte man auch den Logarithmus von 3 gefunden, so könnte man daher noch von unendlich vielen andern Zahlen die Logarithmen bestimmen. Wir wollen

wollen den Buchstaben y für log. 3 setzen, und daher
würden wir haben:

log. 30=y+1, log. 300=y+2, log. 3000=y+3, u. s. f.
log. 9=2y, log. 27=3y, log. 81=4y, log. 243=5y, u. s. f.

Daher kann man noch weiter finden:
log. 6=x+y, log. 12=2x+y, log. 18=x+2y,
imgleichen auch log. 15=log. 3+log. 5=y+1—x.

§. 241.

Wir haben oben (§. 41.) gesehen, daß alle Zahlen aus den sogenannten Primzahlen durch die Multiplication hervorgebracht werden. Also wenn nur
die Logarithmen der Primzahlen bekannt wären, so
könnte man daraus die Logarithmen aller andern
Zahlen blos durch die Addition finden; als z. B. von
der Zahl 210, welche aus folgenden Factoren besteht, 2. 3. 5. 7, wird seyn der Logarithmus =log. 2
+log. 3+log. 5+log. 7: eben so, da 360=2. 2. 2.
3. 3. 5 = 2^3 3^2. 5, so wird log. 360 = 3 log. 2 + 2
log. 3 +log. 5, woraus erhellet, wie man aus den
Logarithmen der Primzahlen die Logarithmen von
allen andern Zahlen bestimmen kann. Also bey Ver-
fertigung der logarithmischen Tabellen hat man nur
dafür zu sorgen, daß die Logarithmen der Primzahlen gefunden werden.

XXIII. Capitel.

Von der Art die Logarithmen darzustellen.

§. 242.

Wir haben gesehen, daß der Logarithmus von 2
größer ist als $\frac{3}{10}$ und kleiner als $\frac{1}{3}$; oder daß der
Exponent von 10 zwischen diesen zwey Brüchen fal-
len

len müſſe, wenn die Potenz der Zahl 2 gleich werden
ſoll: man mag aber einen Bruch annehmen, was
man immer für einen will, ſo wird die Potenz immer
eine Irrationalzahl und entweder größer oder klei=
ner als 2 ſeyn, daher ſich der Logarithmus von 2 durch
keinen ſolchen Bruch ausdrücken läßt. Man muß
ſich deswegen begnügen, den Werth deſſelben durch
Annäherungen ſo genau zu beſtimmen, daß der
Fehler unmerklich werde. Hierzu bedient man ſich
der ſogenannten Decimalbrüche, deren Natur und
Beſchaffenheit deutlicher erklärt zu werden verdient.

§. 243.

Man weiß, daß bey der gewöhnlichen Art, alle
Zahlen mit den zehn Ziffern

$$0, 1, 2, 3, 4, 5, 6, 7, 8, 9.$$

zu ſchreiben, dieſelben nur auf der erſten Stelle zur
rechten Hand ihre natürliche Bedeutung haben, und
daß auf der zweyten Stelle ihre Bedeutung 10 mal
größer werde, auf der dritten aber 100 mal, auf
der vierten 1000 mal u. ſ. f. auf einer jeden folgen=
den Stelle 10 mal größer, als auf der vorhergehenden.

Alſo in dieſer Zahl 1765 ſteht auf der erſten
Stelle zur Rechten die Ziffer 5, die auch wirklich 5
bedeutet, auf der zweyten Stelle ſteht 6, welche aber
nicht 6, ſondern 10.6 oder 60 anzeigt; die Ziffer
7 auf der dritten Stelle bedeutet 100.7 oder 700,
und endlich das 1 auf der vierten Stelle bedeutet
1000, und ſo wird auch dieſe Zahl ausgeſprochen,
indem man ſagt:

Ein Tauſend, Sieben Hundert, Sechzig,
und Fünf.

§. 244.

Wie nun von der Rechten zur Linken die Bedeu=
tung der Ziffern immer 10 mal größer und folglich
von

von der Linken zur Rechten immer 10 mal kleiner
wird, so kann man nach diesem Gesetz noch weiter
gehen und gegen die rechte Hand fortrücken, da denn
die Bedeutung der Ziffern immer fort 10 mal kleiner
wird. Hier muß man aber die Stelle wohl bemer=
ken, wo die Ziffern ihren natürlichen Werth haben.
Dieses geschieht durch ein Comma, welches hinter
diese Stelle gesetzt wird. Wenn man daher folgende
Zahl findet, als 36,54892, so ist dieselbe also zu
verstehen: erstlich hat die Ziffer 6 ihre natürliche
Bedeutung, und die Ziffer 3 auf der zweyten Stelle
von der Rechten 30. Aber nach dem Comma bedeu=
tet die Ziffer 5 nur $\frac{5}{10}$, die folgenden 4 sind $\frac{4}{100}$,
die Ziffer 8 bedeutet $\frac{8}{1000}$, die Ziffer 9, $\frac{9}{10000}$ und
die Ziffer 2, $\frac{2}{100000}$; woraus man sieht, daß je
weiter diese Ziffern nach der rechten Hand fortgesetzt
werden, ihre Bedeutungen immer kleiner und end=
lich so klein werden, daß sie für nichts zu achten sind.

§. 245.

Diese Art, die Zahlen auszudrücken, heißt nun
ein Decimalbruch, und auf diese Art werden auch
die Logarithmen in den Tabellen dargestellt. Daselbst
wird z. B. der Logarithmus von 2 also ausgedrückt:
0,3010300. Folglich ist hierbey zu merken, daß,
weil vor dem Comma 0 steht, dieser Logarithmus
auch kein Ganzes betrage, und daß sein Werth
$\frac{3}{10} + \frac{0}{100} + \frac{1}{1000} + \frac{0}{10000} + \frac{3}{100000} + \frac{0}{1000000}$
$+ \frac{0}{10000000}$ sey. Man hätte also wohl die zwey
hintersten 0 weglassen können, allein dieselben dienen
um zu zeigen, daß von diesen Theilchen wirklich keine
vorhanden sind. Hierdurch wird aber nicht behaup=
tet, daß nicht weiterhin noch kleinere Theilchen fol=
gen sollten, aber diese werden wegen ihrer Klein=
heit für nichts geachtet.

§. 246.

§. 246.

Den Logarithmus von 3 findet man alſo ausgedrückt: 0, 4771213; woraus man ſieht, daß derſelbe kein Ganzes betrage, ſondern daß er aus dieſen Brüchen beſtehe:

$$\frac{4}{10} + \frac{7}{100} + \frac{7}{1000} + \frac{1}{10000} + \frac{2}{100000}$$
$$+ \frac{1}{1000000} + \frac{3}{10000000}.$$

Man muß aber nicht glauben, daß dieſer Logarithmus auf dieſe Art ganz genau ausgedrückt ſey. Doch
aber weiß man ſo viel, daß der Fehler gewiß kleiner
iſt als $\frac{1}{10000000}$, welcher auch wirklich ſo klein iſt,
daß man ihn in den meiſten Rechnungen aus der
Acht laſſen kann.

§. 247.

Nach dieſer Art heißt der Logarithmus von 1
alſo 0,0000000, weil derſelbe wirklich 0 iſt; von
10 aber heißt der Logarithmus 1,0000000, woraus
man erkennt, daß derſelbe gerade 1 ſey. Von 100
aber iſt der Logarithmus 2,0000000, oder gerade 2,
woraus man ſehen kann, daß von den Zahlen zwiſchen 10 und 100, oder welche mit zwey Ziffern geſchrieben werden, die Logarithmen zwiſchen 1 und 2
enthalten ſeyn müſſen, und folglich durch 1 und einen
Decimalbruch ausgedrückt werden. Alſo iſt log. 50
= 1, 6989700, derſelbe iſt alſo 1 und noch überdies
$\frac{6}{10} + \frac{9}{100} + \frac{8}{1000} + \frac{9}{10000} + \frac{7}{100000}$. Von den
Zahlen aber über hundert bis 1000 enthalten die
Logarithmen 2 nebſt einem Decimalbruch, als
log. 800 = 2, 9030900. Von 1000 bis 10000 ſind
die Logarithmen größer als 3. Von 10000 bis
100000 größer als 4 u. ſ. f.

§. 248.

§. 248.

Von den Zahlen unter 10 aber, welche nur mit einer Ziffer geschrieben werden, ist der Logarithmus noch kein Ganzes, und deswegen steht vor dem Comma eine 0. Bey einem jeden Logarithmus sind also zwey Theile zu bemerken. Der erste Theil, den man die **Charakteristik** oder **Kennziffer** zu nennen pflegt, steht vor dem Comma und zeigt die Ganzen an, wenn dergleichen vorhanden sind; der andere Theil aber zeigt die Decimalbrüche an, die zu dem Ganzen noch gesetzt werden müssen, und wird **Mantisse** genannt. Also ist es leicht, den ersten oder ganzen Theil des Logarithmus einer jeden Zahl anzugeben, weil derselbe 0 ist für alle Zahlen, die nur aus einer Ziffer bestehen. Für die Zahlen, die aus 2 Ziffern bestehen, ist derselbe 1. Er ist ferner 2 für diejenigen, so aus 3 Ziffern bestehen, und so fort ist derselbe immer um eins kleiner als die Anzahl der Ziffern. Wenn man also den Logarithmus von 1766 verlangt, so weiß man schon, daß der erstere oder ganze Theil davon 3 seyn muß.

§. 249.

Umgekehrt also, sobald man den ersten Theil eines Logarithmus ansieht, so weiß man, aus wie viel Figuren die Zahl selbst bestehen werde, weil die Anzahl der Figuren immer um eins größer ist als der ganze Theil des Logarithmus. Wenn man also für eine unbekannte Zahl diesen Logarithmus gefunden hätte 6, 4771213, so wüßte man sogleich, daß dieselbe Zahl aus 7 Figuren bestehe und also größer seyn müße als 1000000. Diese Zahl ist auch wirklich 3000000: denn log. 3000000 = log. 3 $+$ log. 1000000. Nun aber ist log. 3 = 0, 4771213

H 5   und

und log. 1000000 = 6, welche zwey Logarithmen
zusammen addirt 6,4771213 geben.

§. 250.

Bey einem jeden Logarithmus kommt also die
Hauptsache auf den nach dem Comma folgenden
Decimalbruch an, und wenn dieser einmal bekannt
ist, so kann er für viele Zahlen dienen. Um dieses
zu zeigen, wollen wir den Logarithmus der Zahl 365
betrachten, dessen erster Theil unstreitig 2 ist; für den
andern Theil aber, nemlich den Decimalbruch, wollen wir der Kürze halber den Buchstaben x schreiben,
also daß log. 365 = 2 + x; hieraus erhalten wir,
wenn wir immerfort mit 10 multipliciren, log. 3650
= 3 + x; log. 36500 = 4 + x; log. 365000 = 5 + x.
Wir können auch zurück gehen und immer durch 10
dividiren, so bekommen wir log. 36, 5 = 1 + x;
log. 3,65 = 0 + x; log. 0, 365 = − 1 + x; log. 0,0365
= − 2 + x; log. 0, 00365 = − 3 + x u. s. f.

§. 251.

Bey den Logarithmen aller dieser Zahlen nun,
welche aus den Ziffern 365 entstehen, sie mögen 0
hinter oder vor sich haben, bleibt einerley Decimalbruch in ihren Logarithmen und der Unterschied befindet sich nur in der ganzen Zahl vor dem Comma,
und wie wir gesehen haben, so kann diese auch negativ werden, wenn nemlich die Zahl kleiner als 1 wird.
Weil nun die gemeinen Rechner nicht gut mit den negativen Zahlen umgehen können, so wird in diesen
Fällen die ganze Zahl der Logarithmen um 10 vermehret, und anstatt 0 vor dem Comma, pflegt
man 10 zu schreiben, da man denn 9 anstatt − 1
bekommt; anstatt − 2 bekommt man 8; anstatt
− 3 bekommt man 7 u. s. f. Hier muß aber gar
nicht aus der Acht gelassen werden, daß die ganzen
Zahlen

Zahlen vor dem Comma um 10 zu groß angenommen
worden, damit man nicht schließe, die Zahl bestehe
aus 10 oder 9 oder 8 Figuren, sondern daß die Zahl
erst nach dem Comma entweder auf der ersten Stelle,
wenn 9 vorhanden, oder auf der zweyten Stelle,
wenn 8 vorhanden, oder gar erst auf der dritten, wenn
7 vom Anfang des Logarithmus steht, zu schreiben
angefangen werden muß. Auf solche Art findet man
die Logarithmen der Sinus in den Tabellen vorgestellt.

§. 252.

In den gewöhnlichen Tabellen bestehen die Decimalbrüche für die Logarithmen in sieben Figuren,
wovon also die letzte $\frac{1}{10000000}$ Theile andeutet, und
man kann sicher seyn, daß dieselben um kein einziges
solches Theilchen von der Wahrheit abweichen, welcher Fehler gemeiniglich nichts zu bedeuten hat. Wollte man aber noch genauer rechnen, so müßten die Logarithmen in noch mehr als sieben Figuren vorgestellt
werden, welches in den großen Vlacqschen Tabellen
geschieht, wo die Logarithmen auf zehn Figuren
berechnet sind.

§. 253.

Weil der erste Theil eines Logarithmus keine
Schwierigkeit hat, so wird derselbe in den Tabellen
nicht gesetzt oder angezeigt, sondern man findet daselbst
nur die sieben Figuren des Decimalbruchs, welche
den zweyten Theil ausmachen. In den englichen
Tabellen findet man dieselben für alle Zahlen bis auf
100000 ausgedrückt und wenn größere Zahlen noch
vorkommen, so sind kleine Täfelchen beygefügt, woraus man ersehen kann, wie viel wegen der folgenden
Figuren noch zu den Logarithmen addirt werden
müsse.

§. 254.

§. 254.

Hieraus ist also leicht zu verstehen, wie man aus einem gefundenen Logarithmus hinwiederum die ihm zukommende Zahl aus den Tabellen nehmen soll. Um die Sache besser zu erläutern, so wollen wir z. B. diese Zahlen 343 und 2401 mit einander multipliciren. Da nun die Logarithmen davon addirt werden müssen, so kommt die Rechnung also zu stehen:

$$\left. \begin{array}{l} \log. \; 343 = 2, \; 5352941 \\ \log. 2401 = 3, \; 3803922 \end{array} \right\} \text{addirt}$$

$$\left. \begin{array}{l} 5, \; 9156863 \\ 6847 \end{array} \right\} \text{subtrahirt}$$

Giebt also 823543.   16

Diese Summe ist nun der Logarithmus des gesuchten Products, und aus seinem ersten Theil 5 erkennen wir, daß das Product aus 6 Figuren bestehe, welche aus dem Decimalbruch vermittelst der Tabelle gefunden worden 823543, und dieses ist wirklich das gesuchte Product.

§. 255.

Da bey Ausziehung der Wurzeln die Logarithmen besonders einen wichtigen Vortheil leisten, so wollen wir auch dieses mit einem Exempel erläutern. Es soll aus der Zahl 10 die Quadratwurzel gefunden werden. Da hat man also nur nöthig den Logarithmus von 10, welcher 1, 0000000 ist, durch 2 zu dividiren, so wird der Quotient 0, 5000000, der Logarithmus der gesuchten Wurzel seyn. Daher die Wurzel selbst aus den Tabellen 3, 16228 gefunden wird, wovon auch wirklich das Quadrat nur um $\frac{1}{100000}$ Theilchen größer ist als 10.

Ende des ersten Abschnitts.

———

Des

Des

Ersten Theils
Zweyter Abschnitt.

———

Von

den verschiedenen Rechnungsarten

mit zusammengesetzten Größen.

Des

Erſten Theils

Zweyter Abſchnitt.

Von den verſchiedenen Rechnungsarten mit zuſammengeſetzten Größen.

I. Capitel.

Von der Addition zuſammengeſetzter Größen.

§. 256.

Wenn zwey oder mehr Formeln, welche aus vielen Gliedern beſtehen, zuſammen addirt werden ſollen, ſo pflegt man die Addition zuweilen nur durch gewiſſe Zeichen anzudeuten, indem man eine jede Formel in Klammern einſchließt und dieſelben mit dem Zeichen $+$ verbindet. Alſo wenn die Formeln $a + b + c$ und $d + e + f$ zuſammen addirt werden ſollen, ſo wird die Summe alſo angezeigt:

$$(a + b + c) + (d + e + f).$$

§. 257.

Auf dieſe Art wird die Addition nur angedeutet, nicht aber vollzogen. Es iſt aber leicht einzuſehen, daß, um dieſelbe zu vollziehen, nur nöthig iſt, die Klammern wegzulaſſen: denn da die Zahl $d + e + f$,

zur

zur erſten addirt werden ſoll, ſo geſchieht ſolches,
wenn man erſtlich + d, hernach + e, und endlich + f
hinſchreibt, da denn die Summe ſeyn wird:

$$a + b + c + d + e + f.$$

Eben dieſes würde auch zu beobachten ſeyn, wenn
einige Glieder das Zeichen — hätten, welche dann
gleichfalls mit ihrem Zeichen hinzu geſchrieben werden müßten.

§. 258.

Um dieſes deutlicher zu machen, wollen wir ein
Exempel in bloßen Zahlen betrachten, und zu der
Formel 12 — 8 noch dieſe 15 — 6 addiren.

Man addire alſo erſtlich 15, ſo hat man 12 — 8
+ 15; man hat aber zu viel addirt, weil man nur
15 — 6 addiren ſollte, und es ergiebt ſich, daß man
6 zu viel addirt habe; man nehme alſo dieſe 6 wieder
weg oder ſchreibe ſie mit ihrem Zeichen dazu, ſo hat
man die wahre Summe:

$$12 — 8 + 15 — 6.$$

Hieraus erhellet, daß man die Summe findet, wenn
man alle Glieder jedes mit ſeinem Zeichen, an einander ſchreibt.

§. 259.

Wenn daher zu dieſer Formel a — b + c noch
dieſe d — e — f addirt werden ſoll, ſo wird die Summe folgendergeſtalt ausgedrückt:

$$a — b + c + d — e — f.$$

Es iſt aber hierbey wohl zu bemerken, daß es hier
gar nicht auf die Ordnung der Glieder ankomme,
ſondern daß dieſelben nach Belieben unter einander
verſetzt werden können, wenn nur ein jedes ſein ihm
vorgeſetztes Zeichen behält. Alſo könnte die obige
Summe auch auf folgende Art geſchrieben werden:

$$e — e + a — f + d — b.$$

§. 260.

Folglich hat die Addition nicht die geringste Schwierigkeit, wie auch immer die Glieder aussehen mögen. Also wenn zu dieser Formel $2a^3 + 6\sqrt{}b$ — $4\log. c$ noch diese $5\sqrt[5]{}a - 7c$ addirt werden sollte, so würde die Summe seyn:

$2a^3 + 6\sqrt{}b - 4\log. c + 5\sqrt[5]{}a - 7c$;

woraus erhellet, daß dieses die Summe sey, und es auch erlaubt ist, diese Glieder nach Belieben unter einander zu versetzen, wenn nur ein jedes sein Zeichen behält.

§. 261.

Es ist aber oft der Fall, daß die solchergestalt gefundene Summe weit kürzer zusammen gezogen werden kann, indem zuweilen zwey oder mehr Glieder sich gänzlich aufheben, z. B. wenn in der Summe diese Glieder $+a - a$, oder solche $3a - 4a + a$ vorkämen. Auch können bisweilen zwey oder mehrere Glieder in eins gebracht werden, wie z. B.

$3a + 2a = 5a$; $7b - 3b = +4b$; $-6c + 10c = +4c$

$5a - 8a = -3a$; $-7b + b = -6b$; $-3c - 4c = -7c$;

$2a - 5a + a = -2a$; $-3b - 5b + 2b = -6b$.

Diese Abkürzung findet also statt, so oft zwey oder mehr Glieder in Ansehung der Buchstaben völlig einerley sind. Hingegen $2a^2 + 3a$ läßt sich nicht zusammen ziehen, eben so wenig als sich $2b^3 - b^4$ abkürzen läßt.

§. 262.

Wir wollen also einige Exempel von dieser Art betrachten. Erstlich sollen diese zwey Formeln addirt werden $a + b$ und $a - b$, da denn nach obiger Regel herauskommt $a + b + a - b$; nun aber ist $a + a$ $= 2a$

J

$= 2a$ und $b - b = 0$, folglich ist die Summe $= 2a$.
Aus diesem Exempel erhellet folgende sehr nützliche
Wahrheit:

Wenn zu der Summe zweyer Zahlen
$(a + b)$ ihre Differenz $(a - b)$ addirt wird,
so kommt die größere Zahl doppelt heraus.

Man betrachte zur Uebung noch folgende Exempel:

$$
\begin{array}{l}
3a - 2b - c \qquad a^3 - 2a^2b + 2ab^2 \\
5b - 6c + a \qquad - a^2b + 2ab^2 - b^3 \\
\hline
4a + 3b - 7c \quad a^3 - 3a^2b + 4ab^2 - b^3
\end{array}
$$

$$
\begin{array}{l}
3a - 2b + c - 12m \\
5a + 4b - 3c + 6m \\
- 7a + 5b - 7c + 2m \\
2a - 7b + 9c - 5f \\
\hline
3a - 4m - 5f
\end{array}
$$

II. Capitel.

Von der Subtraction zusammengesetzter Größen.

§. 263.

Wenn man die Subtraction nur andeuten will, so
schließt man eine jede Formel in Klammern ein, und
diejenige, welche abgezogen werden soll, wird mit
Vorsetzung des Zeichen — an diejenige angehänget,
von welcher sie abgezogen werden soll. Z. B. wenn
von dieser Formel $a - b + c$ diese $d - e + f$ abgezogen werden soll, so wird der gesuchte Rest also
angedeutet:

$$(a - b + c) - (d - e + f)$$

woraus man ersehen kann, daß die letztere Formel
von der ersten abgezogen werden soll.

§. 264.

§. 264.

Um aber die Subtraction wirklich zu vollziehen, so ist fürs erste zu merken, daß, wenn von einer Größe als a eine andere positive Größe als + b abgezogen werden soll, man a — b bekommen werde.

Soll hingegen eine negative Zahl als — b von a abgezogen werden, so wird man bekommen a + b, weil eine Schuld wegnehmen eben so viel ist als etwas schenken.

§. 265.

Laßt uns nun annehmen, man soll von dieser Formel a — c, diese b — d subtrahiren; so nehme man erstlich b weg, welches a — c — b giebt; wir haben aber zu viel weggenommen, denn wir sollten nur b — d wegnehmen, und zwar um d zu viel: wir müssen also d wieder hinzusetzen, da wir denn erhalten:

$$a - c - b + d,$$

woraus sich deutlich folgende Regel ergiebt: daß die Glieder derjenigen Formel, welche subtrahirt werden sollen, mit verkehrten Zeichen hinzugeschrieben werden müssen.

§. 266.

Mit Hülfe dieser Regel ist es also ganz leicht, die Subtraction zu verrichten, indem die Formel, von welcher subtrahirt werden soll, ordentlich hingeschrieben, diejenige Formel aber, welche subtrahirt werden soll, mit umgekehrten oder verwechselten Zeichen angehänget wird. Da also im ersten Exempel von a — b + c diese Formel d — e + f abgezogen werden soll, so bekommt man:

$$a - b + c - d + e - f.$$

Um

Um dieses mit bloßen Zahlen zu erläutern, so subtrahire man von 9 — 3 + 2, diese Formel 6 — 2 + 4, da man denn bekömmt:

$$9 - 3 + 2 - 6 + 2 - 4 = 0.$$

welches auch sogleich in die Augen fällt; denn 9 — 3 + 2 = 8, 6 — 2 + 4 = 8, und 8 — 8 = 0.

§. 267.

Da nun die Subtraction selbst weiter keine Schwierigkeit hat, so ist nur noch übrig zu bemerken, daß, wenn in dem gefundenen Rest zwey oder mehr Glieder vorkommen, welche in Ansehung der Buchstaben einerley sind, die Abkürzung nach eben denselben Regeln vorgenommen werden könne, welche oben bey der Addition gegeben worden.

§. 268.

So von a + b, wodurch die Summe zweyer Zahlen angedeutet wird, ihre Differenz a — b subtrahiret werden, so bekommt man erstlich a + b — a + b; nun aber ist a — a = 0 und b + b = 2b, folglich ist der gesuchte Rest 2 b, das ist die kleinere Zahl b doppelt genommen.

§. 269.

Zu mehrerer Erläuterung wollen wir noch einige Exempel beyfügen:

$a^2 + ab + b^2$	$3a - 4b + 5c$
$a^2 - ab + b^2$	$-6a + 2b + 4c$
$2ab$	$9a - 6b + c$

$a^3 + 3a^2b + 3ab^2 + b^3$
$a^3 - 3a^2b + 3ab^2 - b^3$
$6a^2b + 2b^3$

r a

$$\begin{array}{r} \sqrt{a} + 2\sqrt{b} \\ \sqrt{a} - 3\sqrt{b} \\ \hline + 5\sqrt{b} \end{array}$$

$$\begin{array}{r} 12a + 4b - 3m - 8f + 2c \\ 6a - 9b + 2m - 3f + 7d \\ \hline 6a + 13b - 5m - 5f + 2c - 7d \end{array}$$

$$\begin{array}{r} \sqrt{a} + 2\sqrt{b} - 8\sqrt{n} + \sqrt{c} \\ \sqrt{a} - 3\sqrt{b} - 12\sqrt{n} - \sqrt{c} \\ \hline 5\sqrt{b} + 4\sqrt{n} + 2\sqrt{c} \end{array}$$

Zusatz. Will man die Richtigkeit einer solchen Rechnung prüfen, so darf man nur auf die gewöhnliche Art den gefundenen Rest zu der subtrahirten Zahl addiren, und sehen, ob die Summe derjenigen Zahl oder Formel gleich sey, von welcher subtrahirt worden.

III. Capitel.

Von der Multiplication zusammengesetzter Größen.

§. 270.

Wenn die Multiplication zusammengesetzter Größen bloß angezeigt werden soll, so wird eine jede von den Formeln, welche mit einander multiplicirt werden sollen, in Klammern eingeschlossen, und entweder ohne Zeichen oder mit einem dazwischen gesetzten Punkt an einander gehängt.

Also wenn diese beyde Formeln $a - b + c$ und $d - e + f$ mit einander multiplicirt werden sollen, so wird das Product auf folgende Art angezeigt: $(a - b + c) \cdot (d - e + f)$ oder $(a - b + c)(d - e + f)$.

J 3   Diese

Dieſe Art wird ſehr häufig gebraucht, weil man dar=
aus ſogleich ſieht, aus was für Factoren ein ſolches
Produkt zuſammen geſetzt iſt.

Zuſatz. Statt der Klammern bedienen ſich einige auch
eines Querſtrichs, der über die Größen geſetzt wird, die zuſam=
men genommen einen Factor ausmachen; z. B.

$$\overline{a - b + c} . \overline{d - e + f}$$

§. 271.

Um aber zu zeigen, wie eine ſolche Multiplica=
tion wirklich angeſtellt werden müſſe, ſo iſt erſtlich
zu merken, daß, wenn eine ſolche Formel $a - b + c$,
z. B. mit 2 multiplicirt werden ſoll, ein jedes Glied
derſelben beſonders mit 2 multiplicirt werden müſſe,
und alſo herauskommen werde:

$$2a - 2b + 2c.$$

Eben dies gilt auch von allen andern Zahlen. Wenn
alſo dieſelbe Formel mit d multiplicirt werden ſoll, ſo
bekommt man:

$$ad - bd + cd.$$

§. 272.

Hier haben wir vorausgeſetzt, daß die Zahl d
poſitiv ſey; wenn aber mit einer negativen Zahl als
— e multiplicirt werden ſoll, ſo iſt die oben (§. 32)
gegebene Regel zu beobachten, daß nemlich zwey
ungleiche Zeichen multiplicirt —, zwey gleiche aber
+ geben. Daher bekommt man:

$$- ae + be - ce.$$

§. 273.

Um nun zu zeigen, wie eine Formel, ſie mag
einfach oder zuſammengeſetzt ſeyn, als A, durch eine
zuſammengeſetzte, als d — e, multiplicirt werden ſoll,
ſo wollen wir erſtlich bloße Zahlen betrachten, und
anneh=

annehmen, daß A mit 7 — 3 multiplicirt werden
solle. Hier ist nun klar, daß man das vierfache von
A verlange; nimmt man nun erstlich das siebenfache,
so muß man hernach das dreifache davon subtrahiren.
Also auch überhaupt, wenn man mit d — e multiplicirt, so multiplicirt man die Formel A erstlich mit
d und hernach mit e und subtrahirt das letztere Product von dem erstern, also daß herauskommt dA - eA.
Laßt uns nun setzen A = a — b, welches mit d — e
multiplicirt werden soll, so erhalten wir:

$$dA = ad - bd$$
$$eA = ae - be$$
$$\overline{ad - bd - ae + be}$$

welches das verlangte Product ist.

§. 274.

Da wir nun das Product (a — b) . (d — e) gefunden haben, und von der Richtigkeit desselben überzeugt sind, so wollen wir dieses Multiplications-
Exempel folgendergestalt deutlich vor Augen stellen:

$$a - b$$
$$d - e$$
$$\overline{ad - bd - ae + be}$$

woraus wir sehen, daß ein jedes Glied der obern
Formel mit einem jeden der untern multiplicirt werden müsse, und daß wegen der Zeichen die oben gegebene Regel durchaus Statt habe, und hierdurch
von neuem bestätiget werde, wenn etwa jemand noch
irgend einen Zweifel darüber gehabt hätte.

§. 275.

Nach dieser Regel wird es also leicht seyn, folgendes Exempel auszurechnen; a + b soll multiplicirt
werden mit a — b:

J 4   a + b

$$
\begin{array}{r}
a + b \\
a - b \\
\hline
aa + ab \\
\quad - ab - bb \\
\hline
\end{array}
$$

das Product wird ſeyn $aa - bb$

§. 276.

Wenn alſo für a und b nach Belieben beſtimmte Zahlen geſetzt werden, ſo leitet uns dieſes Exempel auf folgende Wahrheit: wenn die Summe zweyer Zahlen mit ihrer Differenz multiplicirt wird, ſo iſt das Product die Differenz ihrer Quadrate; dies kann auf folgende Art vorgeſtellt werden:

$$(a + b)\ (a - b) = aa - bb.$$

Folglich iſt wiederum die Differenz zwiſchen zwey Quadratzahlen immer ein Product, oder ſie läßt ſich ſo wohl durch die Summe als durch die Differenz der Wurzeln theilen, und iſt alſo keine Primzahl.

§. 277.

Wir wollen nun noch ferner folgende Exempel ausrechnen:

I.)
$$
\begin{array}{r}
2a - 3 \\
a + 2 \\
\hline
2a^2 - 3a \\
\quad + 4a - 6 \\
\hline
2a^2 + a - 6
\end{array}
$$

II.)
$$
\begin{array}{r}
4a^2 - 6a + 9 \\
2a + 3 \\
\hline
8a^3 - 12a^2 + 18a \\
\quad + 12a^2 - 18a + 27 \\
\hline
8a^3 + 27
\end{array}
$$

III.)
$$
\begin{array}{r}
3a^2 - 2ab - b^2 \\
2a - 4b \\
\hline
6a^3 - 4a^2b - 2ab^2 \\
- 12a^2b + 8ab^2 + 4b^3 \\
\hline
6a^3 - 16a^2b + 6ab^2 + 4b^3
\end{array}
$$

IV.)
$$
\begin{array}{r}
a^2 + 2ab + 2b^2 \\
a^2 - 2ab + 2b^2 \\
\hline
a^4 + 2a^3b + 2a^2b^2 \\
- 2a^3b - 4a^2b^2 - 4ab^3 \\
+ 2a^2b^2 + 4ab^3 + 4b^4 \\
\hline
a^4 + 4b^4.
\end{array}
$$

V.) $2a^2$

V.) $2a^2 - 3ab - 4b^2$

$3a^2 - 2ab + b^2$

$6a^4 - 9a^3b - 12a^2b^2$

$- 4a^3b + 6a^2b^2 + 8ab^3$

$+ 2a^2b^2 - 3ab^3 - 4b^4.$

$6a^4 - 13a^3b - 4a^2b^2 + 5ab^3 - 4b^4.$

VI.) $a^2 + b^2 + c^2 - ab - ac - bc$

$a + b + c$

$a^3 + ab^2 + ac^2 - a^2b - a^2c - abc$

$- ab^2 - ac^2 + a^2b + a^2c - abc + b^3 + bc^2 - b^2c$

$- abc - bc^2 + b^2c + c^3$

$a^3 - 3abc + b^3 + c^3.$

§. 278.

Wenn mehr als zwey Formeln mit einander mul=
tiplicirt werden sollen, so begreift man leicht, daß,
nachdem man zwey davon mit einander multiplicirt
hat, das Product nach und nach auch durch die übri=
gen multiplicirt werde müsse, und daß es gleichviel
sey, was für eine Ordnung darin beobachtet werde.
Es soll z. B. folgendes Product, welches aus vier
Factoren besteht, gefunden werden:

$$\text{I.} \qquad \text{II.} \qquad \text{III.} \qquad \text{IV.}$$

$$(a+b) \quad (a^2+ab+b^2) \quad (a-b) \quad (a^2-ab+b^2)$$

so multiplicirt man erstlich den I. und II. Factor:

II. $a^2 + ab + b^2$

I. $a + b$

$a^3 + a^2b + ab^2$

$+ a^2b + ab^2 + b^3$

I. II. $a^3 + 2a^2b + 2ab^2 + b^3$

Hernach

Hernach multiplicirt man den III. und IV. Factor:

$$\text{IV. } a^2 - ab + b^2$$
$$\text{III. } a \; - b$$

$$a^3 - a^2b + ab^2$$
$$\quad\;\; - a^2b + ab^2 - b^3$$

$$\text{III. IV. } a^3 - 2a^2b + 2ab^2 - b^3$$

Nun ist nur noch übrig jenes Product I. II. mit diesem III. IV. zu multipliciren:

$$\text{I. II. } = a^3 + 2a^2b + 2ab^2 + b^3$$
$$\text{III. IV. } = a^3 - 2a^2b + 2ab^2 - b^3$$

$$a^6 + 2a^5b + 2a^4b^2 + a^3b^3$$
$$\quad - 2a^5b - 4a^4b^2 - 4a^3b^3 - 2a^2b^4$$
$$\quad\quad + 2a^4b^2 + 4a^3b^3 + 4a^2b^4 + 2ab^5$$
$$\quad\quad\quad - a^3b^3 - 2a^3b^4 - 2ab^5 - b^6$$

$$a^6 - b^6$$

dieses ist nun das gesuchte Product.

§. 279.

Wir wollen nun bey eben diesem Exempel die Ordnung verändern und erstlich die I. Formel mit der III. und dann die II. mit der IV. multipliciren:

$$\text{I. } a + b \qquad\qquad \text{II. } a^2 + ab + b^2$$
$$\text{III. } a - b \qquad\qquad \text{IV. } a^2 - ab + b^2$$

$$a^2 + ab \qquad\qquad a^4 + a^3b + a^2b^2$$
$$\quad - ab - b^2 \qquad\qquad - a^3b - a^2b^2 - ab^3$$

$$\text{I. III. } = a^2 - b^2 \qquad\qquad + a^2b^2 + ab^3 + b^4$$

$$\text{II. IV. } = a^4 + a^2b^2 + b^4$$

Nun muß nur noch das Product II. IV. mit dem I. III. multiplicirt werden:

$$\text{II. IV.}$$

II. IV. $= a^4 + a^2b^2 + b^4$
I. III. $= a^2 - b^2$

$a^6 + a^4b^2 + a^2b^4$
$\quad - a^4b^2 - a^2b^4 - b^6$

$a^6 - b^6$

welches das gesuchte Product ist.

§. 280.

Endlich wollen wir die Rechnung noch nach einer dritten Ordnung anstellen und erstlich die I. Formel mit der IV. und hernach die II. mit der III. multipliciren:

IV. $a^2 - ab + b^2$ $\qquad$ II. $a^2 + ab + b^2$
I. $a + b$ $\qquad\qquad$ III. $a - b$

$a^3 - a^2b + ab^2$ $\qquad a^3 + a^2b + ab^2$
$\quad + a^2b - ab^2 + b^3$ $\qquad - a^2b - ab^2 - b^3$

I. IV. $= a^3 + b^3$ $\qquad$ II. III. $= a^3 - b^3$

Nun ist noch übrig das Product I. IV. mit II. III. zu multipliciren:

I. IV. $= a^3 + b^3$
II. III. $= a^3 - b^3$

$a^6 + a^3b^3$
$\quad - a^3b^3 - b^6$

$a^6 - b^6$.

§. 281.

Es ist wohl der Mühe werth dieses Exempel mit Zahlen zu erläutern. Es sey daher $a = 3$ und $b = 2$, so hat man $a + b = 5$ und $a - b = 1$; ferner $a^2 = 9$, $ab = 6$, $b^2 = 4$. Also ist $a^2 + ab + b^2 = 19$ und $a^2 - ab + b^2 = 7$. Folglich wird dieses Product verlangt:

$5 \cdot 19 \cdot 1 \cdot 7$. welches ist 665.

Es ist aber $a^6 = 729$ und $b^6 = 64$, folglich $a^6 - b^6 = 665$, wie wir schon vorher gesehen haben.

IV. Ca=

IV. Capitel.

Von der Division zusammengesetzter Größen.

§. 282.

Wenn man die Division nur anzeigen will, so bedient man sich entweder des gewöhnlichen Zeichen eines Bruchs, indem man den Dividendus über die Linie und den Divisor unter die Linie schreibt; oder man schließt beyde in Klammern ein, und schreibt den Divisor nach dem Dividendus mit dazwischen gesetzten zwey Punkten. Also wenn a + b durch c + d getheilt werden soll, so wird der Quotient nach der ersten Art also angezeigt $\frac{a+b}{c+d}$.

Nach der andern Art aber durch (+ b) : (c + d; beydes wird ausgesprochen a + b getheilt durch c + d.

§. 283.

Wenn eine zusammengesetzte Formel durch eine einfache getheilt werden soll, so wird ein jedes Glied besonders getheilt, z. B.

6a − 8b + 4c durch 2 getheilt, giebt 3a − 4b + 2c und   (a² − 2ab) : a = a − 2b:
Eben so (a³ − 2a²b + 3ab²) : a = a² − 2ab + 3b²; ferner (4a²b − 6a²c + 8abc) : 2a = 2ab − 3ac + 4bc; und (9a²bc − 12ab²c + 15abc²) : 3abc = 3a − 4b + 5c.

§. 284.

Wenn sich etwa ein Glied des Dividendus nicht theilen läßt, so wird der daher entstehende Quotient durch einen Bruch angezeigt. Also wenn a + b durch a getheilt werden soll, so bekommt man zum Quotienten 1 + $\frac{b}{a}$.

Ferner

Ferner $(a^2 - ab + b^2) : a^2 = 1 - \dfrac{b}{a} + \dfrac{b^2}{a^2}$.

Wenn ferner $(2a + b)$ durch 2 getheilt werden soll, so bekommt man $a + \dfrac{b}{2}$; wobey zu merken, daß anstatt $\dfrac{b}{2}$ auch geschrieben werden kann $\frac{1}{2}b$, weil $\frac{1}{2}$ mal b so viel ist als $\dfrac{b}{2}$. Eben so ist $\dfrac{b}{3}$ so viel als $\frac{1}{3}b$ und $\dfrac{2b}{3}$ so viel als $\frac{2}{3}b$ u. s. f.

§. 285.

Wenn aber der Divisor selbst eine zusammengesetzte Größe ist, so hat die Division mehr Schwierigkeit, weil dieselbe öfters wirklich geschehen kann, wo es nicht zu vermuthen scheint; denn wenn die Division nicht angeht, so muß man sich begnügen, den Quotienten, wie oben schon gezeigt ist, durch einen Bruch anzudeuten; wir wollen daher hier nur solche Fälle betrachten, wo die Division wirklich angeht.

§. 286.

Es soll demnach der Dividendus ac — bc durch den Divisor a — b getheilt werden; der Quotient muß daher also beschaffen seyn, daß, wenn der Divisor a — b damit multiplicirt wird, der Dividendus ac — bc herauskomme. Man sieht nun leicht, daß in dem Quotienten c stehen muß, weil sonst nicht ac heraus kommen könnte. Um nun zu sehen, ob c der völlige Quotient ist, so darf man nur den Divisor damit multipliciren und sehen, ob der ganze Dividendus herauskomme oder nur ein Theil desselben. Wird aber a — b mit c multiplicirt, so bekommt man ac — bc, welches der Dividendus selbst ist: folglich ist

ist c der völlige Quotient. Eben so ist klar, daß $(a^2+ab):(a+b)=a$, und $(3a^2-2ab):(3a-2b)=a$, ferner $(6a^2-9ab):(2a-3b)=3a$.

§. 287.

Auf diese Art findet man gewiß einen Theil des Quotienten. Denn wenn derselbe mit dem Divisor multiplicirt noch nicht den Dividendus erschöpft, so muß man das übrige gleichfalls noch durch den Divisor theilen, da man denn wiederum einen Theil des Quotienten herausbringt. Solchergestalt verfährt man, bis man den ganzen Quotienten erhält.

Wir wollen z. B. $a^2+3ab+2b^2$ durch $a+b$ theilen; es ist nun sogleich klar, daß der Quotient das Glied a enthalten müsse, weil sonst nicht a^2 heraus kommen könnte. Wenn aber der Divisor $a+b$ mit a multiplicirt wird, so kommt a^2+ab, welches vom Dividendus abgezogen, $2ab+2b^2$ übrig läßt, welches also noch durch $a+b$ getheilt werden muß, und hier fällt sogleich in die Augen, daß im Quotienten 2b stehen müsse. Aber 2b mit $a+b$ multiplicirt, giebt gerade $2ab+2b^2$; folglich ist der gesuchte Quotient $a+2b$, welches mit dem Divisor $a+b$ multiplicirt, den Dividendus giebt. Dieses ganze Verfahren wird auf folgende Art vorgestellt:

$$a+b)\ a^2+3ab+2b^6\ (a+2b$$
$$\underline{a^2+ab}$$
$$\underline{+\ 2ab+2b^2}$$
$$+\ 2ab+2b^2$$
$$0$$

§. 288.

Um diese Operation zu erleichtern, so erwählt man einen Theil des Divisors, wie hier geschehen, a, welchen man zuerst schreibt, und nach diesem Buchstaben

staben schreibt man auch den Dividendus in solcher Ordnung, daß die höchsten Potenzen von eben demselben Buchstaben a zuerst gesetzt werden, wie aus folgenden Exempeln zu ersehen:

```
a—b)a³—3a²b+3ab²—b³(a²—2ab+b²
    a³—a²b
   ――――――――――
     —2a²b+3ab²
     —2a²b+2ab²
      ――――――――――
          +ab²—b³
          +ab²—b³
          ――――――――
              o
```

```
1+b) a²—b²(a—b   | 3a—2b) 18a²—8b²(6a+4b
     a²+ab        |        18a²—12ab
    ―――――――        |       ―――――――――――
     —ab—b²        |          +12ab—8b²
     —ab—b²        |          +12ab—8b²
     ――――――        |          ――――――――――
        o          |             o
```

```
a+b)a³+b³(a²-ab+b²  | 2a—b)8a³-b³(4a²+2ab+b²
    a³+a²b          |      8a³-4a²b
   ――――――――          |     ―――――――――
     —a²b+b³         |        +4a²b-b³
     —a²b--ab²       |        +4a²b-2ab²
     ―――――――――        |        ――――――――――
        +ab²+b³      |           +2ab²-b³
        +ab²+b³      |           +2ab²-b³
        ―――――――       |           ―――――――――
           o         |              o
```

```
a²—2ab+b²)a⁴—4a³b+6²b²—4ab³+ab⁴(a²—2ab+b⁴
          a⁴—2a³b+a²b²
         ――――――――――――――
            —2a³b+5a²b²—4ab³
            —2a³b+4a²b²—2ab³
            ――――――――――――――――――
                  +a²b²—2ab³+b⁴
                  +a²b²—2ab³+b⁴
                  ――――――――――――――
                       o
```

                                            a²—2ab

$a^2 - 2ab + 4b^2) a^4 + 4a^2b^2 + 16b^4 (a^2 + 2ab + 4b^2$

$ a^4 - 2a^3b + 4a^2b^2$

$ \overline{ + 2a^3b + 16b^4}$

$ + 2a^3b - 4a^2b^2 + 8ab^3$

$ \overline{+ 4a^2b^2 - 8ab^3 + 16b^4}$

$ + 4a^2b^2 - 8ab^3 + 16b^4$

$ \overline{ 0}$

$a^2 - 2ab + 2b^2) a^4 + 4b^4 \qquad (a^2 + 2ab + 2b^2$

$ a^4 - 2a^3b + 2a^2b^2$

$ \overline{+ 2a^3b - 2a^2b^2 + 4b^4}$

$ + 2a^3b - 4a^2b^2 + 4ab^3$

$ \overline{+ 2a^2b^2 - 4ab^3 + 4b^4}$

$ + 2a^2b^2 - 4ab^3 + 4b^4$

$ \overline{ 0}$

$1 - 2x + x^2) 1 - 5x + 10x^2 - 10x^3 + 5x^4 - x^5 (1 - 3x + 3x^2 - x^3$

$ 1 - 2x + x^2$

$ \overline{ - 3x + 9x^2 - 10x^3}$

$ - 3x + 6x^2 - 3x^3$

$ \overline{+ 3x^2 - 7x^3 + 5x^4}$

$ + 3x^2 - 6x^3 + 3x^4$

$ \overline{- x^3 + 2x^4 - x^5}$

$ - x^3 + 2x^4 - x^5$

$ \overline{ 0}$

Zuſatz. Da der Anfänger die Diviſion immer am ſchwie= rigſten findet, ſo will ich noch folgende 2 Beyſpiele herſetzen:

Divi- ſor d	der ganze Dividendus D			der Quotient		
	A	B	C	α	β	γ
$4a^2b^3$	$20a^5b^3 -$	$12a^6b^5 +$	$24a^3b^4$	$5a^3 -$	$3a^4 +$	$6ab$

Die Rechnung ſelbſt:

Man ſuche $A : d = α = 5a^3$

und nun nehme man $α . d = 20b^5b^3$,

$ B C$

daher $D - ad = - 12a^6b^3 + 24a^3b^4 = R;$

Hierauf ſuche man $B : d = β = - 3a^4$

und nehme $β . d = - 12a^6b^3;$

$ C$

ſo iſt $R - β . d = 24a^3b^4$ \hfill End=

Endlich suche man $C : d = \gamma = 6ab$,
und nehme $\gamma\, d = 24a^3 b^4$;
so ist $C - \gamma d = 0$.

Divisor d	Der ganze Dividendus D				Der Quotient	
A B	C	E	F	G	α	β
$2ac - 3a^2 b$	$6a^5 bc - 16a^3 c^2 - 9a^6 b^2 + 24a^4 bc^2$				$3a^4 b - 8a^2 c$	

Die Rechnung selbst:

Man suche $C : A = \alpha = 3a^4 b$
und nehme $\alpha.\, d = 6a^5 bc - 9a^6 b^2$;

$$\text{so ist } D - \alpha.\, d = \overset{E}{-16a^3 c^2} + \overset{G}{24a^4 c^2} = R.$$

Hierauf suche man $E : A = \beta = -8a^2 c$,
und nehme $d.\, \beta = -16a^3 c^2 + 24a^4 bc^2$;
so ist $R - d.\, \beta = 0$.

V. Capitel.

Von der Auflösung der Brüche in unendliche Reihen *)

§. 289.

Wenn sich der Dividendus durch den Divisor nicht theilen läßt, so wird der Quotient, wie schon oben gezeigt, durch einen Bruch ausgedrückt.

Also

*) Die Theorie der Reihen ist eine der wichtigsten in der ganzen Mathematik. Die Reihen, von denen hier in diesem Capitel die Rede ist, sind von Mercator gegen die Mitte des vorigen Jahrhunderts gefunden, und Newton erfand bald nachher diejenigen, welche von der Ausziehung der Wurzeln entspringen, wovon im zwölften Capitel gehandelt wird. Diese Theorie hat in der Folge einen neuen Grad der Vollkommenheit von vielen ausgezeichneten Geometern erhalten. Die Werke von Jakob Bernoulli und der zweyte Theil von Eulers Diffe-

K   ren-

Also wenn 1 durch 1 — a getheilt werden soll, so bekommt man diesen Bruch $\frac{1}{1-a}$. Inzwischen kann doch die Division nach den vorhergehenden Regeln angestellt und, so weit man will, fortgesetzt werden, da dann immer der wahre Quotient, ob gleich in verschiedenen Formen, herauskommen muß.

§. 290.

Um dieses zu zeigen, so wollen wir den Dividendus 1 wirklich durch den Divisor 1 — a theilen, wie folget:

$$1-a)\ 1\ (1 + \frac{a}{1-a} \quad \text{oder} \quad 1-a)\ 1\ (1 + a + \frac{a^2}{1-a}$$

$$\frac{+\ 1 - a}{\text{Rest} + a} \qquad\qquad \frac{+\ 1 - a}{+\ a}$$

$$\frac{+\ a - a^2}{\text{Rest} + a^2}$$

Um noch mehr Formen zu finden, so theile man a^2 durch 1 — a, als:

$$1-a)\ a^2\ (a^2 + \frac{a^3}{1-a}, \quad \text{ferner}\quad 1-a)\ a^3\ (a^3 + \frac{a^4}{1-a}$$

$$\frac{a^2 - a^3}{+\ a^3} \qquad\qquad\qquad \frac{a^3 - a^4}{+\ a^4 .}$$

ferner

rentialrechnung (aus dem Lateinischen ins Deutsche mit Anmerk. und Zusätzen von Michelsen übersetzt) sind diejenigen, woraus man sich am besten über diese Materie unterrichten kann. Man wird auch in den Memoires de Berlin von 1768 eine neue Methode des Herrn de la Grange finden. vermittelst der unendlichen Reihen alle Buchstaben : Gleichungen, von welchem Grade sie auch seyn mögen, aufzulösen. Diese Abhandlung ist von Hrn. Prof. Michelsen übersetzt und findet sich in dem dritten Bande von Eulers Einleitung zur Analysis des Unendlichen, welcher auch unter dem besondern Titel: Theorie der Gleichungen, zu haben ist.

ferner $1 - a$) a^4 $(a^4 + \dfrac{a^5}{1-a}$

$$\dfrac{a^4 - a^5}{+ a^5}$$ u. ſ. f.

§. 291.

Hieraus ſehen wir, daß der Bruch $\dfrac{1}{1-a}$ durch alle folgende Formen ausgedrückt werden kann:

I.) $1 + \dfrac{1}{1-a}$,   II. $1 + a + \dfrac{a^2}{1-a}$,

III. $1 + a + a^2 + \dfrac{a^3}{1-a}$ IV. $1 + a + a^2 + a^3 + \dfrac{a^4}{1-a}$,

V.) $1 + a + a^2 + a^3 + a^4 + \dfrac{a^5}{1-a}$, u. ſ. f.

Man betrachte die erſte Form $1 + \dfrac{a}{1-a}$. Nun iſt 1 ſo viel als $\dfrac{1-a}{1-a}$; folglich $1 + \dfrac{a}{1-a} = \dfrac{1-a}{1-a} + \dfrac{a}{1-a} = \dfrac{1-a+a}{1-a} = \dfrac{1}{1-a}$.

Für die zweyte Form $1 + a + \dfrac{a^2}{1-a}$ bringe man den ganzen Theil $1 + a$ auch zum Nenner $1 - a$, ſo bekommt man $\dfrac{1-a^2}{1-a}$, dazu $\dfrac{+a^2}{1-a}$, giebt $\dfrac{1-a^2+a^2}{1-a}$, das iſt $\dfrac{1}{1-a}$.

Für die dritte Form $1 + a + a^2 + \dfrac{a^3}{1-a}$, giebt der ganze Theil zum Nenner $1 - a$ gebracht $\dfrac{1-a^3}{1-a}$, dazu der Bruch $\dfrac{a^3}{1-a}$, macht $\dfrac{1}{1-a}$; woraus erhellet, daß alle dieſe Formen in der That ſo viel ſind als der vorgegebene Bruch $\dfrac{1}{1-a}$.

K 2   §. 292.

§. 292.

Man kann daher solcherge alt so weit fortgehen, als man will, ohne daß man weiter nöthig hat zu rechnen. Also wird seyn $\frac{1}{1-a} = 1 + a + a^2 + a^3 + a^4 + a^5 + a^6 + a^7 + \frac{a^8}{1-a}$. Man kann auch so gar immer weiter fortgehen, ohne jemals aufzuhören, und dadurch wird der vorgelegte Bruch $\frac{1}{1-a}$ in eine unendliche Reihe aufgelöset, welche ist:

$$1 + a + a^2 + a^3 + a^4 + a^5 + a^6 + a^7 + a^8 + a^9 + a^{10} + a^{11} + a^{12} \text{ u. s. f.}$$

bis ins Unendliche. Und von dieser unendlichen Reihe kann man mit Recht behaupten, daß ihr Werth gleich dem Bruch $\frac{1}{1-a}$ sey.

§. 293.

Dieses scheint anfänglich sehr wunderbar; jedoch wird es durch die Betrachtung einiger Fälle begreiflich werden. Es sey erstlich $a = 1$, so wird unsere Reihe $1 + 1 + 1 + 1 + 1 + 1 + 1 + 1$ u. s. f. bis ins Unendliche, welche dem Bruch $\frac{1}{1-1}$, das ist $\frac{1}{0}$, gleich seyn soll. Wir haben aber schon oben (§. 83) bemerkt, daß $\frac{1}{0}$ eine unendlich große Zahl sey, und dieses wird hier von neuem auf das anschaulichste bestätigt.

Wenn man aber setzt $a = 2$, so wird unsere Reihe $= 1 + 2 + 4 + 8 + 16 + 32 + 64$ u. s. f. bis ins Unendliche, deren Werth seyn soll $\frac{1}{1-2}$, das ist $\frac{1}{-1} = -1$; welches dem ersten Anblick nach ungereimt scheint.

Es

Es ist aber zu merken, daß wenn man irgendwo in obiger Reihe stehen bleiben will, dazu allezeit noch ein Bruch gesetzt werden muß.

Also wenn wir z. B. bey 64 still stehen, so müssen wir zu $1 + 2 + 4 + 8 + 16 + 32 + 64$ noch diesen Bruch $\frac{128}{1-2}$, das ist $\frac{128}{-1} = -128$ hinzusetzen, woraus $127 - 128$ entsteht, das ist -1.

Geht man aber ohne Ende fort, so fällt der Bruch zwar weg, man steht aber hingegen auch niemals still.

§. 294.

So verhält sich also die Sache, wenn für a größere Zahlen als 1 angenommen werden. Nimmt man aber für a kleinere Zahlen, so läßt sich alles leichter begreifen.

Es sey z. B. $a = \frac{1}{2}$, so bekommt man $\frac{1}{1-a} = \frac{1}{1-\frac{1}{2}} = \frac{1}{\frac{1}{2}} = 2$, welches folgender Reihe gleich seyn wird: $1 + \frac{1}{2} + \frac{1}{4} + \frac{1}{8} + \frac{1}{16} + \frac{1}{32} + \frac{1}{64} + \frac{1}{128}$ u. s. f. ohne Ende. Denn nimmt man nur zwey Glieder, so hat man $1 + \frac{1}{2}$, und so fehlt noch $\frac{1}{2}$. Nimmt man drey Glieder, so hat man $1\frac{3}{4}$, fehlt noch $\frac{1}{4}$; nimmt man vier Glieder, so hat man $1\frac{7}{8}$, fehlt noch $\frac{1}{8}$; woraus man sieht, daß immer weniger fehlt, folglich wenn man unendlich weit fortgeht, so muß gar nichts fehlen.

Anmerk. Der Fehler wird nemlich hier immer noch einmal so klein, und kann daher zuletzt kleiner als jede gegebene Größe werden.

§. 295.

Man setze $a = \frac{1}{3}$, so wird unser Bruch $\frac{1}{1-a} = \frac{1}{1-\frac{1}{3}} = \frac{1}{\frac{2}{3}} = 1\frac{1}{2}$, welchem daher folgende Reich gleich ist:

K 3 $1 + \frac{1}{3}$

$1 + \frac{1}{3} + \frac{1}{9} + \frac{2}{27} + \frac{1}{81} + \frac{1}{243}$ u. ſ. f. bis ins Unend‐
liche. Nimmt man zwey Glieder, ſo hat man $1\frac{1}{3}$,
fehlt noch $\frac{1}{6}$. Nimmt man drey Glieder, ſo hat
man $1\frac{4}{9}$, fehlt noch $\frac{1}{18}$. Nimmt man vier Glieder,
ſo hat man $1\frac{13}{27}$, fehlt noch $\frac{1}{34}$. Da nun der Feh‐
ler immer dreymal kleiner wird, ſo muß derſelbe
endlich verſchwinden.

§. 296.

Laß uns annehmen $a = \frac{2}{3}$, ſo wird der Bruch
$\frac{1}{1-a} = \frac{1}{1-\frac{2}{3}} = 3$, die Reihe aber wird: $1 + \frac{2}{3} + \frac{4}{9}$
$+ \frac{8}{27} + \frac{16}{81} + \frac{32}{243}$ u. ſ. f. bis ins Unendliche.
Nimmt man erſtlich $1\frac{2}{3}$, ſo fehlt noch $1\frac{1}{3}$.
Nimmt man drey Glieder $2\frac{1}{9}$, ſo fehlt noch $\frac{8}{9}$.
Nimmt man vier Glieder $2\frac{11}{27}$, ſo fehlt noch $\frac{16}{27}$.

§. 297.

Es ſey $a = \frac{1}{4}$, ſo wird der Bruch $\frac{1}{1-\frac{1}{4}} = \frac{1}{\frac{3}{4}} = \frac{4}{3}$
die Reihe aber wird $1 + \frac{1}{4} + \frac{1}{16} + \frac{1}{64} + \frac{1}{256}$ u. ſ. f.
Nimmt man zwey Glieder $1\frac{1}{4}$, ſo fehlt noch $\frac{1}{12}$;
nimmt man drey Glieder, ſo hat man $1\frac{5}{16}$, da denn
noch $\frac{1}{48}$ fehlt, u. ſ. f.

§. 298.

Auf gleiche Weiſe kann auch dieſer Bruch $\frac{1}{1+a}$
in eine unendliche Reihe aufgelöſet werden, wenn
man den Zähler 1 durch den Nenner $1 + a$ wirklich
dividirt, wie folgt:

$1 + a$

$$1 + a) \; 1 \; (1 - a + a^2 - a^3 + a^4$$
$$\underline{1 + a}$$
$$\overline{\quad - a}$$
$$\underline{- a - a^2}$$
$$\overline{\quad\quad + a^2}$$
$$\underline{+ a^2 + a^3}$$
$$\overline{\quad\quad\quad - a^3}$$
$$\underline{- a^3 - a^4}$$
$$\overline{\quad\quad\quad\quad + a^4}$$
$$\underline{+ a^4 + a^5}$$
$$\overline{\quad\quad\quad\quad\quad - a^5} \;\; \text{u. ſ. f.}$$

Daher iſt unſer Bruch $\frac{1}{1+a}$ gleich dieſer unendlichen Reihe:

$$1 - a + a^2 + a^3 + a^4 - a^5 + a^6 - a^7 \;\text{u. ſ. f.}$$

Zuſatz. Da ich hier manches Paradoxon zu erläutern habe,
ſo iſt es nöthig, daß ich dieſes Beyſpiel ausführlich durchgehe.
Die Aufgabe iſt:

Den Quotienten anzugeben, welchen 1 durch
1 + a dividirt geben muß.

Auflöſung. 1) Das erſte Glied des Quotienten iſt $1 : 1 = 1$.

Dieſes mit dem Diviſor 1 + a multiplicirt, giebt 1 + a, und
dieſes vom Dividendus 1 abgezogen, giebt den Reſt 1 — 1 —
$a = - a$.

2) Vergleicht man den Diviſor 1 + a mit dem Reſt — a,
ſo ergiebt ſich das zweyte Glied des Quotienten $= - a : 1 = - a$.

Multiplicirt man es mit dem Diviſor 1 + a, ſo iſt das Product $= - a - a^2$, und dieſes vom Reſte — a abgezogen, giebt
den neuen Reſt $- a - (- a - a^2) = + a^2$.

3) Vergleicht man ferner den Diviſor 1 + a mit dem erſt
erhaltenen Reſt + a^2, ſo findet man des Quotienten drittes
Glied $a^2 : 1 = a^2$;

Multiplicirt man dieſes mit dem Diviſor 1 + a, ſo erhält
man das Product $= a^2 + a^3$, und dieſes vom Reſt a^3 abgezogen, giebt $a^2 - (a^2 + a^3) = - a^3$.

4) Vergleicht man den Diviſor 1 + a mit dem Reſt
$- a^3$, ſo findet man das vierte Glied des Quotienten $= - a^3 :$
$1 = - a^3$.

Mul-

Multiplicirt man damit den Diviſor $1 + a$, ſo iſt das Proꜩ duct $= - a^3 - a^4$, und wenn man nun dieſes vom Reſte $- a^3$ abzieht, ſo findet man den neuen Reſt $- a^3 - (- a^3 - a^4)$ $= + a^4$

5) Die bisher in (n. 1, 2, 3, 4.) erhaltenen Glieder des Quotienten, und die zugehörigen Reſte ſind alſo:

Die Glieder des Quotienten: $1 - a + a^2 - a^3$

Die zugehörigen Reſte: $\quad - a + a^2 - a^3 - a^4$

6) Die Glieder des Quotienten in (n. 5.) richten ſich nach dieſem Geſetze: vom zweyten Gliede an folgen die Potenzen von a ſo auf einander, daß der Exponent von a in jedem Gliede um Eins kleiner iſt, als die Zahl, welche anzeiget, das wievielſte ſelbiges Glied iſt, ob es nemlich das zweyte, dritte, vierte u. ſ. f. iſt, ſo, daß jede gerade Potenz von a, die nemlich 2, 4, 6, 8 u. ſ. f. zum Exponenten hat, bejaht, und jede andere verneint iſt.

7) Die Reſte aber, welche bey der Beſtimmung der Glieder erhalten werden (n. 5.), ſind ebenfalls Potenzen von a, aber um einen Grad höher, als die, welche die Glieder des Quotienten enthalten, bey deren Beſtimmung ſie erhalten werden, und zwar bejaht ſind alle gerade Potenzen von a, verneint aber die übrigen.

8) Man nehme nun an, daß die Geſetze (n. 6. 7.) für eine gewiſſe Anzahl n von Gliedern des verlangten Quotienten richtig ſind, ſo muß das nte Glied deſſelben $+ a^{n-1}$ ſeyn, und einen Reſt $= \overline{+} a^n$ zurücklaſſen, und nun giebt dieſer Reſt durch das erſte Glied 1 des Diviſors $1 + a$ dividirt, das nächſt folgende $(n + 1)$te Glied $\overline{+} a^n$ des Quotienten.

Offenbar iſt es alſo, daß, wenn die Geſetze (n. 6. 7.) für n Glieder des verlangten Quotienten gelten, ſie auch für die um Eins größere Anzahl derſelben gelten müſſen: da alſo dieſe Geſetze für 4 Glieder wirklich gelten, wegen (n. 5.); ſo müſſen ſie auch für $4 + 1$ oder 5 Glieder gelten, und wenn dieſes wahr iſt, gelten die Geſetze auch für $5 + 1 = 6$ Glieder, u. ſ. f. für jede nächſt größere Anzahl von Gliedern.

9) Man kann daher den verlangten Quotienten auf die nachſtehende Art angeben: $\dfrac{1}{1 + a} = 1 - a + a^2 - a^3 + a^4 -$

$a^5 + a^6 - - - - \overline{+} a^n \overline{+} a^n + 1 \underline{+} - - -$

Eben ſo findet man:

$\dfrac{1}{1 - a} = 1 + a + a^2 + a^3 + a^4 + - - - + a^n + - - -$

(ſiehe §. 292). Um

Um nun aber die Schwierigkeiten zu heben, die viele Mathematikverständige bey diesen unendlichen Reihen gefunden haben, und wobey selbst Euler nicht allein unzulängliche, sondern sogar zum Theil ganz falsche Gründe angiebt, wie z. B. in §. 299, müssen wir allemal auf den Rest achten, der übrig bleibt, man mag aufhören bey welchem Gliede man will.

Aus dem vorhergehenden erhellet nemlich, daß das $(2n + 1)$te Glied des Quotienten $\frac{1}{1 + a} = + a^{2n}$, und der dazu gehörige Rest $- a^{2n + 1}$ ist.

Der Quotient vollständig ausgedrückt, wäre daher folgender:

$$\frac{1}{1 + a} = 1 - a + a^2 - a^3 + - - - + a^{2n} - \frac{a^{2 + 1}}{1 + a}; \text{ oder auch}$$

$$= 1 - a + a^2 - a^3 + - - - - a^{2n + 1} + \frac{a^{2n + 2}}{1 + a}$$

Wäre $a = 1$, so ist $\frac{1}{1 + 1} = \frac{1}{2} = 1 - 1 + 1 - 1 - - - + 1 - \frac{1}{2}$ oder $= 1 - 1 + 1 - - - + 1 - 1 + \frac{1}{2}$. Jedes ungerade Glied hebt sich mit seinem nächst folgenden Gliede auf. Im ersten Falle bleibt also übrig $+ 1 - \frac{1}{2} = \frac{1}{2}$, und im zweyten Falle bleibt bloß die Ergänzung $\frac{1}{2}$ übrig. Nimmt man also, wie billig, auf diese Ergänzung Rücksicht, so schwinden alle Schwierigkeiten, wovon weiter unten ein mehreres.

§. 299.

Setzt man $a = 1$, so erhält man diese merkwürdige Vergleichung:

$$\frac{1}{1 + 1} = \frac{1}{2} = 1 - 1 + 1 - 1 + 1 - 1 + 1 - 1 \text{ u. s. f.}$$

bis ins Unendliche, welches widersinnig scheint; denn wenn man irgendwo mit $- 1$ aufhört, so giebt diese Reihe 0; hört man irgend aber mit $+ 1$ auf, so giebt dieselbe 1. Allein eben hieraus läßt sich die Sache begreifen; denn wenn man ohne Ende fort gehen und weder bey $- 1$ noch $+ 1$ irgendwo aufhören muß, so kann weder 1 noch 0 herauskommen, sondern etwas, das dazwischen liegt, welches $\frac{1}{2}$ ist.

§. 300.

Es sey ferner $a = \frac{1}{2}$, so wird unser Bruch $\frac{1}{1+\frac{1}{2}}$ $= \frac{2}{3}$, welchem folglich gleich seyn wird die Reihe: $1 - \frac{1}{2} + \frac{1}{4} - \frac{1}{8} + \frac{1}{16} - \frac{1}{32} + \frac{1}{64}$ u. s. f. ohne Ende. Nimmt man zwey Glieder, so hat man $\frac{1}{2}$, welches um $\frac{1}{6}$ zu wenig ist. Nimmt man drey Glieder, so hat man $\frac{3}{4}$, also um $\frac{1}{12}$ zu viel. Nimmt man vier Glieder, so hat man $\frac{5}{8}$, welches um $\frac{1}{24}$ zu wenig ist u. s. f.

§. 301.

Setzt man $a = \frac{1}{3}$, so wird unser Bruch $\frac{1}{1+\frac{1}{3}} = \frac{3}{4}$, dem diese Reihe gleich seyn wird: $1 - \frac{1}{3} + \frac{1}{9} - \frac{1}{27}$ $+ \frac{1}{81} - \frac{1}{243} + \frac{1}{729}$ u. s. f. ohne Ende. Nimmt man zwey Glieder, so hat man $\frac{2}{3}$, ist zu wenig um $\frac{1}{12}$. Nimmt man drey Glieder, so hat man $\frac{7}{9}$, ist zu viel um $\frac{1}{36}$. , Nimmt man vier Glieder, so hat man $\frac{20}{27}$,   zu wenig um $\frac{1}{108}$, u. s. f.

§. 302.

Man kann den Bruch $\frac{1}{1+a}$ noch auf eine and're Art auflösen, indem man 1 durch $a + 1$ theilt, nemlich:

$$a + 1)$$

$a + 1)\ 1\ \big(\ \dfrac{1}{a} - \dfrac{1}{a^2} + \dfrac{1}{a^3} - \dfrac{1}{a^4} + \dfrac{1}{a^5}$ u. ſ. f.

$$1 + \dfrac{1}{a}$$

1ſter Reſt $-\dfrac{1}{a}$

$$-\dfrac{1}{a} - \dfrac{1}{a^2}$$

2ter Reſt $+\dfrac{1}{a^2}$

$$+\dfrac{1}{a^2} + \dfrac{1}{a^3}$$

3ter Reſt $-\dfrac{1}{a^3}$

$$-\dfrac{1}{a^3} - \dfrac{1}{a^4}$$

4ter Reſt $+\dfrac{1}{a^4}$

$$+\dfrac{1}{a^4} + \dfrac{1}{a^5}$$

5ter Reſt $-\dfrac{1}{a^5}$ u. ſ. f.

Folglich iſt unſer Bruch $\dfrac{1}{a+1}$ dieſer Reihe gleich:

$$\dfrac{1}{a} - \dfrac{1}{a^2} + \dfrac{1}{a^3} - \dfrac{1}{a^4} + \dfrac{1}{a^5} - \dfrac{1}{a^6}$$ u. ſ. f. ohne Ende.
Setzt man $a = 1$, ſo bekommt man dieſe Reihe:
$1 - 1 + 1 - 1 + 1 - 1 + 1$ u. ſ. f. $= \frac{1}{2}$ wie oben.
Setzt man $a = 2$, ſo bekommt man dieſe Reihe:
$\frac{1}{3} = \frac{1}{2} - \frac{1}{4} + \frac{1}{8} - \frac{1}{16} + \frac{1}{32} - \frac{1}{64}$ u. ſ. f.

Zuſatz. Auch hier ſieht man leicht ein, daß der $n-1$)te Reſt das nte Glied des Quotienten giebt. Iſt nun n ungerade, ſo iſt das nte Glied des Quotienten, ſo wie auch der $(n-1)$te Reſt poſitiv.

§. 303.

§. 303.

Auf gleiche Weise kann man auf eine allgemeine Art diesen Bruch $\frac{c}{a+b}$ in eine Reihe auflösen:

$$a + b)\cdot c \left(\frac{c}{a} - \frac{bc}{a^2} + \frac{b^2 c}{a^3} - \frac{b^3 c}{a^4} \right. \text{ u. s. f.}$$

$$c + \frac{bc}{a}$$

1ster Rest — $\dfrac{bc}{a}$

$$-\frac{bc}{a} \qquad \frac{b^2 c}{a^2}$$

2ter Rest $+\dfrac{b^2 c}{a^2}$

$$+\frac{b^2 c}{a^2} + \frac{b^3 c}{a^3}$$

3ter Rest $-\dfrac{b^3 c}{a^3}$

Woraus wir diese Vergleichung erhalten:

$$\frac{c}{a+b} = \frac{c}{a} - \frac{bc}{a^2} + \frac{b^2 c}{a^3} - \frac{b^3 c}{a^4} \text{ bis ins Unendliche.}$$

Es sey $a = 2$, $b = 4$, und $c = 3$, so haben wir

$$\frac{c}{a+b} = \frac{3}{4+2} = \frac{3}{6} = \frac{1}{2} = \frac{3}{2} - 3 + 6 - 12 \text{ u. s. f.}$$

Es sey $a = 10$, $b = 1$ und $c = 11$, so haben wir

$$\frac{c}{a+b} = \frac{11}{10+1} = 1 = \frac{11}{10} - \frac{11}{100} - \frac{11}{1000} \text{ u. s. f.}$$

Nimmt man nur ein Glied, so hat man $\frac{11}{10}$, welches um $\frac{1}{10}$ zu viel. Nimmt man zwey Glieder, so hat man $\frac{99}{100}$, welches um $\frac{1}{100}$ zu wenig. Nimmt man drey Glieder, so hat man $\frac{1001}{1000}$, ist zu viel um $\frac{1}{1000}$ u. s. f.

1. Zusatz.

1. Zusatz. Der 2n—1te Rest ist also — $\dfrac{b^{2n-1}c}{a^{2n-1}}$ und dieser giebt das 2nte Glied des Quotienten = — $\dfrac{b^{2n-1}c}{a^{2n}}$.

2. Zusatz. Daß $\dfrac{c}{a+b} = \dfrac{c}{a} - \dfrac{bc}{a^2} + \dfrac{b^2c}{a^3} - \dfrac{b^3c}{a^4} + \dfrac{b^4c}{a^5} - - - \dfrac{b^{2n-1}c}{a^{2n}} + \dfrac{b^{2n}c}{a^{2n+1}} - - -$ ist, davon kann man sich auch, ohne die Division wirklich zu verrichten, auf folgende Art überzeugen:

Es ist $\dfrac{c}{a+b} = \dfrac{c}{a\left(1+\frac{b}{a}\right)} = \dfrac{c}{a} \cdot \dfrac{1}{1+\frac{b}{a}}$

Nun ist aus §. 298. bekannt, daß

$$\frac{1}{1+\frac{b}{a}} = 1 - \frac{b}{a} + \frac{b^2}{a^2} - \frac{b^3}{a^3} + \frac{b^4}{a^4} - - - \frac{b^{2n-1}}{a^{2n-1}} + \frac{b^{2n}}{a^{2n}} - - -$$

Folglich ist auch $\dfrac{c}{a+b} = \dfrac{c}{a} \cdot \dfrac{1}{1+\frac{b}{a}} = \dfrac{c}{a} - \dfrac{bc}{a^2} + \dfrac{b^2c}{a^3} - \dfrac{b^3c}{a^4} + \dfrac{b^4c}{a^5} - - - \dfrac{b^{2n-1}c}{a^{2n}} + \dfrac{b^{2n}c}{a^{2n+1}} - - -$

Eben so findet man:

$$\frac{c}{a-b} = \frac{c}{a} \cdot \frac{1}{1-\frac{b}{a}} = \frac{c}{a}\left(1 + \frac{b}{a} + \frac{b^2}{a^2} + \frac{b^3}{a^3} + - - -\right.$$

$$+ \frac{b^r}{a^r} + - - - \quad (\S. \, 292).$$

$$= \frac{c}{a} + \frac{bc}{a^2} + \frac{b^2c}{a^3} + \frac{b^3c}{a^4} + - - - + \frac{b^r c}{a^{r+1}} + - -$$

Es ist einleuchtend, daß beyde Reihen sich nähern müssen, wenn a > b genommen wird, und daß sie sich desto schneller ihrem wahren Werthe nähern werden, je größer a in Vergleichung mit b seyn wird.

Das bisher Gesagte setzt uns schon in den Stand, einen jeden gegebenen Bruch $\dfrac{p}{q}$ in eine solche Reihe zu verwandeln,

daß

daß die erſten Glieder derſelben ſchon ſehr genau eben den Bruch geben, welcher die Summe der ganzen Reihe ſeyn muß.

Zu dieſer Abſicht kann man eine große ganze Zahl n nehmen und $\dfrac{p}{q} = \dfrac{pn}{nq} = \dfrac{pn}{nq + 1 - 1} = n. \dfrac{p}{nq + 1 - 1}$ ſetzen.

Wenn man alſo n. q + 1 = a; 1 = b und p = c bey der Formel $\dfrac{c}{a - b}$ ſetzt; ſo findet man die verlangte Reihe:

$$\frac{P}{q} = n. \left(\frac{p}{nq + 1} + \frac{p}{(nq + 1)^2} + \frac{p}{(nq + 1)^3} + \right).$$

Es ſey $\dfrac{p}{q} = \dfrac{3}{2}$, ſo iſt p = 3, q = 2, und man nehme

n = 10000; ſo iſt $\dfrac{3}{2} = 10000 \left(\dfrac{3}{20001} + \dfrac{3}{(20001)^2} + \right.$

$\dfrac{3}{(20001)^3} + - - - \bigg)$

Und nun iſt klar, daß, obgleich die Anzahl der Glieder dieſer Reihe völlig unbeſtimmt, ja unendlich groß iſt, dennoch ſchon die erſten Glieder mit 10000 multiplicirt, den Bruch $\frac{3}{2}$ ſehr genau geben müſſen, und noch genauer geben würden, wenn man für n eine noch größere Zahl nähme.

Der Mathematiker iſt noch nicht damit zufrieden, daß er weiß, daß die erſten Glieder einer Reihe ſchon für die Praxis hinreichen, ſondern er will auch noch den Fehler beſtimmen, welchen man begehen würde, wenn man die Summe von einigen erſten Gliedern der einem Bruche zugehörigen Reihe ſtatt der Summe der ganzen Reihe in einer Rechnung gebrauchte, ohne dieſe Summe erſt zu ſuchen, ja ohne den Bruch in die zugehörige Reihe zu verwandeln.

Dazu ſoll nun folgende Betrachtung dienen:

Wenn in der den Bruch $\dfrac{c}{a + b}$ zugehörigen Reihe irgend ein Glied, z. B. das (r + 1)te dieſe Form $+ \dfrac{b^r c}{a^r + 1}$ hätte, ſo iſt $\dfrac{-b^{r+1} c}{+ a^r + 1}$ der (r + 1)te Reſt, der das nun folgende (r + 2)te Glied der Reihe geben würde, wenn man weiter dividiren wollte.

Wollte man daher mit den erſten r + 1 Gliedern der Reihe zufrieden ſeyn, ſo vernachläßigt man einen Bruch, der entſtehet, wenn man den (r + 1)ten Reſt noch mit dem Diviſor theilt, dieſer Bruch wäre alſo folgender:

Es

$$-\frac{br^{+1}c}{+ar^{+1}(a+b)} = -\frac{br^{+1}c}{+ar^{+2}+ar^{+1}.b}$$

Es sey z. B. c = 3, a = 100, b = 2, und r = 4, also r + 1 = 5, und r + 2 = 6, so ist $\frac{c}{a+b} = \frac{3}{102} = \frac{3}{100+2}$ und

$$\frac{br^{+1}c}{ar^{+2}+ar^{+1}b} = \frac{2^5 . 3}{100^6 + 100^5 . 2} =$$

$$\frac{32 . 3}{100000000000 + 20000000000}$$

$$= \frac{96}{100000000000000} = \frac{1}{1062500000}$$

Weil aber r = 4 eine gerade, daher r + 1 = 5 eine ungerade Zahl war; so ist dieser Bruch negativ, das heißt nun: wenn man den Bruch $\frac{3}{102} = \frac{3}{100+2}$ in eine Reihe verwandelt, und davon nur die 5 ersten Glieder zusammen addirte; so würde diese Summe mit dem Bruch $\frac{1}{1062500000}$ zusammen genommen, die Summe der ganzen Reihe, daher den Bruch $\frac{3}{102}$ genau geben, folglich wäre jene Summe nur um $\frac{1}{1062500000}$ größer als der Bruch $\frac{3}{102}$.

§. 304.

Wenn der Divisor aus mehrern Theilen besteht, so kann die Division auf eben diese Art ins Unendliche fortgesetzt werden.

Z. B. wenn dieser Bruch $\frac{1}{1-a+a^2}$ gegeben wäre, so wird die unendliche Reihe, die demselben gleich ist, auf folgende Art gefunden:

$1-a+a^2$) 1 ($1+a-a^3-a^4+a^6+a^7$ u. ſ. f.
$\underline{1-a+a^2}$

1ſter Reſt $+a-a^2$
$\underline{+a-a^2+a^3}$

2ter Reſt $-a^3$
$\underline{-a^3+a^4-a^5}$

3ter Reſt $-a^4+a^5$
$\underline{-a^4+a^5-a^6}$

4ter Reſt $+a^6$
$\underline{+a^6-a^7+a^8}$

5ter Reſt $+a^7-a^8$
$\underline{+a^7-a^8+a^9}$

u. ſ. f. $-a^9$

Daher haben wir folgende Gleichung: $\frac{1}{1-a+a^2}=1$
$+a-a^3-a^4+a^6+a^7-a^9-a^{10}$ u. ſ. f. ohne
Ende. Nimmt man hier $a=1$, ſo bekommt man:
$1=1+1-1-1+1+1-1-1+1+1$ u.ſ.f.
welche Reihe die ſchon oben (§. 299.) gefundene
$1-1+1-1+1$ u. ſ. f. verdoppelt in ſich ent-
hält; da nun die obige Reihe gleich $\frac{1}{2}$ war, ſo iſt
kein Wunder, daß dieſe $\frac{2}{2}$, das iſt 1, ausmacht.

Setzt man $a=\frac{1}{2}$, ſo bekommt man dieſe Glei-
chung: $\frac{1}{\frac{3}{4}}=\frac{4}{3}=1+\frac{1}{2}-\frac{1}{8}-\frac{1}{16}+\frac{1}{64}+\frac{1}{128}$
$-\frac{1}{512}$ u. ſ. f. Setzt man $a=\frac{1}{3}$, ſo bekommt man
folgende Gleichung, als $\frac{1}{\frac{7}{9}}$ oder $\frac{9}{7}=1+\frac{1}{3}-\frac{1}{27}$
$-\frac{1}{81}+\frac{1}{729}$ u. ſ. f. Nimmt man hier vier Glie-
der, ſo bekommt man $\frac{104}{81}$, welches um $\frac{1}{567}$ kleiner
als $\frac{9}{7}$ iſt.

Man ſetze ferner $a=\frac{2}{3}$, ſo bekommt man dieſe
Gleichung: $\frac{1}{\frac{7}{9}}=\frac{9}{7}=1+\frac{2}{3}-\frac{8}{27}-\frac{16}{81}+\frac{64}{729}$
u. ſ. f. und dieſe Reihe muß der vorigen gleich ſeyn;
man ſubtrahire alſo die obere von dieſer, ſo bekommt
man: $0=\frac{1}{3}$

$0 = \frac{2}{3} - \frac{7}{27} - \frac{15}{81} + \frac{63}{729}$ u. s. f., welche vier Glieder zusammen $- \frac{2}{81}$ machen.

Zusatz. Anfängern ist es ziemlich schwer, das allgemeine Gesetz der Reihe zu entdecken, welche $\dfrac{1}{1-a+a^2}$ giebt. Ich will daher solches hier mittheilen. Es ist nemlich:

$$\frac{1}{1-a+a^2} = \overset{1}{a^0} + \overset{2}{a^1} - \overset{3}{a^3} - \overset{4}{a^4} + \overset{5}{a^6} + \overset{6}{a^7} - \overset{7}{a^9} - \overset{8}{a^{10}}$$

$$ \overset{(2x+1)\text{tes}}{+ a^{3x}} \quad \overset{2(x+1)\text{tes Glied}}{+ a^{1+3x}} $$

Gesetzt, man wollte das 13te Glied wissen, so muß, da 13 ungerade ist, das x aus dieser Formel 2x+1, welche jede ungerade Zahl vorstellt, bestimmt werden. Wir haben daher folgende Gleichung:

$$2x + 1 = 13$$
$$1 = 1 \text{ subtrahirt}$$

bleibt $2x = 12$; denn wenn Gleiches von Gleichem subtrahirt wird, so bleibt Gleiches. Wenn aber eine Zahl x, zweymal genommen, gleich 12 ist, so muß diese Zahl x = 6 seyn. Nun ist das zu 2x + 1 zugehörige Glied der Reihe = a^{3x}; da nun x = 6, so ist das 13te Glied $= a^{3.6} = a^{18}$.

Man soll das 30ste Glied bestimmen. Da 30 eine gerade Zahl ist, so muß man 2(x+1) = 30 setzen, mit 2 auf beyden Seiten dividirt, giebt x + 1 = 15, denn wenn man Gleiches mit Gleichem dividirt, 1 = 1 subtrahirt, so kommen gleiche Quotienten, folglich x = 14. Da nun a^{1+3x} zu 2(x+1) gehört, so findet sich $a^{1+3x} = a^{1+3.14} = a^{43}$ als das 30ste Glied der Reihe. Um nun zu bestimmen, welches Zeichen diese Glieder, nemlich das 13te und 30ste Glied, haben, so darf man nur überlegen, daß das erste Paar positiv, das 2te Paar negativ, das 3te Paar wieder positiv u. s. w. also immer abwechselnd, woraus man deutlich einsicht, daß jedes ungerade Paar Glieder positiv, und jedes gerade negativ ist.

Bis zum 13ten Gliede sind 6 Paar Glieder, und ein Glied von dem siebenten Paare vorhanden; also ist das 13te Glied positiv, weil es das erste Glied eines ungeraden Paares ist.

Ferner, bis zum 30sten Gliede sind 15 Paare, also ist das 30ste Glied auch positiv.

£   Allge-

Allgemein, $\frac{2x+1}{2}=x+\frac{1}{2}$, das heißt: bis zum (2x+1)ten Gliede sind x Paar, und von dem (x+1)ten Paar ist nur das erste Glied vorhanden, aber zu (x+1) Paaren gehören 2(x+1) Glieder; wenn daher x+1 gerade ist, so ist das zu 2x+1 oder zu 2(x+1) gehörige Glied negativ, positiv aber, wenn x+1 ungerade ist.

§. 305.

Auf diese Art kann man alle Brüche in unendliche Reihen auflösen, und dies hat nicht nur öfters sehr großen Nutzen, sondern es ist auch an sich selbst höchst merkwürdig, daß eine unendliche Reihe, ungeachtet dieselbe niemals aufhört, dennoch einen bestimmten Werth haben könne. Es sind auch die wichtigsten Entdeckungen aus diesem Grunde hergeleitet worden, daher verdient diese Materie allerdings mit der größten Aufmerksamkeit erwogen zu werden. (Siehe §. 303. den 2ten Zusatz am Ende).

IV. Capitel.

Von den Quadraten der zusammengesetzten Größen.

§. 306.

Wenn man das Quadrat einer zusammengesetzten Größe finden soll, so darf man dieselbe nur mit sich selbst multipliciren, und das Product wird das Quadrat davon seyn.

Also wird das Quadrat von a + b gefunden, wie folget:

$$a + b$$

$$\begin{array}{r} a + b \\ a + b \\ \hline a^2 + ab \\ + ab + b^2 \\ \hline a^2 + 2ab + b^2 \end{array}$$

§. 307.

Wenn daher die Wurzel aus zwey Theilen besteht, die zusammen addirt sind, als a + b, so besteht das Quadrat I.) aus den Quadraten eines jeden Theils, nemlich a² und b², II.) aus dem doppelten Product der beyden Theile, nemlich 2ab, und die ganze Summe a² + 2ab + 2b ist das Quadrat von a + b.

Es sey z. B. a = 10 und b = 3, also daß das Quadrat von 13 gefunden werden soll; so wird solches seyn = 100 + 60 + 9 = 169.

§. 308.

Durch Hülfe dieser Formel lassen sich nun leicht die Quadrate von ziemlich großen Zahlen finden, wenn dieselben in zwey Theile zergliedert werden.

Also um das Quadrat von 57 zu finden, so zertheile man diese Zahl in 50 + 7; daher das Quadrat seyn wird:

$$2500 + 700 + 49 = 3249.$$

§. 309.

Hieraus sieht man, daß das Quadrat von a + 1 seyn werde a² + 2a + 1; da nun von a das Quadrat a² ist, so wird das Quadrat von a + 1 gefunden, wenn man zu jenem addirt 2a + 1, wobey zu merken, daß 2a + 1 die Summe der beyden Wurzeln a und a + 1 ist; da also von 10 das Quadrat 100 ist, so wird das Quadrat von 11 seyn = 100 + 21, und

L 2   da

da von 57 das Quadrat 3249 iſt, ſo wird das Qua=
drat von 58 ſeyn $= 3249 + 115 = 3364$. Und
ferner das Quadrat von $59 = 3364 + 117 = 3481$.
Noch ferner das Quadrat von $60 = 3481 + 119$
$= 3600$ u. ſ. f.

§. 310.

Das Quadrat einer zuſammengeſetzten Größe,
als $a + b$, wird alſo angedeutet $(a + b)^2$; daher
haben wir $(a+b)^2 = a^2 + 2ab + b^2$, woraus fol=
gende Gleichungen hergeleitet worden:
$(a + 1)^2 = a^2 + 2a + 1$, $(a + 2)^2 = a^2 + 4a + 4$,
$(a + 3)^2 = a^2 + 6a + 9$, $(a + 4)^2 = a^2 + 8a + 16$, u. ſ. f.

§. 311.

Wenn die Wurzel $a - b$ iſt, ſo wird ihr Qua=
drat $= a^2 - 2ab + b^2$ ſeyn, welches daher aus den
Quadraten beyder Theile beſteht, wovon aber das
doppelte Product weggenommen werden muß.

Es ſey z. B. $a = 10$ und $b = 1$, ſo wird das Qua=
drat von $9 = 100 - 20 + 1 = 81$ ſeyn.

§. 312.

Da wir nun dieſe Gleichung haben: $(a - b)^2$
$= a^2 - 2ab + b^2$, ſo wird $(a - 1)^2 = a^2 - 2a + 1$
ſeyn; das Quadrat von $a - 1$ wird alſo gefunden,
wenn man von a^2 ſubtrahirt $2a - 1$, welches die
Summe der beyden Wurzeln a und $a - 1$ iſt.

Es ſey z. B. $a = 50$, ſo iſt $a^2 = 2500$ und $a - 1$
$= 49$, daher $49^2 = 2500 - 99 = 2401$.

§. 313.

Dieſes läßt ſich auch durch Brüche erläutern.
Denn wenn man für die Wurzel $\frac{3}{5} + \frac{2}{7}$, welches 1
ausmacht, nimmt, ſo wird das Quadrat ſeyn:
$\frac{9}{25} + \frac{12}{35} + \frac{12}{25} = \frac{31}{35}$, das iſt 1.

Ferner

Ferner das Quadrat von $\frac{1}{2} - \frac{1}{3}$, welches $\frac{1}{6}$ ist, wird seyn $\frac{1}{4} - \frac{1}{3} + \frac{1}{9} = \frac{1}{36}$.

§. 314.

Wenn die Wurzel aus mehr Gliedern besteht, so läßt sich das Quadrat auf gleiche Art bestimmen. Also von $a + b + c$ wird das Quadrat gefunden, wie folget:

$$
\begin{array}{l}
a + b + c \\
a + b + c \\
\hline
a^2 + ab + ac \\
\quad\;\; + ab + ac + b^2 + bc + c^2 \\
\hline
a^2 + 2ab + 2ac + b^2 + 2bc + c^2
\end{array}
$$

woraus man sieht, daß dasselbe I. aus dem Quadrat eines jeden Theils der Wurzel und II. aus dem doppelten Product von je zwey Theilen mit einander besteht.

§. 315.

Um dieses mit einem Exempel zu erläutern, wollen wir die Zahl 256 in diese drey Theile zertheilen $200 + 50 + 6$; daher das Quadrat davon aus folgenden Theilen zusammengesetzt seyn wird:

40000	256
2500	256
36	1536
20000	1280
2400	512
600	65536

65536 und dieses ist dem 256.256 vollkommen gleich.

§. 316.

Wenn einige Glieder in der Wurzel negativ sind, so wird das Quadrat nach eben dieser Regel gefunden, wenn man nur bey den doppelten Producten

L 3   Achtung

Achtung giebt, was für ein Zeichen einem jeden zukommt.

Also von a — b — c wird das Quadrat seyn:

$$a^2 + b^2 + c^2 - 2ab - 2ac + 2bc.$$

Wenn also die Zahl 256 also vorgestellet wird: 300
— 40 — 4, so bekommt man:

positive Theile	negative Theile
+ 90000	— 24000
1600	2400
320	— 26400
16	
+ 91936	
— 26400	

65536. Quadrat von 256, wie oben.

Zusatz. Wenn die Wurzel vieltheilig ist, so enthält das
Quadrat derselben die Quadrate aller Theile und die doppelten
Producte aus der Summe aller ersten Theile in den nächstfolgen-
den.

Beweis.

Man setze, die vieltheilige Wurzel sey a + b + c + d + e —
- - — + x, so soll

$$(a + b + c + d + e - - - x)^2 =$$
$$= a^2 + 2ab + b^2$$
$$+ 2(a+b) c + c^2$$
$$+ 2(a+b+c) d + d^2$$
$$+ 2(a+b+c+d) e + e^2$$
$$+ 2(a+b+c+d+e) f + f^2$$
$$\vdots$$
$$+ 2(a+b+c - - + v + w) x + x^2 \text{ seyn.}$$

Folgende Schlüsse werden uns von der Richtigkeit dieser Producte überzeugen:

Es sey a + b + c + d + e - - x = A + x,

so ist $(a + b + c + d - + x)^2 = A^2 + Ax + x^2$

A ist gleich (a + b + c - - - -) nemlich allen Theilen weniger x,

folglich $2Ax + a^2 = 2(a + b + c - + v + w) x + x^2$.

Nun setze man A = (a + b + c - + v + w) = B + w, so
daß also B wiederum einen Theil weniger hat, als A, so ist

$$A^2 = B^2$$

$$A^2 = B^2 + 2Bw + w^2$$

also ist 2 Bw + w² = 2 (a + b + c --- + v) w + w².

Aus dem bisherigen ist schon klar, daß der in Klammern eingeschlossene Factor von unten an gerechnet immer im folgenden den einen Theil weniger haben wird, als der nächst vorhergehende, daß also zuletzt nur zwey Theile übrig bleiben können, nemlich a + b, deren Quadrat a² + 2ab + b² ist.

VII. Capitel.

Von der Ausziehung der Quadratwurzel in zusammengesetzten Größen.

§. 317.

Um eine sichere Regel zur Ausziehung zusammengesetzter Wurzeln zu finden, müssen wir das Quadrat von der Wurzel a + b, welches a² + 2ab + b² ist, genau in Erwägung ziehen, und suchen, wie man wieder aus dem gegebenen Quadrat die Wurzel herausbringen könne. Hierüber sind folgende Betrachtungen anzustellen.

§. 318.

Erstlich, da das Quadrat a² + 2ab + b² aus mehrern Gliedern besteht, so ist gewiß, daß auch die Wurzel aus mehr als einem Gliede bestehen müsse; und wenn das Quadrat so geschrieben wird, daß die Potenzen von einem Buchstaben, als a, immer abnehmen, so ist klar, daß das erste Glied das Quadrat von dem ersten Glied der Wurzel seyn werde. Da nun in unserm Fall das erste Glied des Quadrats a² ist, so ist offenbar, daß das erste Glied der Wurzel, a seyn müsse.

L 4 §. 319.

§. 319.

Hat man nun das erste Glied der Wurzel, nemlich a gefunden, so betrachte man das übrige im Quadrat, welches 2ab + b² ist, um zu sehen, wie man daraus den andern Theil der Wurzel, welcher b ist, finden könne. Hiebey bemerken wir, daß jenes übrige oder jener Rest 2ab + b² durch folgendes Product vorgestellet werden könne (2a +)b. Da nun dieser Rest zwey Factoren, 2a + b und b hat, so wird der letztere b, das ist der zweyte Theil der Wurzel, gefunden, wenn man den Rest 2ab + b² durch 2a + b dividirt.

§. 320.

Um also den zweyten Theil der Wurzel zu finden, so muß man den Rest durch 2a + b dividiren, da dann der Quotient der zweyte Theil der Wurzel seyn wird. Bey dieser Division aber ist zu merken, daß 2a das Doppelte von dem schon gefundenen ersten Theil der Wurzel a ist; das andere Glied b aber ist zwar noch unbekannt, und muß seine Stelle noch offen bleiben; doch kann man gleichwohl die Division vornehmen, indem dabey nur auf das erste Glied 2a gesehen wird. So bald man aber den Quotienten gefunden, welcher hier b ist, so muß man denselben auch an die offene Stelle setzen und die Division vollenden.

§. 321.

Die Rechnung also, wodurch aus obigem Quadrat a² + 2ab + b² die Wurzel gefunden wird, kann also vorgestellt werden:

$$a^2 + 2ab + b^2 \,(a + b$$
$$a^2$$

$$2a + b \,\big|\, \underline{+ 2ab + b^2}$$
$$+ 2ab + b^2$$

o   §. 322.

§: 322.

Auf solche Art kann auch die Quadratwurzel aus andern zusammengesetzten Formeln, wenn dieselben nur Quadrate sind, gefunden werden, wie aus folgenden Exempeln zu ersehen:

$$a^2 + 6ab + 9b^2 (a + 3b$$
$$a^2$$

$$2a + 3b \;|\; + 6ab + 9b2$$
$$\;|\; + 6ab + 9b2$$
$$0$$

$$4a^2 - 4ab + b^2 (2a - 2$$
$$4a^2$$

$$4a - b \;|\; - 4ab + b^2$$
$$\;|\; - 4ab + b^2$$
$$0$$

$$9p^2 + 24pq + 16q^2) \; 3p + 4q$$
$$9p^2$$

$$6p + 4q \;|\; + 24pq + 16q^2$$
$$\;|\; + 24pq + 16q^2$$
$$0$$

$$25x^2 - 60x + 36) \; 5x - 6$$
$$25x^2$$

$$10x - 6 \;|\; - 60x + 36$$
$$\;|\; - 60x + 36$$
$$0$$

§. 323.

Wenn bey der Division noch ein Rest bleibt, so ist es ein Zeichen, daß die Wurzel aus mehr als 2 Gliedern besteht. Alsdann werden die zwey schon gefundenen Glieder zusammen als der erste Theil betrachtet, und aus dem Rest auf gleiche Weise wie vorher das folgende Glied der Wurzel gefunden, wie aus folgenden Exempeln zu ersehen:

£ 5 $a^2 + 2ab$

$$a^2+2ab-2ac-2bc+b^2+c^2(a+b-c$$
$$\underline{a^2}$$
$$2a+2\,\overline{\,\vert+2ab-2ac-2bc+b^2+c^3}$$
$$\quad\vert+2ab\qquad\qquad\ +b^2$$
$$\overline{2a+2b-c\,\vert-2ac-2bc+c^2}$$
$$\qquad\qquad\ \vert-2ac-2bc+c^2$$

$$a^4+2a^3+3a^2+2a+1\,(a^2+a+1$$
$$\underline{a^4}$$
$$2a+a\,\vert+2a^3+3a^2$$
$$\qquad\ \vert+2a^3+\ a^2$$
$$\overline{2a^2+2a+1\,\vert+2a^2+2a+1}$$
$$\qquad\qquad\ \vert+2a^2+2a+1$$

$$a^4-4a^3b+8ab^3+4b^4\,(a^2-2ab-2b^2$$
$$\underline{a^4}$$
$$2a^2-2ab\,\vert-4a^3b+8ab^3$$
$$\qquad\quad\ \vert-4a^3b+4a^2b^2$$
$$\overline{2a^2-4ab-2b^2\,\vert-4a^2b^2+8ab^3+4b^4}$$
$$\qquad\qquad\quad\ \vert-4a^2b^2+8ab^3+4b^4$$

a^6 —

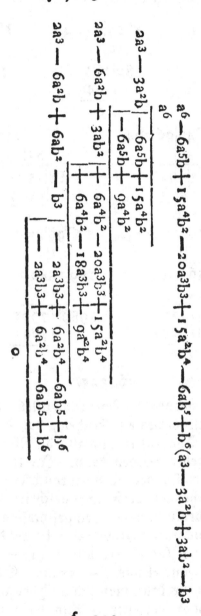

§. 323.

Aus dieser Regel folgt nun leicht diejenige, welche in den Rechenbüchern für die Ausziehung der Quadratwurzel gegeben wird:

$$\sqrt{5|29}=23.$$

r 5|29=23.

   4|

43|129

  |129

    0

r 17|64=42.

   16|

82|164

  |164

    0

r 23|04=48.

   16|

88|704

  |704

    0

r 40|96=64.

   36|

124|496

  |496

    0

r 96|04=98.

   81|

188|1504.

  |1504

    0

r 1|56|25=125.

  1| |

22|56

  |44

245|1225

  |1225

    0

r 99|80|01=999.

  81| |

189|1880

  |1701

1989|17901

   |17901

     0

§. 325.

Wenn aber bey der Operation zuletzt etwas übrig bleibt, so ist solches ein Zeichen, daß die gegebene Zahl kein Quadrat ist und also die Wurzel davon nicht angegeben werden kann. In solchen Fällen bedient man sich des oben gebrauchten Wurzelzeichens, welches vor die Formel geschrieben, die Formel selbst aber in Klammern eingeschlossen wird. Also wird die Quadratwurzel von $a^2 + b^2$ auf diese Weise angedeutet: $r(a^2 + b^2)$; und $r(1 - xx)$ deutet die Quadratwurzel aus $1 - xx$ an. Statt dieses Wurzelzeichens kann man sich auch des gebrochenen Exponenten $\frac{1}{2}$ bedienen. Also wird auch durch $(a^2 + b^2)^{\frac{1}{2}}$ die Quadratwurzel aus $a^2 + b^2$ angedeutet.

Zusatz.

Zusatz. Aus der Arithmetik ist bekannt, daß die Einer zur Ordnung null, die Zehner zur ersten, die Hunderte zur zweyten, die Tausende zur dritten Ordnung gehören u. f. w.

Um anzudeuten, von welcher Ordnung eine Ziffer ist, schreibt man gerade über die Ziffer eine kleine Ziffer, welche die Ordnung anzeigen soll, und der Ordnungsexponent genannt wird.

Z.B. $\overset{6}{7}$ deutet an, daß 7 zur 6ten Ordnung gehört, oder 7000000.

Eine kleine Aufmerksamkeit wird sogleich lehren, daß der Ordnungsexponent auch anzeigt, wie viel Nullen man der ihm zugehörigen Ziffer anhängen soll. Eben so wird man leicht einsehen, daß $\overset{3}{7} \cdot \overset{9}{8} = 56 = \overset{3+9}{5}\overset{12}{6}$; nemlich von dieser Zahl 56 gehört die 6, so wie die ganze Zahl, zur 12ten, und die 5 zur 13ten Ordnung.

Ferner $\left(\overset{7}{4}\right)^2 = \overset{7}{4} \cdot \overset{7}{4} = \overset{14}{4^2}$ und $\left(\overset{2}{3}\right)^5 = \overset{2}{3} \cdot \overset{2}{3} \cdot \overset{2}{3} \cdot \overset{2}{3} \cdot \overset{2}{3} = \overset{10}{3^5}$. Dieses wenige vorausgesetzt, wird folgendes bey einiger Aufmerksamkeit verständlich seyn.

a, b, c, d, e, f - - - x, sollen einfache Zahlen vorstellen; so ist $\overset{r}{a}+\overset{r-1}{b}+\overset{r-2}{c}+\overset{r-3}{d}+\overset{r-4}{e}+\overset{r-5}{f} \cdots + \overset{0}{x}$ eine allgemeine Darstellung einer $(r+1)$ ziffrigen Zahl.

Nun ist aus dem Zusatz des 316. §. bekannt, daß

$$\left(\overset{r}{a}+\overset{r-1}{b}+\overset{r-2}{c}+\overset{r-3}{d}\cdots+\overset{0}{x}\right)^2$$

$$= \overset{2r}{a^2} + \overset{2r-1}{2ab} + \overset{2r-2}{b^2}$$

$$+ 2\left(\overset{r}{a}+\overset{r-1}{b}\right)\overset{r-2}{c} + \overset{r-4}{c^2} = \overset{2r-2}{ac}+\overset{2r-3}{2bc}+\overset{2r-4}{c^2}$$

$$2\left(\overset{r}{a}+\overset{r-1}{b}+\overset{r-2}{c}\right)\overset{r-3}{d} + \overset{2r-6}{d^3} = \overset{2r-3}{2ad}+\overset{2r-4}{2bd}+\overset{2r-5}{cd}+\overset{2r-6}{d^3}$$

$$+ 2\left(\overset{r}{a}+\overset{r-1}{b}+\overset{r-2}{c}+\overset{r-3}{d}\right)\overset{r-4}{e}+\overset{2r-8}{e^2} = \overset{2r-4}{2ae}+\overset{2r-5}{2be}+\overset{2r-6}{2ce}+\overset{2r-7}{2de}+\overset{2r-8}{e^2}$$

$$\vdots$$

$$+ 2\left(\overset{r}{a}+\overset{r-1}{b}+\overset{r-2}{c}+\overset{r-3}{d}---+\overset{1}{w}\right)\overset{0}{x}+\overset{0}{x^2}=\overset{r}{2ax}+\overset{r-1}{2bx}+\overset{r-2}{2cx}+$$

$$\overset{r-3}{2dx}---\overset{1}{wx} + \overset{0}{x^2}$$

Um sogleich übersehen zu können, welche Glieder dieser Producte zu einerley Ordnung gehören, so schreibe man die Ordnungsexponenten von der höchsten bis zur niedriasten in einer Horizontalreihe neben einander hin, und unter diese Ordnungsexponenten setze man in Verticalreihen die zu ihnen gehörigen Glieder, wie folget:

2r,

1	2	3	4	5	6	7te Glied	$2r-(r+1)-1$ Glied u. f. f.
$2r$,	$2r-1$,	$2r-2$,	$2r-3$,	$2r-4$,	$2r-5$,	$2r-6$, - -	$r, r-1, r-2, r-3, --1, 0.$
a^2	$2ab$	b^2					
	ac	$2bc$	$c2$				
		$2ad$	$2bd$	$2cd$	$d2$		
			$2ae$	$2be$	$2ce$		

$2ax \; 2bx \; 2cx \; 2dx \; 2wx \; x2$

Hiebey bemerken wir nun folgendes: die Anzahl der in einer Verticalreihe befindlichen Producte ist immer in zwey zunächst auf einander folgende Verticalreihen gleich, und zwar

in der 1sten und 2ten ist die Anzahl der Producte 1
— 3ten und 4ten — — — 2
— 5ten und 6ten — — — 3
— 7ten und 8ten — — — 4

$$-- (2n+1)\text{ten und } 2(n+1)\text{ten} --- \frac{2(n+1)}{2} = n+1.$$

Man findet also die Anzahl der unter einander stehenden Producte in einer beliebigen Verticalreihe, wenn man zu der Zahl der Reihe, im Fall solche ungerade ist, eins addirt und diese Summe halbirt.

Ferner die höchste Ziffer des doppelten Products zweyer einfachen Zahlen ist höchstens von der 2ten Ordnung; denn 2. 9. 9 = 162, wo 2 von der nullten, 6 von der ersten und 1 von der zweyten Ordnung ist. Da nun 2.9.9 keine Ziffern höherer Ordnung geben, so kann das doppelte Product zweyer anderer einfachen Zahlen es um so weniger.

Die zur Ordnung r zugehörige Verticalreihe ist die $(r+1)$te, und die zur nullten Ordnung gehörige ist die $(2r+1)$te. Nun glaubt sich vielleicht jemand berechtiget nach dem vorhergehenden zu schließen, daß in der $(2r+1)$ten Verticalreihe $\frac{2(r+1)}{2} = r+1$ Producte seyn müssen. Dieses wäre aber doch ganz falsch. Es ist nemlich hier noch eine Betrachtung zu machen, die wir oben absichtlich ausgelassen haben, um den Anfänger aufmerksam darauf zu machen, wie leicht man einen Beweis für richtig und vollständig halten kann, der es doch ganz und gar nicht ist.

Daß

Daß die Anzahl der Producte in der $(2n + 1)$ ten und $2(n + 1)$ten Vertikalreihe $= n + 1$ sey, ist nur dann richtig, wann $2(n + 1)$ kleiner oder gerade die Hälfte aller vorhandenen Verticalreihen ist.

Hier sind $(2r + 1)$ Verticalreihen, daher muß $2(n + 1) <$ oder $= \dfrac{2r + 1}{2}$ seyn; da aber $2r + 1$ eine ungerade Zahl ist, so kann $\dfrac{2r + 1}{2}$ keine ganze Zahl, also auch nicht $2(n + 1)$ gleich seyn, es muß daher $2(n + 1) < \dfrac{2r + 1}{2}$ seyn. Da $2r + 1$ Verticalreihen vorhanden sind, so liegt eine in der Mitte, so daß sie auf jeder Seite r Verticalreihen hat; demnach kann $2(n + 1)$ aufs höchste $= r$ seyn, und diese gehört zur $(r + 1)$ten Ordnung.

Ist daher r eine gerade Zahl, so ist $\dfrac{r}{2}$, ist aber r ungerade, so ist $\dfrac{r + 1}{2}$ die größte Anzahl von Producte, welche sich in einer Verticalreihe befinden.

Wenn ich sage, die $r$te Verticalreihe gehört zu $(r + 1)$ten Ordnung, so zähle ich diese Reihen von der Linken zur Rechten; zählt man aber von der Rechten zur Linken, also von der Nullten Ordnung an, so gehört zur $r$ten Verticalreihe die $(r - 1)$ Ordnung, und diese Reihe hat eben so viel Producte, als die zur $(r + 1)$ten Ordnung gehörige.

Von der $(r + 1)$ten Verticalreihe auf beyden Seiten gleich weit abstehende Reihen haben also immer gleich viel Glieder, mithin haben die zur nullten und ersten Ordnung gehörige Reihen nur 1 Glied, wie die zur 2ten und $(2r - 1)$ten Ordnung gehörige Reihen u. s. f.

Der Platz erlaubt nicht, diese sehr nützliche allgemeine Betrachtungen weiter auszudehnen, und an besondern Beyspielen die Anwendung zu zeigen. Indessen wird ein heller Kopf aus dem bisher Gesagten doch richtig zu bestimmen im Stande seyn, in welchen Stellen die Theile eines Quadrats einer vieltheiligen Wurzel ihren Anfang nehmen.

———————

VIII. Ca-

VIII. Capitel.

Von der Rechnung mit Irrationalzahlen.

§. 326.

Wenn zwey oder mehr Irrationalformeln zusammen addirt werden sollen, so geschieht solches, wie oben (§. 8.) gelehret worden, indem man alle Glieder mit ihren Zeichen zusammen schreibt. Nur ist bey dem Abkürzen zu bemerken, daß statt $\sqrt{a} + \sqrt{a}$, $2\sqrt{a}$ geschrieben werde, und daß $\sqrt{a} - \sqrt{a}$ einander aufhebe oder nichts gebe. Also diese Formel $3 + \sqrt{2}$ und $1 + \sqrt{2}$ zusammen addirt, giebt $4 + 2\sqrt{2}$ oder $4 + \sqrt{8}$; ferner $5 + \sqrt{3}$ und $4 - \sqrt{3}$ zusammen addirt, giebt 9; ferner $2\sqrt{3} + 3\sqrt{2}$ und $\sqrt{3} - \sqrt{2}$ zusammen addirt, macht $3\sqrt{3} + 2\sqrt{2}$.

§. 327.

Eben so wenig Schwierigkeit hat die Subtraction, indem man nur die Zeichen der untern Zahl, welche subtrahirt werden soll, verkehrt lesen und hernach die Größen addiren darf, wie aus folgendem Exempel zu ersehen:

$$4 - \sqrt{2} + 2\sqrt{3} - 3\sqrt{5} + 4\sqrt{6}$$
$$1 + 2\sqrt{2} - 2\sqrt{3} - 5\sqrt{5} + 6\sqrt{6}$$
$$\overline{3 - 3\sqrt{2} + 4\sqrt{3}\ \sqrt{2}\ \sqrt{5} - 2\sqrt{6}}$$

§. 328.

Bey der Multiplication ist nur zu merken, daß $\sqrt{a}$ mit $\sqrt{a}$ multiplicirt, a giebt. Wenn aber ungleiche Zahlen hinter dem $\sqrt{}$ Zeichen stehen, so giebt $\sqrt{a}$ mit $\sqrt{b}$ multiplicirt, $\sqrt{ab}$, woraus folgende Exempel berechnet werden können:

$$1 + \sqrt{1}$$

$$1 + \sqrt{2}$$
$$1 + \sqrt{2}$$
$$\overline{1 + \sqrt{2}}$$
$$+ \sqrt{2} + 2$$
$$\overline{1 + 2\sqrt{2} + 2 = 3 + 2\sqrt{2}}$$

$$4 + 2\sqrt{2}$$
$$2 - \sqrt{2}$$
$$\overline{8 + 4\sqrt{2}}$$
$$- 4\sqrt{2} - 4$$
$$\overline{8 - 4 = 4.}$$

§. 329.

Eben dieses gilt auch von den unmöglichen Größen; wobey nur zu merken, daß $\sqrt{}$ — a mit $\sqrt{}$ — a multiplicirt, — a giebt.

Wenn man den Cubus von — $1 + \sqrt{} - 3$ suchen sollte, so geschähe solches, wenn man erstlich das Quadrat nimmt und dasselbe nochmals mit der Zahl — $1 + \sqrt{} - 3$ multiplicirt, wie folgt:

$$- 1 + \sqrt{} - 3$$
$$- 1 + \sqrt{} - 3$$
$$\overline{+ 1 - \sqrt{} - 3}$$
$$- \sqrt{} - 3 - 3$$
$$\overline{+ 1 - 2\sqrt{} - 3 - 3 = - 2 - 2\sqrt{} - 3 = (-1 + \sqrt{} - 3)^2}$$
$$- 1 + \sqrt{} - 3$$
$$\overline{+ 2 + 2\sqrt{} - 3}$$
$$- 2\sqrt{} - 3 + 6$$

also $(-1 + \sqrt{} - 3)^3 = 2 + 6 = 8$

§. 330.

Bey der Division hat man nur nöthig, schlechtweg einen Bruch zu setzen, und alsdann kann man denselben in eine andere Form verwandeln, so daß der Nenner rational wird. Denn wenn der Nenner a $+ \sqrt{}$ b ist, und man oben und unten mit a — $\sqrt{}$ b multiplicirt, so wird der neue Nenner a² — b seyn und hat also kein Wurzelzeichen mehr. Man dividire z. B. $3 + 2\sqrt{2}$ durch $1 + \sqrt{2}$, so hat man $\frac{3 + 2\sqrt{2}}{1 + \sqrt{2}}$. Jetzt multiplicire man oben und unten

M   mit

mit $1 - r_2$, ſo bekommt man für den Zähler

$$\begin{array}{r} 3 + 2r_2 \\ 1 - r_2 \\ \hline 3 + 2r_2 \\ -3r_2 - 4 \\ \hline 3 - 3r_2 - 4 \end{array} = -r_2 - 1$$

für den Nenner $1 + r_2$

$$\begin{array}{r} 1 - r_2 \\ 1 + r_2 \\ \hline -r_2 - 2 \\ \hline 1 - 2 \end{array} = -1$$

Alſo iſt unſer neuer Bruch $\dfrac{-r_2 - 1}{-1}$. Man multiplicire ferner oben und unten mit -1, ſo bekommt man für den Zähler $+r_2 + 1$, und für den Nenner $+1$.

Es iſt auch wirklich $+r_2 + 1$ eben ſo viel als $\dfrac{3 + 2r_2}{1 + r_2}$; denn $r_2 + 1$ mit dem Diviſor $1 + r_2$ multiplicirt, giebt $3 + 2r_2$, wie folgende Rechnung zeigt:

$$\begin{array}{r} 1 + r_2 \\ 1 + r_2 \\ \hline 1 + r_2 \\ + r_2 + 2 \\ \hline \text{giebt} \quad 1 + 2r_2 + 2 \end{array} = 3 + 2r_2.$$

Ferner $8 - 5r_2$ durch $3 - 2r_2$ dividirt, giebt $\dfrac{8 - 5r_2}{2 - 2r_2}$. Man multiplicire oben und unten mit $3 + 2r_2$, ſo bekommt man für den Zähler

$$8 - 5r_2$$

$$
\begin{array}{r}
8 - 5\,r\,2 \\
3 + 2\,r\,2 \\
\hline
24 - 15\,r\,2 \\
+16\,r\,2 - 20 \\
\hline
24 + r\,2 - 20 = 4 + r\,2
\end{array}
$$

und für den Nenner

$$
\begin{array}{r}
3 - 2\,r\,2 \\
3 + 2\,r\,2 \\
\hline
9 - 6\,r\,2 \\
+6\,r\,2 - 4.\,2 \\
\hline
9 - 8 = +1
\end{array}
$$

Folglich ist der Quotient $4 + r\,2$, wie folgende Probe zeigt:

$$
\begin{array}{r}
4 + r\,2 \\
3 - 2\,r\,2 \\
\hline
13 + 3\,r\,2 \\
-8\,r\,2 - 4 \\
\hline
12 - 5\,r\,2 - 4 = 8 - 5\,r\,2.
\end{array}
$$

§. 331.

Auf solche Weise können dergleichen Brüche immer in andere verwandelt werden, wovon der Nenner rational ist. Also wenn dieser Bruch $\dfrac{1}{5 + 2\,r\,6}$ gegeben ist, und man oben und unten mit $5 - 2\,r\,6$ multiplicirt, so wird solcher in diesen verwandelt:

$$\frac{5 - 2\,r\,6}{1} = 5 - 2\,r\,6.$$

Ferner: dieser Bruch $\dfrac{2}{-1 + r\,-3}$ wird in diesen $\dfrac{2 + 2\,r\,-3}{-4} = \dfrac{1 + r\,-3}{-2}$; ferner $\dfrac{r\,6 + r\,5}{r\,6 - r\,5}$ in $\dfrac{11 + 2\,r\,30}{1} = 11 + 2\,r\,30$ verwandelt.

M 2 §. 332.

§. 332.

Wenn in dem Nenner auch mehr Glieder vor=
kommen, so wird auf eben diese Art nach und nach
die Irrationalität aus dem Nenner weggebracht.

Also bey diesem Bruch $\dfrac{1}{\sqrt{10}-\sqrt{2}-\sqrt{3}}$ multipli=
cirt man erstlich oben und unten mit $\sqrt{10}+\sqrt{2}$
$+\sqrt{3}$, so hat man $\dfrac{\sqrt{10}+\sqrt{2}+\sqrt{3}}{5-2\sqrt{6}}$; ferner oben
und unten mit $5+2\sqrt{6}$, so hat man $5\sqrt{10}+$
$11\sqrt{2}+9\sqrt{3}+2\sqrt{60}$.

Zusatz. Die Analysten kommen bey ihren Untersuchungen
öfters auf sonderbare Gleichungen. Z. B. wer sieht wohl auf
den ersten Blick ein, daß $\sqrt{1+\sqrt{-3}}+\sqrt{1-\sqrt{-3}}=$
$\sqrt{6}$ sey? und doch kann sich jeder sehr leicht davon auf folgende
Art überzeugen:

Man quadrire diese Gleichung, so erhält man:

$1+\sqrt{-3}+2\sqrt{(1+\sqrt{-3})(1-\sqrt{-3})}+1-\sqrt{-3}=6$

oder $\quad 2+2\sqrt{1^2-(\sqrt{-3})^2}=6$

oder $\quad 2+2\sqrt{1-(-3)}=6$

also $\quad 2+2\sqrt{4}=6$

oder $\quad 2+2.2=6$

Eben so findet man, daß $\sqrt{1+2\sqrt{-2}}+\sqrt{1-2\sqrt{-2}}$
$=\sqrt{8}$ und $\sqrt{5-\sqrt{-11}}+\sqrt{5-\sqrt{-11}}=\sqrt{22}$ ist.
Ganz allgemein sey $\sqrt{a+\sqrt{-b}}\pm\sqrt{a-\sqrt{-b}}$ gegeben, so
ist $(\sqrt{a+\sqrt{-b}}\pm\sqrt{a-\sqrt{-b}})^2=a+\sqrt{-b}\pm$
$2\sqrt{(a+\sqrt{-b})(a-\sqrt{-b})}+a-\sqrt{-b}=2a\pm2\sqrt{a^2+b}$,
folglich $\sqrt{a+\sqrt{-b}}\pm\sqrt{a-\sqrt{-b}}=\sqrt{2a\pm2\sqrt{a^2+b}}$
Im ersten Beyspiele ist $a=1$ und $b=3$; im zweyten ist $a=1$
und $b=-8$ (denn $2\sqrt{-2}$ ist $=\sqrt{-8}$) und im dritten Bey=
spiele ist $a=5$ und $b=11$.

Setzt man $a=b=1$, so erhält man $\sqrt{1+\sqrt{-1}}+$
$\sqrt{1-\sqrt{-1}}=\sqrt{2+2\sqrt{2}}$; da $2\sqrt{2}>2$ ist (denn $(2\sqrt{2})$
$>2^2$), so ist für das $+$ Zeichen der Werth reel, für $-$
aber unmöglich oder imaginär.

Um jedesmal $\sqrt{2a \pm 2\sqrt{a^2+b}}$ unter der Form $\sqrt{A}$ zu erhalten, so daß A rational ist, darf man nur $\sqrt{a^2+b} = x$ setzen, dieses giebt $b = x^2 - a^2$, wo man alsdann x nach Belieben annehmen kann.

Soll aber $\sqrt{2a + 2\sqrt{a^2+b}}$ rational werden, so überlege man, daß $\sqrt{2A}$ nicht anders rational ist, als wenn $A = 2c^2$. Daher setze man $a + \sqrt{a^2+b} = 2c^2$, also $2c^2 - a = \pm\sqrt{a^2+b}$ und $4c^4 - 4c^2a + a^2 = a^2 + b$, folglich $b = 4c^2(c^2 - a)$, da kann man c nach Gefallen annehmen, und hat $\sqrt{2a + 2\sqrt{a^2+b}} = \sqrt{4c^2} = 2c$.

IX. Capitel.

Von den Cubiczahlen zusammengesetzter Größen und von der Ausziehung der Cubicwurzeln.

§. 333.

Um den Cubus von der Wurzel $a + b$ zu finden, muß man das Quadrat davon, welches $a^2 + 2ab + b^2$ ist, nochmals mit $a + b$ multipliciren, da dann der Cubus seyn wird:

$$
\begin{array}{l}
a^2 + 2ab + b^2 \\
a \ + \ b \\
\hline
a^3 + 2a^2b + ab^2 \\
\quad\ + a^2b + 2ab^2 + b^3 \\
\hline
a^3 + 3a^2b + 3ab^2 + b^3
\end{array}
$$

Diese besteht also aus dem Cubus beyder Theile der Wurzel, hernach noch aus $3a^2b + 3ab^2$, welches so viel ist als $(3ab).(a+b)$; und dieses ist das dreyfache Product der beyden Theile mit der Summe derselben multiplicirt.

M 3 §. 334.

§. 334.

Wenn also die Wurzel aus zwey Theilen besteht, so läßt sich der Cubus nach dieser Regel leicht finden, als z. B. da die Zahl $5 = 3 + 2$, so ist der Cubus davon $= 27 + 8 + 18.5$, ist also $= 125$.

Es sey ferner die Wurzel $7 + 3 = 10$, so wird der Cubus $343 + 27 + 63.10 = 1000$.

Um den Cubus von 36 zu finden, so setze man die Wurzel $36 = 30 + 6$ und der Cubus wird seyn: $27000 + 216 + 540.36 = 46656$.

Zusatz. Wenn die Wurzel vieltheilig (polynomisch) ist, so enthält die Cubiczahl die Würfel aller Theile, die dreyfachen Producte aus dem Quadrate der Summe aller vorhergehenden Theile in den nächst folgenden, und die dreyfachen Producte aus der Summe aller vorhergehenden Theile in das Quadrat des nächst folgenden.

Beweis:

Es sey $a + b + c + \cdots - x$ die vieltheilige Wurzel, so ist der Cubus davon
$$a^3 + 3a^2b + ab^2 + b^3$$
$$+ 3(a+b)^2 c + 3(a+b) c^2 + c^3$$
$$+ 3(a+b+c)^2 d + 3(a+b+c)^2 d + d^3$$
$$+ 3(a+b+c+d)^2 e + 3(a+b+c+d) e^2 + e^3$$
$$+ 3(a+b+c+d+e)^2 f + 3(a+b+c+d+e) f^2 + f^3$$
$$\vdots$$
$$+ 3(a+b+c+d+e--+w)^2 x + 3(a+b+c+d+e--+w) x^2 + x^3$$

Von der Richtigkeit dieser Producte überzeugt man sich folgendergestalt:
man setze $(a + b + c + \cdots + w + x)^3 = (A + x)^3 = = A^3 + 3A^2 x + 3Ax^2 + x^3$.

Nun ist
$$3A^2 x + 3Ax^2 + x^3 = 3(a+b+c+d+e--+w)^2 x + 3(a+b+c+d+e---w)x^2 + x^3$$
Setzt man wieder $A^3 = (B + w)^3 = B^3 + 3B^2 w + 3Bw^2 + w^2$, so giebt $B^2 w + 3Bw^2 + w^3$ die zweyte Reihe von unten, und B hat wiederum einen Theil weniger als A.

Eben

Eben so kann jetzt wieder $B^3 = (C + v)^3 = C^3 + 3C^2v + v^3$ setzen, wo C wieder ein Theil weniger als B hat. Fährt man immer so fort, so werden zuletzt nur die zwey Theile a + b übrig bleiben, deren Cubus die oberste Reihe giebt.

Stellen a, b, c, d --- x bloß einfache Zahlen vor, so ist
$$\overset{r}{a} + \overset{r\text{-}1}{b} + \overset{r\text{-}2}{c} + \overset{r\text{-}3}{d} --- \overset{0}{x} \text{ eine } r + 1 \text{ ziffrigte Zahl, und}$$

$$\left(\overset{r}{a} + \overset{r\text{-}1}{b} + \overset{r\text{-}2}{c} --- + \overset{0}{x} \right)^3 =$$

$$= \begin{cases} \overset{3r}{a^3} + \overset{3r\text{-}1}{3a^2b} + \overset{3r\text{-}2}{3b^2} + \overset{3r\text{-}3}{b^3} \\[2mm] \quad + 3\overset{r\ r\text{-}1}{(a+b)^2} \overset{r\text{-}2}{c} + 3\overset{r\ r\text{-}1}{(a+b)^2} \overset{r\text{-}4}{c^2} + \overset{r\text{-}6}{c^3} \\[2mm] \quad + 3\overset{r\ r\text{-}1\ r\text{-}2}{(a+b+c)^2} . \overset{r\text{-}3}{d} + 3\overset{r\ r\text{-}1\ r\text{-}2}{(a+b+c)} . \overset{2r\text{-}6}{d^2} + \overset{3r\text{-}9}{d^3} \\[2mm] \quad \vdots \\[2mm] \quad + 3\overset{r\ r\text{-}1\ r\text{-}2\quad 1}{(a+b+c+--w)^2} \overset{0}{x} + 3\overset{r\ r\text{-}1\ r\text{-}2\quad 1}{(a+b+c+--w)} \overset{0}{x^2} + \overset{0}{x^3} \end{cases}$$

Hieraus siehet man, in welchen Stellen die Theile eines Würfels einer vieltheiligen Wurzel anfangen.

§. 335.

Wenn aber umgekehrt der Cubus gegeben ist, nemlich $a^3 + 3a^2b + 3ab^2 + b^3$, und man soll davon die Wurzel finden, so ist folgendes zu bemerken.

Erstlich wenn der Cubus nach der Potenz eines Buchstaben ordentlich geschrieben wird, so erkennt man aus dem ersten Gliede a^3 sogleich das erste Glied der Wurzel a, dessen Cubus jenem gleich ist, und wenn man denselben wegnimmt, so behält man diesen Rest: $3a^2b + 3ab^2 + b^3$, aus welchem das zweyte Glied der Wurzel gefunden werden muß.

§. 336.

Da wir nun schon wissen, daß das zweyte Glied + b ist, so kommt es hier nur darauf an, wie dasselbe aus dem obigen Rest gefunden werden könne. Es läßt sich aber derselbe Rest durch folgende zwey

Fac-

Factoren ausdrücken: $(3a^2 + 3ab + b^2) \cdot b$; wenn man alſo den Reſt durch $3a^2 + 3ab + b^2$ dividirt, ſo erhält man das verlangte zweyte Glied der Wurzel, nemlich $+ b$.

§. 337.

Weil aber das zweyte Glied noch nicht bekannt iſt, ſo iſt auch der Theiler noch unbekannt; allein es iſt genug, daß wir den erſten Theil dieſes Theilers haben, welcher $3a^2$ iſt, oder das dreyfache Quadrat des erſten ſchon gefundenen Theils der Wurzel, und daraus läßt ſich ſchon der andere Theil b finden, woraus hernach der Diviſor vollſtändig gemacht werden muß, ehe man die Diviſion vollendet. Man muß daher alsdann zu $3a^2$ noch $3ab$ hinzufügen, das iſt das dreyfache Product des erſten Theils mit dem andern, und hernach b^2, das iſt das Quadrat des andern Theils der Wurzel.

§. 338.

Es ſey z. B. dieſer Cubus gegeben:

$$a^3 + 12a^2 + 48a + 64 \quad (a + 4$$
$$a^3$$

$$3a^2 + 12a + 16 \big| + 12a^2 + 48a + 64$$
$$\big| + 12a^2 + 48a + 64$$
$$0$$

Es ſey ferner dieſer Cubus gegeben:

$$a^6 - 6a^5 + 15a^4 - 20a^3 + 15a^2 - 6a + 1 \quad (a^2 - 2a + 1$$
$$a^6$$

$$3a^4 - 6a^3 + 4a^2 \big| -6a^5 + 15a^4 - 20a^3$$
$$\big| -6a^5 + 12a^4 - 8a^3$$

$$3a^4 - 12a^3 + 12a^2 + 3a^2 - 6a + 1 \big| 3a^4 - 12a^3 + 15a^2 - 6a + 1$$
$$\big| 3a^4 - 12a^3 + 15a^2 - 6a + 1$$
$$0$$

§. 339.

§. 339.

Hierauf gründet sich auch die gemeine Regel, die Cubicwurzeln aus Zahlen zu finden. Z. B. mit der Zahl 2197, welche sich durch die allgemeine Formel, $a^3 + 3a^2b + 3ab^2 + b^3$, vorstellen läßt, wird die Rechnung also angestellt:

$$2167 \; (\overset{a}{10} + \overset{b}{3} = 13$$

$$a^3 = 1000$$

$$\begin{array}{rl}
3a^2 = 300 & | \; 1197 = 3a^2 + 3ab^2 + b^3 \\
3ab = \; 90 & \\
b^2 = \quad 9 & \\
\hline
3a^2 + 3ab + b^2 = 339 & | \; 1197 = (3a^2 + 3ab + b^2).b \\
& \quad 0
\end{array}$$

Es sey ferner der Cubus 34965783 gegeben, woraus die Cubicwurzel gefunden werden soll.

$$34965783 \; (300 + 20 + 7 = 327$$

$$28\,000\,000$$

$$\begin{array}{rl}
\begin{array}{r}270000 \\ 18000 \\ 400\end{array} & \; 7\;965\,783 \\
\hline
288400 & \; 57\,68\,0\,0\,0 \\
\begin{array}{r}307200 \\ 6720 \\ 49\end{array} & \; 21\,97\,7\,83 \\
\hline
313969 & \; 21\,97\,7\,83 \\
& \quad 0
\end{array}$$

X. Ca=

X. Capitel.

Von den höhern Potenzen zuſammengeſetzter Größen.

§. 340.

Nach den Quadrat = und Cubiczahlen folgen die hö=
hern Potenzen, welche durch Exponenten, wie ſchon
oben gemeldet worden iſt, angezeigt zu werden
pflegen, nur muß man die Wurzel, wenn ſie zuſam=
mengeſetzt iſt, in Klammern einſchließen. Alſo deu=
tet $(a+b)^5$ die fünfte Potenz von $a+b$, und $(a-b)^6$
die ſechſte Potenz von $a-b$ an. Wie aber dieſe
Potenzen entwickelt werden können, ſoll in dieſem
Capitel gezeigt werden.

§. 341.

Es ſey demnach $a+b$ die Wurzel, oder die erſte
Potenz, ſo werden die höhern Potenzen durch die
Multiplication folgendergeſtalt gefunden:

$$(a+b)$$

$$(a+b)^1 = a+b$$
$$\underline{a+b}$$
$$\overline{a^2+ab}$$
$$\underline{+ab+ab}$$
$$(a+b)^2 = a^2+2ab+b^2$$
$$\underline{a+b}$$
$$\overline{a^3+2a^2b+a^2b^2}$$
$$\underline{+a^2b+3ab^2+b^3}$$
$$(a+b)^3 = a^3+3a^2b+3ab^2+b^3$$
$$\underline{a+b}$$
$$\overline{a^4+3a^3b+a^2b^2+ab^3}$$
$$\underline{+a^3b+3a^2b^2+3ab^3+b^4}$$
$$(a+b)^4 = a^4+4a^3b+6a^2b^2+4ab^3+b^4$$
$$\underline{a+b}$$
$$\overline{a^5+4a^4b+6a^3b^2+4a^2b^3+ab^4}$$
$$\underline{+a^4b+4a^3b^2+6a^2b^3+4ab^4+b^5}$$
$$(a+b)^5 = a^5+5a^4b+10a^3b^2+10a^2b^3+5ab^4+b^5$$
$$\underline{a+b}$$
$$\overline{a^6+5a^5b+10a^4b^2+10a^3b^3+5a^2b^4+ab^5}$$
$$\underline{+a^5b+5a^4b^2+10a^3b^3+10a^2b^4+5ab^5+b^6}$$
$$(a+b)^6 = a^6+6a^5b+15a^4b^2+20a^3b^3+15a^2b^4+6ab^5+b^6$$

u. f. f.

§. 342.

Eben so werden auch die Potenzen von der Wurzel a — b gefunden, welche von den vorigen nur darin unterschieden sind, daß das 2te, 4te, 6te, kurz jedes gerade Glied das Zeichen minus bekommt, wie aus folgendem zu ersehen:

(a — b)

$$(a-b)^1 = a-b$$
$$a-b$$
$$\overline{a^2-ab}$$
$$-ab+b^2$$
$$(a-b)^2 = a^2-2ab+b^2$$
$$a-b$$
$$\overline{a^3-2a^2b+2b^2}$$
$$-a^2b+2ab^2-b^3$$
$$(a-b)^3 = a^3-3a^2b+3ab^2-b^3$$
$$a-b$$
$$\overline{a^4-3a^3b+3a^2b^2-ab^3}$$
$$-a^3b+3a^2b^2-3ab^3+b^4$$
$$(a-b)^4 = a^4-4a^3b+6a^2b^2-4ab^3+b^4$$
$$a-b$$
$$\overline{a^5-4a^4b+6a^3b^2-4a^2b^3+ab^4}$$
$$-a^4b+4a^3b^2-6a^2b^3+4ab^4-b^5$$
$$(a-b)^5 = a^5-5a^4b+10a^3b^2-10a^2b^3+5ab^4-b^5$$
$$a-b$$
$$\overline{a^6-5a^5b+10a^3b^2-10a^3b^3+5a^2b^4-ab^5}$$
$$-a^5b+5a^4b^2-10a^3b^3+10a^2b^4-5ab^5+b^6$$
$$(a-b)^6 = a^6-6a^5b+15a^4b^2-20a^3b^3+15a^2b^4-6ab^5+b^6$$

u. f. f.

Hier bekommen nemlich alle ungerade Potenzen von b das Zeichen —, die geraden aber behalten das Zeichen +, wovon der Grund offenbar ist; denn da in der Wurzel — b steht, so gehen die Potenzen davon folgendergestalt fort: — b, + b², — b³, + b⁴, — b⁵, + b⁶, u. f. f., wo die geraden Potenzen alle das Zeichen +, die ungeraden aber das Zeichen — haben.

§. 343.

§. 343.

Es kommt hier aber diese wichtige Frage vor, wie ohne diese Rechnung wirklich fortzusetzen, alle Potenzen sowohl von a + b als von a — b gefunden werden können? Wobey vor allen Dingen zu merken, daß wenn man die Potenzen von a + b anzugeben im Stande ist, daraus von selbst die Potenzen von a—b entstehen, denn man darf nur die Zeichen der geraden Glieder, nemlich des 2ten, 4ten, 6ten, 8ten u.s.f. verändern. Es kommt daher hier darauf an, eine Regel festzusetzen, nach welcher eine jede Potenz von a + b, so hoch dieselbe auch seyn mag, gefunden werden könne, ohne daß man nöthig habe die Rechnung durch alle vorhergehende anzustellen.

§. 344.

Wenn man bey den oben gefundenen Potenzen die Zahlen, die einem jeden Gliede vorgesetzt sind, wegläßt, welche Zahlen die Coefficienten genannt werden, so bemerkt man in den Gliedern eine sehr schöne Ordnung. Denn erstlich kömmt eben die Potenz von a vor, welche verlangt wird; in den folgenden Gliedern aber werden die Potenzen von a immer um eins niedriger, die Potenzen von b hingegen steigen immer um eins, so daß die Summe der Exponenten von a und b in allen Gliedern gleich viel beträgt. Wenn man also die zehnte Potenz von a+b verlangt, so werden die Glieder ohne Coefficienten also fortgehen:

$a^{10}, a^9b^1, a^8b^2, a^7b^3, a^6b^4, a^5b^5, a^4b^6, a^3b^7, a^2b^8, a^1b^9, b^{10}$

Zusatz. Die Glieder der nten Potenz von a + b würden ohne Coefficienten in folgender Ordnung stehen:

$a^n, a^{n-1}b, a^{n-2}b^2, a^{n-3}b^3, --- a^{n-r}b^r --- a^{n-n}b^n$

Von vorne an gezählt ist $a^{n-r}b^r$ das $(r+1)$te Glied, und $a^{n-n}b^n$ ist das $n+1$ und letzte Glied, also bestehet jede Potenz einer zweytheiligen Größe aus so viel einzelnen Gliedern,
als

als der um 1 vermehrte Exponent anzeigt. Es versteht sich, daß der Exponent eine ganze Zahl seyn muß.

§. 345.

Es muß also nur noch gezeigt werden, wie man die dazu gehörigen Coefficienten finde, oder mit welchen Zahlen ein jedes Glied multiplicirt werden soll. Was das erste Glied anbetrifft, so ist sein Coefficient immer 1 und bey dem 2ten Gliede ist der Coefficient allemal der Exponent der Potenz selbst. Allein für die folgenden läßt sich nicht so leicht eine Ordnung bemerken. Inzwischen wenn diese Coefficienten nach und nach weiter fortgesetzt werden, so kann man leicht so weit gehen als man will, wie aus folgender Tabelle zu sehen:

Potenz: I. = = = = = Coefficienten 1, 1.
     II. = = = = = = 1, 2, 1.
     III. = = = = = = 1, 3, 3, 1,
     IV. = = = = = = 1, 4, 6, 4, 1.
     V. = = = = = 1, 5, 10, 10, 5, 1.
     VI. = = = = 1, 6, 15, 20, 15, 6, 1.
     VII. = = = 1, 7, 21, 35, 35, 21, 7, 1.
     VIII. = = 1, 8, 28, 56, 70, 56, 28, 8, 1.
     IX. = 1, 9, 36, 84, 126, 126, 84, 36, 9, 1.
     X. 1, 10, 45, 120, 210, 252, 210, 120, 45, 10, 1.
u. s. f.

Also wird von $a + b$ die zehnte Potenz seyn:

$$a^{10} + 10a^9b + 45a^8b^2 + 120a^7b^3 + 210a^6b^4 + 252a^5b^5$$
$$+ 210a^4b^6 + 120a^3b^7 + 45a^2b^8 + 10ab^9 + b^{10}.$$

§. 346.

Bey diesen Coefficienten ist zu merken, daß die Summe derselben für jede Potenz die gleiche Potenz von 2 geben müsse. Denn man setze $a = 1$, und $b = 1$, so wird ein jedes Glied außer dem Coefficienten $= 1$,

so

so daß nur die Coefficienten zusammen genommen werden müssen. Daher denn die zehnte Potenz seyn wird $(1 + 1)^{10} = 2^{10} = 1024$.

Eben so verhält es sich auch mit allen übrigen. Also ist für die

Iste $1 + 1 = 2 = 2^1$.
IIte $1 + 2 + 1 = 4 = 2^2$.
IIIte $1 + 3 + 3 + 1 = 8 = 2^3$.
IVte $1 + 4 + 6 + 4 + 1 = 16 = 2^4$.
Vte $1 + 5 + 10 + 10 + 5 + 1 = 32 = 2^5$.
VIte $1 + 6 + 15 + 20 + 15 + 6 + 1 = 64 = 2^6$.
VIIte $1 + 7 + 21 + 35 + 35 + 21 + 7 + 1 = 128 = 2^7$.
u. s. f.

§. 347.

Bey diesen Coefficienten ist noch zu merken, daß sie vom Anfang bis in die Mitte steigen, hernach aber in eben der Ordnung wieder abnehmen. Bey den geraden steht der größte in der Mitte, bey den ungeraden aber sind zwey mittlere, welche die größten und einander gleich sind.

Die Ordnung selbst aber verdient noch genauer in Erwägung gezogen zu werden, damit man dieselben für eine jede Potenz finden könne, ohne die vorhergehenden erst zu suchen, wozu hier die Regel gegeben werden soll; der Beweis aber davon wird in folgenden Capiteln geführt werden.

§. 348.

Um die Coefficienten für eine gegebene Potenz, als z. B. die siebente zu finden, so schreibe man folgende Brüche der Ordnung nach hinter einander:

$$\frac{7}{1}, \frac{6}{2}, \frac{5}{3}, \frac{4}{4}, \frac{3}{5}, \frac{2}{6}, \frac{1}{7}.$$

wo nemlich die Zähler von dem Exponenten der verlangten Potenz anfangen und immer um eins vermindert

mindert werden, die Nenner aber nach der Ordnung
der Zahlen 1, 2, 3, 4 u. ſ. f. fortſchreiten. Da nun
der erſte Coefficient immer eins iſt, ſo giebt der erſte
Bruch den zweyten Coefficienten; die zwey erſten
Brüche mit einander multiplicirt den dritten, die
drey erſten mit einander multiplicirt den vierten u.ſ.f.

Alſo iſt der erſte Coefficient $= 1$, der 2te $= \frac{7}{1} = 7$,
der 3te $= \frac{7}{1} \cdot \frac{6}{2} = 21$, der 4te $= \frac{7}{1} \cdot \frac{6}{2} \cdot \frac{5}{3} = 35$, der 5te
$= \frac{7}{1} \cdot \frac{6}{2} \cdot \frac{5}{3} \cdot \frac{4}{4} = 35$, der 6te $= \frac{7}{1} \cdot \frac{6}{2} \cdot \frac{5}{3} \cdot \frac{4}{4} \cdot \frac{3}{5} = 21$, der 7te
$= 21 \cdot \frac{1}{3} = 7$, der 8te $= 7 \cdot \frac{1}{7} = 1$.

§. 349.

Alſo für die zweyte Potenz hat man dieſe Brüche
$\frac{2}{1} \cdot \frac{1}{2}$, daher der erſte Coefficient $= 1$, der 2te $\frac{2}{1} = 2$,
der 3te $2 \cdot \frac{1}{2} = 1$.

Für die dritte Potenz hat man dieſe Brüche: $\frac{3}{1}$,
$\frac{2}{2}$, $\frac{1}{3}$, daher der erſte Coefficient $= 1$, der 2te $\frac{3}{1} = 3$,
der 3te $3 \cdot \frac{2}{2} = 3$, der 4te $\frac{3}{1} \cdot \frac{2}{2} \cdot \frac{1}{3} = 1$.

Für die vierte Potenz hat man dieſe Brüche:
$\frac{4}{1}, \frac{3}{2}, \frac{2}{3}, \frac{1}{4}$, daher der erſte Coefficient $= 1$, der 2te
$\frac{4}{1} = 4$, der 3te $\frac{4}{1} \cdot \frac{3}{2} = 6$, der 4te $\frac{4}{1} \cdot \frac{3}{2} \cdot \frac{2}{3} = 4$, der 5te
$\frac{4}{1} \cdot \frac{3}{2} \cdot \frac{2}{3} \cdot \frac{1}{4} = 1$.

§. 350.

Dieſe Regel ſchafft uns alſo den Vortheil, daß
man nicht nöthig hat die vorhergehenden Coefficienten zu wiſſen, ſondern ſogleich für eine jede Potenz
die dahin gehörigen Coefficienten finden kann.

Alſo für die zehnte Potenz ſchreibt man dieſe
Brüche: $\frac{10}{1}, \frac{9}{2}, \frac{8}{3}, \frac{7}{4}, \frac{6}{5}, \frac{5}{6}, \frac{4}{7}, \frac{3}{8}, \frac{2}{9}, \frac{1}{10}$.
Daher bekommt man den erſten Coefficient $= 1$, den
zweyten Coefficient $= \frac{10}{1} = 10$.

den 3ten $= 10 \cdot \frac{9}{2} = 45$, den 4ten $= 45 \cdot \frac{8}{3} = 120$,
den 5ten $= 120 \cdot \frac{7}{4} = 210$, den 6ten $= 210 \cdot \frac{6}{5} = 252$,
den 7ten $= 252 \cdot \frac{5}{6} = 210$, den 8ten $= 210 \cdot \frac{4}{7} = 120$,
den 9ten $= 120 \cdot \frac{3}{8} = 45$, den 10ten $= 45 \cdot \frac{2}{9} = 10$,
den 11ten $= 10 \cdot \frac{1}{10} = 1$.

§. 351.

§. 351.

Man kann auch diese Brüche so schlechtweg hinschreiben ohne den Werth derselben zu berechnen, und auf diese Art wird es leicht seyn, eine jede Potenz von a + b, so hoch dieselbe auch seyn mag, hinzuschreiben.

Also ist die 100ste Potenz von a + b oder $(a+b)^{100}$

$$= a^{100} + \frac{100}{1} a^{99}b + \frac{100.99}{1.\ 2.} a^{98}b^2 + \frac{100.99.98}{1.\ 2.\ 3.} a^{97}b^3$$

$$+ \frac{100.99.98.97.}{1.\ 2.\ 3.\ 4.} a^{96}b^4 \text{ u. s. f. woraus die Ordnung der}$$

folgenden Glieder leicht zu ersehen.

Zusatz. Die nte Potenz von (a + b) ist also nach dieser Regel folgende:

$$(a+b)^n = a^n + \frac{n}{1} . a^{n-1}b^1 + \frac{n.\ n-1}{1.\ 2.} . a^{n-2}b^2 + \frac{n.\ n-1.\ n-2}{1.\ 2.\ 3.}$$

$$a^{n-3}b^3 + \cdots + \frac{n.\ n-1.\ n-2 \cdots (n-(r-1))}{1.\ 2.\ 3. \cdots r} a^{n-r}b^r + \cdots$$

$$\frac{n.\ n-1.\ n-2. \cdots (n-(n-1))}{1.\ 2.\ 3. \cdots n} a^{n-n}b^n.$$

Der Exponent n ist, wie vorausgesetzt wird, eine ganze Zahl. Der Cofficient des $(r + 1)$ten Gliedes (§. 344.) ist $\frac{n.\ n-1.\ n-2. \cdots (n-(r-1))}{1.\ 2.\ 3. \cdots r}$, und das letzte oder $(n + 1)$te Glied ist $\frac{n.\ n-1.\ n-2. \cdots (n-(n-1))}{1.\ 2.\ 3. \cdots n} a^{n-n}b^n = b^n.$

Setzt man a = b = 1, so erhält man

$$(1+1)^n = 2^n = 1 + \frac{n}{1} + \frac{n.\ n-1}{1.\ 2.} + \frac{n.\ n-1.\ n-2.}{1.\ 2.\ 3.} + \cdots$$

$$\frac{n.\ n-1.\ n-2. \cdots (n-(r-1))}{1.\ 2.\ 3. \cdots (r-1).\ r} + \cdots$$

Dieses letztere ist ein allgemeiner Beweis 346. §.

XI. Capitel.

Von der Versetzung der Buchstaben, als worauf der Beweis der vorigen Regel beruhet.

§. 352.

Wenn man auf den Ursprung der obigen Coefficienten zurückgehet, so wird man finden, daß jedes Glied so oft vorkommt, als sich die Buchstaben, daraus dasselbe besteht, versetzen lassen, als z. B. bey der zweyten Potenz, kommt das Glied ab zweymal vor, weil man ab und ba schreiben kann; hingegen kommt daselbst a^2 oder aa nur einmal vor, weil die Ordnung der Buchstaben keine Veränderung leidet. Bey der dritten Potenz kann das Glied a^2b oder aab auf dreyerley Weise geschrieben werden, als aab, aba, baa, und deswegen ist der Coefficient auch 3. Eben so bey der vierten Potenz kann das Glied a^3b, oder aaab, auf viererley Weise versetzt werden, als aaab, aaba, abaa, baaa, deswegen ist auch sein Coefficient 4, und das Glied aabb hat 6 zum Coefficienten, weil sechs Versetzungen statt finden, aabb, abba, baba, abab, bbaa, baab. Und so verhält es sich auch mit allen übrigen.

§. 353.

In der That, wenn man erwäget, daß z. B. die vierte Potenz von einer jeden Wurzel, wenn dieselbe auch aus mehr als zwey Gliedern besteht, als $(a+b+c+d)^4$ gefunden wird, wenn diese vier Factoren mit einander multiplicirt werden: I. $a+b$ $+c+d$, II. $a+b+c+d$, III. $a+b+c+d$, und IV. $a+b+c+d$, so muß jeder Buchstabe des ersten mit einem jeden des andern, und ferner mit einem jeden

jeden des dritten, und endlich noch mit einem jeden
des vierten multiplicirt werden, daher ein jedes Glied
aus 4 Buchstaben bestehen und so vielmal vorkommen wird, als sich desselben Buchstaben unter einander versetzen lassen, woraus denn sein Coefficient
bestimmt wird.

§. 354.

Hier kommt es also darauf an zu wissen, wie
vielmal eine gewisse Anzahl Buchstaben unter sich
versetzt werden kann, wobey insonderheit darauf zu
sehen, ob dieselben Buchstaben unter sich gleich oder
ungleich sind. Denn wenn alle gleich sind, so findet
keine Veränderung statt, weswegen auch die einfachen Potenzen, als a^2, a^3, a^4 u. s. f. alle 1 zum
Coefficienten haben.

§. 355.

Wir wollen erstlich alle Buchstaben ungleich annehmen, und bey zweyen, nemlich ab anfangen, wo
offenbar zwey Versetzungen statt finden, als ab, ba.

Hat man drey Buchstaben abc, so ist zu merken,
daß ein jeder die erste Stelle haben könne, da denn
die zwey übrigen zweymal versetzt werden können.
Wenn also a zuerst steht, so hat man zwey Versetzungen abc, acb; steht b zuerst, so hat man wieder zwey,
bac, bca; und eben so viel, wenn c zuerst steht, cab,
cba. Daher in allem die Zahl der Versetzungen
$3.2 = 6 = 3. 2. 1$ seyn wird.

Hat man vier Buchstaben abcd, so kann ein jeder
die erste Stelle einnehmen, und in jedem Fall geben
die drey übrigen sechs Versetzungen. Daher in allem
die Anzahl der Versetzungen $4.6 = 24 = 4.3.2.1$
seyn wird.

Hat man fünf Buchstaben abcde, so kann ein
jeder die erste Stelle haben und für jede lassen sich die

vier

vier übrigen 24mal versetzen. Daher die Anzahl
aller Versetzungen 5.24 = 120 = 5.4.3.2.1.

§. 356.

So groß nun auch immer die Anzahl der Buchstaben seyn mag, wenn dieselben nur alle ungleich
unter sich sind, so läßt sich die Anzahl aller Versetzungen ganz leicht bestimmen, wie aus folgender Tabelle
zu ersehen.

Anzahl der Buchstaben:	Anzahl der Versetzungen:
I.	$1 = 1$
II.	$2.1 = 2$
III.	$3.2.1 = 6$
IV.	$4.3.2.1 = 24$
V.	$5.4.3.2.1 = 120$
VI.	$6.5.4.3.2.1 = 720$
VII.	$7.6.5.4.3.2.1 = 5040$
VIII.	$8.7.6.5.4.3.2.1 = 40320$
IX.	$9.8.7.6.5.4.3.2.1 = 362880$
X.	$10.9.8.7.6.5.4.3.2.1 = 3628800$

§. 357.

Es ist aber wohl zu merken, daß diese Zahlen
nur alsdann statt finden, wenn alle Buchstaben unter sich ungleich sind, denn wenn zwey oder mehr einander gleich sind, so wird die Anzahl der Versetzungen weit geringer; und wenn gar alle einander gleich
sind, so hat man nur eine einzige. Wir wollen also
sehen, wie nach der Anzahl der gleichen Buchstaben
die obigen Zahlen vermindert werden müssen.

§. 358.

Sind zwey Buchstaben einander gleich, so werden die zwey Versetzungen nur für eine gerechnet.
Daher die obige Zahl auf die Hälfte gebracht oder
durch 2 dividirt werden muß. Sind drey Buchstaben

ben einander gleich, so werden 6 Versetzungen nur
für eine gerechnet; daher die obigen Zahlen durch
6 = 3. 2. 1 getheilt werden müssen. Eben so wenn
vier Buchstaben einander gleich sind, so müssen die
obigen Zahlen durch 24, das ist durch 4. 3. 2. 1 getheilt werden u. s. f.

Hieraus kann man nun bestimmen, wie vielmal
diese Buchstaben aaabbc versetzt werden können. Die
Anzahl derselben ist sechs, und sie würden, wenn sie
ungleich wären, 6. 5. 4. 3. 2. 1 Versetzungen zulassen.
Weil aber hier a dreymal vorkommt, so muß diese
Zahl durch 3. 2. 1, und weil b zweymal vorkommt,
noch ferner durch 2. 1 getheilt werden, daher die

Anzahl der Versetzungen $= \frac{6.5.4.3.2.1.}{3.2.1.2\,1.} = 5.4.3.=60$

seyn wird.

§. 359.

Hieraus können wir nun die Coefficienten eines
jeden Gliedes für eine jede Potenz bestimmen, welches wir z. B. für die siebente Potenz $(a+b)^7$ zeigen
wollen. Das erste Glied ist a^7, welches nur einmal
vorkommt, und da in allen übrigen sieben Buchstaben vorkommen, so wäre die Anzahl aller Versetzungen 7. 6. 5. 4. 3. 2. 1, wenn sie alle ungleich wären.
Da aber im zweyten Gliede $a^6 b$, sechs gleiche Buchstaben vorhanden sind, so muß jene Zahl durch
6. 5. 4. 3. 2. 1 getheilt werden, daher der Coefficient

$= \frac{7.6.5.4.3.2.1}{6.5.4.3.2.1} = \frac{7}{1} = 7$ seyn wird.

Im dritten Gliede $a^5 b^2$ kommt a fünfmal und b
zweymal vor, daher die obige Zahl erstlich durch
5. 4. 3. 2. 1 und noch durch 2. 1 getheilt werden muß;

daher der Coefficient $= \frac{7.6.5.4.3.2.1.}{5.4.3.2.1.1.2.} = \frac{7.6.}{1.2.}$ seyn wird.

Im vierten Gliede $a^4 b^3$ steht a viermal und b
dreymal; daher die obige Zahl erstlich durch 4. 3. 2. 1

N 3   und

und hernach noch durch 3. 2. 1 oder 1. 2. 3 getheilt werden muß, da denn der Coefficient $= \frac{7.6.5.4.3.2.1}{4.3.2.1.1.2.3}$ $= \frac{7.6.5}{1.2.3}$ seyn wird.

Eben so wird für das fünfte Glied a³b4 der Coefficient $= \frac{7.6.5.4}{1.2.3.4}$ u. s. f., wodurch die oben gegebene Regel erwiesen wird.

§. 360.

Diese Betrachtung führt uns aber noch weiter, und lehret, wie man auch von solchen Wurzeln, die aus mehr als zwey Theilen bestehen, alle Potenzen finden soll. Wir wollen dieses nur mit der dritten Potenz von a+b+c erläutern, worin alle mögliche Zusammensetzungen von dreyen Buchstaben als Glieder vorkommen müssen, und ein jedes die Anzahl aller seiner Versetzungen zum Coefficienten haben wird, also wird die dritte Potenz oder (a+b+c)³ seyn:

$$a^3 + 3aab + 3aac + abb + 6abc + 3acc + b^3 + 3bbc + 3bcc + c^3.$$

Laßt uns setzen, es sey a=1, b=1, c=1, so wird der Cubus von 1+1+1, das ist von 3,
1+3+3+3+6+3+1+3+3+1=27 seyn.

Setzt man a=1, b=1 und c=—1, so wird der Cubus von 1+1—1, das ist von 1,
1+3—3+3—6+3+1—3+3—1=1 seyn.

1. Zusatz. Der Unterschied zwischen Permutationen und Combinationen ist folgender:

Permutationen sind die Versetzungen, welche bey einer gegebenen Anzahl von Dingen möglich sind, z. B. die Permutationen von drey Dingen a, b, c sind folgende: abc, acb, bac, bca, cab, cba, wie in diesem Capitel gelehrt worden.

Combinationen (Verwechselungen) entstehen, wenn man aus einer gegebenen Anzahl von Dingen je 2, je 3, je 4 u. s. f. auf alle mögliche Arten verbindet, doch so, daß keine Versetzungen irgend einer Combination zugelassen werden.

Z. B. die

Z. B. die Combinationen von den 3 Dingen a, b, c, sind folgende: nimmt man von diesen 3 Dingen je 1 und 1, so hat man 3 Combinationen, nemlich a, b, und c, welche man auch einfache Verwechselungen, oder wenn man nach Graden zählen will, Verwechselungen vom ersten Grade nennet. Verbindet man je 2 und 2 dieser Dinge, so hat man 3 zweyfache Verwechselungen, oder 3 Verwechselungen vom 2ten Grade oder Amben, nemlich ab, ac, und bc.

Verbindet man je 3 und 3 dieser Dinge, so erhält man nur eine einzige dreyfache Verwechselung, oder eine einzige Verwechselung vom dritten Grade oder Terne, nemlich abc.

Höhere Combinationen können aus 3 Dingen ohne Wiederholung nicht gemacht werden. Da aber bey dem Combiniren zuweilen erlaubt ist, ein Ding öfter als einmal zu setzen, zuweilen nicht, so entstehen zwey Arten von Combinationen
nemlich 1) mit Wiederholungen,
und 2) ohne Wiederholungen.
Diese 2te Art von Combination ist die eben gezeigte. Sollen jene 3 Dinge mit Wiederholungen combinirt werden, so giebt es folgende Combinationen:
Amben   aa, ab, ac, bb, bc, cc.
Ternen   aaa, aab, aac, abb, abc, acc, bbb, bbc, bcc, ccc.
Quaternen aaaa, aaab, aaac, aabb u. s. f.
Jede Ambe, Terne, Quaterne u. s. f. nennt man eine Complexion. Jede einzelne Complexion ist öfters noch mehrerer Versetzungen fähig. Z. B. die Complexionen aa, bb, cc, oder aaa, bbb u. s. f sind keiner Versetzungen, aber ab, ac, bc u. s. f. folgender Versetzungen fähig: ba, ca, cb u. s. f. Werden nun diese Versetzungen, die jede einzelne Complexion zuläßt, mitgenommen, so entstehen Variationen.

Die Variationen gehen also aus der Vereinigung von Combinationen und Permutationen hervor. Sie unterscheiden sich von den Combinationen bloß dadurch, daß bey dem Variiren alle Versetzungen, die jede einzelne Complexion zuläßt, mitgenommen werden müssen.

Um die Permutationen, Combinationen und Variationen gegebener Dinge bequem zu finden, bezeichne man die gegebnen Dinge nach der Reihe mit den Ziffern 1, 2, 3 u. s. f. wie folget:
$\overset{1}{a}, \overset{2}{b}, \overset{3}{c}, \overset{4}{d}$ u. s. f. Eine solche bezifferte Reihe gegebener Dinge heißt index oder indiculus.

Sind also die drey Dinge a, b, c gegeben, so ist der index
$\overset{1}{a}, \overset{2}{b}, \overset{3}{c}$

       I.) Um

I. Um alle Permutationen von diesen drey Dingen zu erhalten, nehme man aus unserm bekannten Zahlensystem alle Zahlen, die mit den drey Ziffern 1, 2, 3 geschrieben werden, in der Ordnung, wie sie im Zahlensysteme folgen, nemlich 123, 132, 213, 231, 312, 321, Legt man diesen Zahlen nach dem Index die Buchstaben unter, so sind die gesuchten Permutationen folgende:

123, 132, 213, 231, 312, 321
abc acb bac bca cab cba

II. Combinationen aus diesen drey gegebenen Dingen.

Um alle Amben, Ternen, Quaternen u. s. f. zu erhalten, schreibe man alle zwey- drey- vierziffrige Zahlen u. s. f. auf, die bloß die Ziffern 1, 2, 3 enthalten. Aber um keine Versetzungen zu erhalten, behalte man bloß diejenigen Zahlen, in welchen die Ziffern in eben der Ordnung stehen, als in der Reihe der einzelnen gegebenen Dinge, d. h. man lasse alle Zahlen, wie 21, 31, desgleichen 231, 312 u. s. f. weg, wo eine größere Ziffer vor einer kleinern steht.

1. Combinationen mit Wiederholungen:

Amben 11, 12, 13, 22, 23, 33
       aa, ab, ac, bb, bc, cc

Ternen 111, 112, 113, 122, 123, 133, 222, 223, 233, 333
        aaa, aab, aac, abb, abc, acc, bbb, bbc, bcc, ccc

Quaternen IIII, 1112, 1113, 1122, 1123
         aaaa, aaab, aaac, aabb, aabc

2. Combinationen ohne Wiederholungen:

Amben 12, 13, 23
       ab, ac, bc

Ternen 123
        abc

Quaternen und höhere Combinationen können aus 3 Dingen, wie schon oben gesagt ist, ohne Wiederholungen nicht gemacht werden.

III. Variationen aus eben den drey Dingen:

Man verfahre wie in II. bey den Combinationen, nur daß man von allen Zahlen, die mit den drey Ziffern 1, 2, 3 geschrieben werden können, keine einzige weglassen darf. Man erhält daher folgende:

Amben 11, 12, 13, 21, 22, 23, 31, 32, 33
       aa, ab, ac, ba, ab, bc, ca, cb, cc

Ternen

Ternen 111, 112, 113, 121, 122, 123, 131, 132, 133
aan, aab, aac, aba, abb, abc, aca, acb, acc
211, 212, 213, 221, 222, 223, 231, 232, 233
baa, bab, bac, bba, bbb, bbc, bca, bcb, bcc
311, 312, 313, 321, 322, 323, 331, 332, 333
caa, cab, cac, cba, cbb, cbc, cca, ccb, ccc

Quat. 1111, 1112, 1113, 1121, 1122, 1123, 1131, 1132, 1133
aaaa, aaab, aaac, aaba, aabb, aabc, aaca, aacb, aacc
1211, 1212, 1213, 1221, 1222, 1223, 1231, 1232, 1233
abaa, abab, abac, abba, abbb, abbc, abca, abcb, abcc
1311, 1312, 1313, 1321, 1322, 1323, 1331, 1332, 1333
acaa, acab, acac, acba, acbb, acbc, acca, accb, accc
2111, 2112, 2113, 2121, 2122, 2123, 2131, 2132, 2133
baaa, baab, baac, baba, babb, babc, baca, bacb, bacc
2211, 2212, 2213, 2221, 2222, 2223, 2231, 2232, 2233
bbaa, bbab, bbac, bbba, bbbb, bbbc, bbca, bbcb, bbcc
2311, 2312, 2313, 2321, 2322, 2323, 2331, 2332, 2333
bcaa, bcab, bcac, bcba, bcbb, bcbc, bcca, bccb, bccc
3111, 3112, 3113, 3121, 3122, 3123, 3131, 3132, 3133
caaa, caab, caac, caba, cabb, cabc, caca, cacb, cacc
3211, 3212, 3213, 3221, 3222, 3223, 3231, 3232, 3233
cbaa, cbab, cbac, cbba, cbbb, cbbc, cbca, cbcb, cbcc
3311, 3312, 3313, 3321, 3322, 3323, 3331, 3332, 3333
ccaa, ccab, ccac, ccba, ccbb, ccbc, ccca, cccb, cccc
u. ſ. f.

Variationen ſind unter allen combinatoriſchen Arbei-
ten die leichteſten. Denn auch ohne Gebrauch von jenen Ziffern zu machen, wird dieſe Arbeit äußerſt leicht auf folgende
Art verrichtet.

Man ſchreibe die gegebenen Dinge a, b, c u. ſ. f., die man
variiren ſoll, ſowohl horizontal, als auch vertical nach der Reihe,
wie ſie folgen, hin, und verfahre, wie folgendes Schema ge-
nugſam zeigt, ſo erhält man die Amben.

	a,	b,	c,	d	-	-
a	aa,	ab,	ac,	ad,	-	-
b	ba,	bb,	bc,	bd	-	-
c	ca,	cb,	cc,	cd	-	-
d	da,	db,	bc,	dd	-	-

Um die Ternen zu finden, verfahre man, wie folgendes
Schema deutlich vor Augen liegt:

N <...>   aa, ab

	aa,	ab,	ac,	ad,	ba,	bb,	bc ---
a	aaa,	aab,	aac,	aad	aba,	abb,	abc ---
b	baa,	bab,	bac	bad,	bba,	bbb,	bbc ---
c	caa,	cab,	cac	cad	cba,	cbb,	cbc ---
d	daa,	dab,	dac,	dad;	dba,	dbb,	dbc ---
	ǀ	ǀ	ǀ	ǀ	ǀ	ǀ	ǀ
	ǀ	ǀ	ǀ	ǀ	ǀ	ǀ	ǀ

Wie die Quaternen gefunden werden, zeigt folgendes Schema.

	aa,	ab,	ac,	ad,	ba,	bb	bc ---
aa	aaaa,	aaab,	aaac,	aaad,	aaba,	aabb,	aabc ---
ab	abaa,	abab,	abac,	abad	abba,	abbb,	abbc ---
ac	acaa,	acab,	acac,	acad,	acba,	acbb,	acbc ---
ad	adaa,	adab,	adac,	adad,	adba,	adbb,	adbc ---
	ǀ	ǀ	ǀ	ǀ	ǀ	ǀ	ǀ
	ǀ	ǀ	ǀ	ǀ	ǀ	ǀ	ǀ

u. ſ. f.

Man ſieht deutlich, daß durch obige Verbindung der einzelnen Dinge mit einander die Amben, durch Verbindung der Amben mit den einzelnen Dingen die Ternen entſtehen. Die Quaternen entſtehen durch Verbindung der Amben ſelbſt u. ſ. f.

Ich könnte hier noch manches Lehrreiche mittheilen, wenn es der Platz erlaubte; übergehen darf ich aber nicht, daß die hier von mir mitgetheilte Definitionen von **Permutationen**, **Combinationen** (mit und ohne Wiederholung) und **Variationen**, ganz dem Hindenburgſchen Begriff gemäß ſind. Dieſer große Analyſt hat ſich durch ſeine erfundene combinatoriſche Analytik einen unſterblichen Ruhm erworben. Anfänger erhalten von dieſem ganz neuen Zweige der Analyſis einen kurzen aber deutlichen Unterricht in einer kleinen vortreflichen Schrift des Herrn Prof. Fiſcher: **über den Urſprung der Theorie der Dimenſionszeichen und ihr Verhältniß gegen die combinatoriſche Analytik des Herrn Prof. Hindenburg.** Halle, 1794. 4.

2. **Zuſatz.** Noch will ich hier einige allgemeine Formeln mit ihren Anwendungen mittheilen.

Formel für alle Permutationen von 12 verſchiedenen Dingen.

$$n.(n-1)(n-2) \cdots 1: \text{ oder } 1.2.3. \cdots n,$$

ſind darunter m gleiche Größen, ſo iſt die Anzahl der Permutationen: $= n.(n-1)n-2 \cdots (m+1)$ oder $(m+1)(m+2)m+3 \cdots n$; wären überdem noch p und r gleiche Buchſtaben vorhanden, ſo giebt

$$\frac{n.(n-1)n-2 \cdots (m+1)}{1.2.3. \cdots p. \; 1.2.3. \cdots r}$$

die möglichen Permutationen.

Aufg.

Aufg. Wie viel verschiedene 9ziffrige Zahlen können mit den 9 bekannten Zahlzeichen geschrieben werden?

Aufl. 1.2.3.4.5. --- 9 = 36=880.

Aufg. Wie oft können die 24 Buchstaben des Alphabets versetzt werden?

Aufl. 1. 2. 3 -- 24 = 620 448 401 733 239 439 360 000

Wenn alle Buchstaben dieser Permutationen sollten auf einer Fläche geschrieben werden, und man einem Buchstaben, auch nur eine Quadratlinie, Raum einräumt, so müßte diese Fläche doch 144000mal größer, als die Oberfläche der Erde seyn. Alle jetzt lebende Menschen auf dem ganzen Erdboden würden in 1000 Millionen Jahren nicht alle mögliche Versetzungen der 24 Buchstaben schreiben können, wenn auch jeder täglich 40 Seiten schreibt, deren jede 40 verschiedene Versetzungen der 24 Buchstaben enthält.

3. Zusatz. Formeln für Combinationen mit Wiederholung von n verschiedenen Dingen:

$$\text{Amben} = \frac{n.(n+1)}{1.2}; \quad \text{Ternen} = \frac{n.(n+1)(n+2)}{1.2.3}; \quad \text{Quaternen} =$$

$$\frac{n.(n+1)(n+2)(n+3)}{1.2.3.4}; \quad \text{also Rnen} = \frac{n.(n+1)(n+2) --- (n+(r-1))}{1.2.3.4. --- r}$$

4. Zusatz. Formeln für Combinationen ohne Wiederholung von n verschiedenen Dingen.

$$\text{Amben} = \frac{n.(n-1)}{1.2}; \quad \text{Ternen} = \frac{n.(n-1)(n-2)}{1.2.3}; \quad \text{Quaternen} =$$

$$\frac{n.(n-1)(n-2)(n-3)}{1.2.3.4}, \quad \text{folglich Rnen} = \frac{n.(n-1)(n-2) -- (n-(r-1))}{1.2.3.4 --- r}.$$

Aufg. Wie viel Amben, Ternen, Quaternen und Quinternen sind in der Berliner Zahlenlotterie?

Aufl. Da die Zahlenlotterie 90 Nummern erhält, so sind die Anzahl der Amben $= \frac{90.89}{1.2} = 4005$; Ternen $= \frac{90.89.88}{1.2.3.} =$

117480; Quaternen $= \frac{90.89.88.87.}{1.2.3.4.} = 2555190$; und

Quinternen $= \frac{90.89.88.87.86.}{1.2.3.4.5} = 43949268.$

Aufg. Wenn von 90 Loosen oder Zahlen, die in einem Topfe unter einander gemischt sind, nur 5 als Treffer herausgezogen werden, und Jemand wollte behaupten, daß bey 10 von ihm unter den 90 gewählten Loosen 3 Treffer seyn würden;

ben; wie verhält sich da die Wahrscheinlichkeit, daß unter den gewählten 10 Loosen 3 Treffer sich befinden sollten?

Aufl. 90 Loose enthalten $\frac{90.\ 89.\ 88.}{1.\ 2.\ 3.}$ = 117480 Ternen, die 5 herausgezogenen Treffer enthalten nur $\frac{5.\ 4.\ 3.}{1.\ 2.\ 3.}$ = 10 Ternen, also kommen auf einen Treffer 11748 Fehler.

Da ferner aus 10 gewählten Loosen $\frac{10.\ 9.\ 8.}{1.\ 2.\ 3.}$ = 120 Ternen entstehen, so verhält sich die Wahrscheinlichkeit unter den gewählten 10 Loosen eine Terne zu erhalten, zur Unwahrscheinlichkeit, wie 120 zu 11748, oder wie 10: 979.

Aufg. Es will jemand in die gewöhnliche Zahlenlotterie von 90 Nummern so viel Zetteln zu 5 Nummern spielen, damit er alle herausgezogene 5 Nummern auf einem Zettel beysammen habe. Wie viel muß er in allem Zettel setzen? Wie viel Zettel werden drey, und wie viele werden zwey Treffer enthalten? Auf wie viel Zettel wird nur ein einzelner Treffer sich befinden? Und endlich, wie viel Zettel werden darunter seyn, worauf sich gar kein Treffer befindet?

Aufl. Da er alle 5 herausgezogene Nummern beysammen auf einem Zettel, d. h. eine Quinterne, haben will; so muß er alle Combinationen der 90 Nummern zu fünfen, nemlich $\frac{90.\ 89.\ 88.\ 87.\ 86}{1.\ 2.\ 3.\ 4.\ 5.}$ = 43949268 Zettel setzen, unter welchen er gewiß die Quinterne haben wird. Da nun auch bey den 5 herausgezogenen Nummern $\frac{5.\ 4.\ 3.\ 2}{1.\ 2.\ 3.\ 4}$ = 5 Quaternen möglich sind, woran jede mit allen 90 — 5 = 85 gefehlten Nummern gespielt worden ist; so hat er 5 . 85 = 425 Quaternen. Uebdies sind bey den herausgezogenen fünf Nummern $\frac{5.\ 4.\ 3}{1.\ 2.\ 3}$ = 10 Ternen möglich, welche mit jeder Verbindung zu zweyen der 85 gefehlten Nummern gespielt worden sind; also hat er 10. $\frac{85.\ 84.}{1.\ 2.}$ = 35700 Ternen. Eben so giebt es bey den 5 herausgezogenen Nummern $\frac{5.\ 4.}{1.\ 2.}$ = 10 Amben, die mit jeder Verbindung zu Dreyen der 85 gefehlten Nummern gespielt worden sind; folglich hat er 10. $\frac{85.\ 84.\ 83}{1.\ 2.\ 3}$ = 987700 Amben. Ferner sind die 5 getroffenen Nummern mit jeder Verbindung zu Vieren der 85 gefehlten Nummern gespielt worden; folglich hat er 5 $\frac{85.\ 84.\ 83.\ 82.}{1.\ 2.\ 3.\ 4}$

= 10123925 einzelne Treffer. Endlich hat er noch $\frac{85.84.83.82.81}{1.2.3.4.5}$ = 32801517 Zettel, worauf ſich gar kein Treffer befindet.

Aufg. Wie verhält ſich die Wahrſcheinlichkeit zur Unwahrſcheinlichkeit — beym Würfelſpiele mit drey Würfeln? Bei einem beſtimmten gleichen Wurfe, etwa alle drey Sechſen zu werfen?

Aufl. Drey Würfel haben 18 Felder, die ſich $\frac{18.\ 17.\ 16.}{1.\ 2.\ 3.}$ = 816 mal zu Dreyen verbinden laſſen; allein weil ein Würfel nicht mehr als ein einziges Feld auf einmal zeigen kann, ſo müſſen von dieſen 816 Verbindungen folgende ausgeſchloſſen werden:

α) Bey jedem Würfel jede Verbindung der ſechs Felder zu Dreyen $= \frac{6.\ 5.\ 4.}{1.\ 2.\ 3.} \cdot 3 = 60$;

β) Bey jedem Würfel jede Verbindung der ſechs Felder zu Zweyen mit den 12 Feldern der beyden andern Würfel verbunden $= \frac{6.\ 5.}{1.\ 2.} \cdot 12 \cdot 3 = 540$; mithin bleibt die Anzahl der möglichen Verbindungen nur $= 816 - (60 + 540) = 216$. Alſo verhält ſich die Wahrſcheinlichkeit zur Unwahrſcheinlichkeit, wie 1 : 216, d. h. im Durchſchnitte genommen immer unter 216 Würfen einmal alle drey Sechſen fallen.

Anmerk. Ich habe dieſe Auflöſung gewählt, weil ſie deutlich zeigt, worin der Hr. Geh.-Ober-Berg- und Bau-Rath Mönich in ſeinem Lehrbuch der Math. I. B. I. Anh. §. 15 fehlt, wenn er dieſes Verhältniß, wie 1 : 816 angiebt. Er vergaß nemlich den Abzug in α und β.

5. Zuſatz. Formeln für alle Variationen von 12 verſchiedenen Dingen.

Man hat n Einfache, n^2 Amben, n^3 Ternen, n^4 Quaternen, n^r Rnen. Wenn man alſo von n Dingen die Summe aller möglichen Variationen beſtimmen will, ſo iſt ſolche $n + n^2 + n^3 + n^4 \cdots + n^r$. Dieſes iſt eine geometriſche Reihe, deren Summe $= \frac{n^{r+1} - n}{n - 1}$ iſt, wie weiterhin im §14. §. bewieſen wird. Z. B. Sey n = r = 24, ſo iſt $\frac{24^{25} - 24}{24 - 1} =$

$\frac{3200955864440681898677\overset{23}{7}955348272600}{} =$

V	IV	III	II	I

13917242888872529994251284934022200.

Dieſe

Dieſe ungeheuer große Zahl drückt alle mögliche Variationen von allen 24 Buchſtaben des Alphabets aus.

6. Zuſatz. In dem Hindenburgiſchen Syſtem findet man auch Combinationen mit Verſetzungszahlen, womit es folgende Bewandniß hat.

Die Variationen gegebener Dinge a, b, c u. ſ. f. enthalten alle ausführliche geſchriebene Verſetzungen der Combinat. dieſer Dinge. Z. B. die Variationsarten aa, ab, ac, ba, bb, bc, ca, cb, cc, der 3 Dinge a, b, c; enthalten ab, ac, bc. Dieſe 3 Amben geben verſetzt noch 3 Amben ba, ca, cb, die auch unter jene Variations-Amben befindlich ſind; macht man nun dieſe Verſetzungen nicht wirklich, und zeigt man bloß durch eine der Amben ab, ac, bc vorgeſchriebenen Ziffer an, wie viel Verſetzungen ſie zulaſſen, ſo erhält man aa, 2ab, 2ac, bb, 2bc, cc, und dieſes wäre als-dann von a, b, c eine Combination mit Verſetzungszahlen, die allemal da ſtatt findet, wo man nicht auf den Unterſchied dieſer Verſetzungen achtet, wie z. B. wenn man a$+$b$+$c mit ſich ſelbſt multipliciren ſoll. In der Hindenburgiſchen combinatoriſchen Analytik iſt dieſer Unterſchied zwiſchen Variationen und Combinationen mit Verſetzungszahlen ſehr wichtig.

XII. Capitel.

Von der Entwickelung der Irrationalpotenzen durch unendliche Reihen.

§. 361.

Da wir gezeigt haben, wie von der Wurzel a$+$b eine jede Potenz gefunden werden ſoll, der Exponent mag ſo groß ſeyn, als er nur immer will, ſo ſind wir im Stande auf eine allgemeine Art die Potenz von a$+$b auszudrücken, wenn der Exponent auch unbeſtimmt, und durch einen Buchſtaben n ausgedrückt iſt.

Alſo

Also werden wir nach der oben (§. 359) gegebenen Regel finden:

$$(a+b)^n = a^n + \frac{n}{1}a^{n-1}b + \frac{n}{1}\cdot\frac{n-1}{2}a^{n-2}b^2 + \frac{n}{1}\cdot\frac{n-1}{2}\cdot$$

$$\frac{n-2}{2}a^{n-3}b^3 + \frac{n}{1}\cdot\frac{n-1}{2}\cdot\frac{n-2}{3}\cdot\frac{n-3}{4}a^{n-4}b^4 \text{ u. ſ. f.}$$

(§. 351. Zuſ.)

Beweis. Alle Glieder einer Potenz einer zweytheiligen Wurzel ſind Variationen der Theile der Wurzel. In dieſen Variationen kommen aber alle mögliche Verſetzungen der Combinationen mit Wiederholungen vor, demnach muß auch die Zahl der Verſetzungen derſelben der Coefficient eines jeden Gliedes ſeyn.

Nun wiſſen wir bereits (aus §. 344. Zuſ.) wie die Glieder von $(a+b)^n$ ohne Coefficienten auf einander folgen; das $(r+1)$te Glied iſt $a^{n-r}b^r$; in einem ſolchen Gliede ſind demnach $n-r$, Aen, und r Ben, alſo überhaupt $n-r+r=n$ Buchſtaben, d. h. jedes Glied von $(a+b)^n$ enthält ſo viel Buchſtaben, als der Exponent n Einheiten hat. Wären dieſe Buchſtaben alle verſchieden, ſo würden dieſe n Buchſtaben $n.n-1.$ $n-2.---1$ Permutationen geben, (§. 360. 2 Zuſ.); aber das $(r+1)$te Glied enthält $n-r$ aen, demnach bleiben nur noch $n.n-1.n-2---(n-(r-1))$ (§. 360. 2. Zuſ.) Permutationen, überdem ſind in dieſem Gliede noch r, ben, alſo bleiben bloß $\dfrac{n.n-1.n-2---(n-(r-2)(n-(r-1))}{1.2.\quad 3.\quad ---(r-1).\quad r}$ Permutationen (§. 360. 2. Zuſ.) und dieſes iſt folglich der zum $(r+1)$ten Gliede gehörige Coefficient.

1. Zuſatz. Eben ſo würde man das $r$te Glied von $(a+b)^n$ gleich $\dfrac{n.n-1.n-2---(n-(r-2))}{1.2.\quad 3.\quad ---\quad(r-1)}a^{n-(r-1)}b^{r-1}$ finden.

Aus dieſem gefundenen allgemeinen Gliede kann man nun leicht jedes verlangte Glied einer jeden Potenz von einer zweytheiligen Größe finden. Auch ſieht man aus dem Beweiſe und aus dieſem Zuſatze, daß, wenn man den Coefficienten des $r$ten Gliedes $= R$ ſetzt, ſo iſt der Coefficient des $(r+1)$ten Gliedes $= R.$ $\dfrac{n-(r-1)}{r}$.

2. Zuſatz.

1,	2,	3,	4	---	r	---	n,	n+1
n+1,	n,	n—1,	n—2	---	n—(r—2)	---	2,	1

Die

Die obere Reihe iſt der Index der Glieder von $(a + b)^n$ von der Linken angezählt, die untere Reihe iſt jene umgekehrt geſchrieben. Daraus ſieht man nun, welche Glieder von beyden Enden angezählt, gleich weit abſtehen. So ſtehet z. B. das rte Glied von einem Ende eben ſo weit ab, als das $(n — (r — 2))$te vom andern Ende; alſo gehören zu Gliedern, die von den äußerſten gleich weit abſtehen, einerley Coefficienten. Dieſes ließe ſich ſchon daraus ſchließen, weil einerley herauskommen muß, ob man die Potenz von $(a + b)$ oder von $(b + a)$ macht, d. i. ob man die Reihe von $(a + b)^n$ vorwärts oder rückwärts lieſt.

3. Zuſatz. Das rte Glied von $(a + b)^n$ war
$$\frac{n.\,n—1.\,n—2.\cdot\cdot\,(n—(r—2))}{1.\quad 2.\quad 3\,\cdot\cdot\quad (r—1)} a^{n—(r—1)} b^{r—1}.$$
Setzt man $r = n + 2$, ſo erhält man das $(n+2)$te Glied gleich
$$\frac{n.\,n—1.\,n—2.\cdot\cdot\,(n—(n+2)—2))}{1.\quad 2.\quad 3.\quad\cdot\cdot\cdot\quad(n+1)} a^{n—(n+1)} b^{n+1}, \text{ bey wel-}$$
chem Gliede der Coefficient und alſo das Glied ſelbſt null iſt. Eben ſo verhält es ſich auch mit jedem noch folgenden Gliede denn ihr Coefficient iſt immer ein Product, von welchem der eine Factor der Coefficient des $(n + 2)$ten Gliedes iſt. So muß es auch ſeyn, denn es können, wenn n eine ganze poſitive Zahl iſt, nur $(n + 1)$ Glieder ſtatt finden.

4. Zuſatz. Jetzt will ich noch zeigen, wie man die nte Potenz von $(a + b)$ unter eine einfachere Geſtalt bringen kann, welche bey vielen Anwendungen bequemer iſt.

Wir haben nemlich gefunden, daß
$$(a + b)^n = a^n + \frac{n}{1}\cdot a^{n—1}b + \frac{n}{1}\cdot\frac{n—1}{2}\cdot a^{n—2}b^2 + \frac{n.\,n—1.}{1\quad 2}$$
$$\frac{n—2}{3}a^{n—3}b^3 + \frac{n}{1}\cdot\frac{n—1}{2}\cdot\frac{n—2}{3}\cdot\frac{n—3}{4}\cdot a^{n—4}b^4 \cdot\cdot\cdot$$

Dieſes iſt nun $= a^n + \frac{n}{1} a^n \cdot \frac{b}{a} + \frac{n}{1}\cdot\frac{n—1}{2}\cdot a^n \frac{b^2}{a^2} +$
$$\frac{n.\,n—1.\,n—2}{1.\quad 2.\quad 3.} a^n \frac{b^3}{a^3} + \frac{n.\,n—1.\,n—2.\,n—3}{1\quad 2\quad 3\quad 4}\cdot a^n \frac{b^4}{a^4} + \cdot\cdot\cdot$$

Man ſetze nun den Quotienten von $\frac{b}{a} = Q$, ſo iſt das

1ſte Glied $= a^n$	$=$ — — —	A
2te -- $= \frac{n}{1}A.\,Q$	$=$ — — —	B
3te -- $= \frac{n—1}{2}.\,B.\,Q$	$=$ — — —	C

das

das 4te Glied $= \frac{n-2}{3}$. C. Q $= \quad - \quad - \quad -$ D

5te $\cdot\cdot$ $= \frac{n-3}{4}$. D. Q $= \quad - \quad - \quad -$ E

6te $\cdot\cdot$ $= \frac{n-4}{5}$. E. Q. $= \quad - \quad - \quad -$ F

7te $\cdot\cdot$ $= \frac{n-5}{6}$. F. Q. $= \quad - \quad - \quad -$ G

u. f. f.

$$\text{also } (a+b)^n = A + \frac{n}{1}A. Q. + \frac{n-1}{2}. B. Q. + \frac{n-2}{3}. C. Q. + \frac{n-3}{4}. D. Q. + \cdots \text{''}$$

$$\text{Ferner } (a-b)^n = A - \frac{n}{1}A. Q. + \frac{n-1}{2}. B. Q. - \frac{n-2}{3}. C. Q. + \frac{n-3}{4}. D. Q. - \cdots$$

Hier werden nemlich alle Glieder negativ, worin ungerade Potenzen von b vorkommen, das wäre also hier das 2te, 4te, 6te Glied u. f. f.

Ist n gerade, so müssen, da $(n+1)$ Glieder da sind, $\frac{n}{2}$ Glieder auf jeder Seite des mittlern Gliedes liegen, und die von diesem gleich weit abstehende Glieder haben einerley Coefficienten.

Ist n ungerade, so ist die Zahl der Glieder $(n+1)$ gerade, daher alsdann $\frac{n+1}{2}$ Glieder vorwärts und rückwärts einerley Coefficienten haben.

§. 362.

Wollte man die gleiche Potenz von der Wurzel a — b nehmen, so darf man nur die Zeichen des 2ten, 4ten, 6ten Gliedes u. f. f. verändern, und man hat daher: $(a-b)^n = a^n - \frac{n}{1}a^{n-1}b + \frac{n}{1}.\frac{n-1}{2}.a^{n-2}b^2 - \frac{n}{1}.\frac{n-1}{2}.\frac{n-2}{3}a^{n-3}b^3 + \frac{n}{1}.\frac{n-1}{2}.\frac{n-2}{3}.\frac{n-3}{4}a^{n-4}b^4$ u. f. f.

1. Zusatz. Wenn der Exponent n eine gebrochene Zahl ist, so giebt es für $(a+b)^n$ kein letztes Glied.

O   Beweis.

Beweis. Denn wenn die Potenz aus einer bestimmten Anzahl von Gliedern bestehen soll; so ist nöthig, daß man bey wirklicher Bestimmung dieser Glieder (§. 361. 3.Zuf.) auf einen Coefficienten komme, der = o ist; welches aber bey dieser Voraussetzung nicht geschehen kann.

Man setze nemlich, der Coefficient des $(r+1)$ten Gliedes, also auch das Glied selbst sey gleich Null, so haben wir folgende Gleichung:

$$\frac{n.\overline{n-1}.\overline{n-2}\cdots(n-(r-2))(n-(r-1))}{1.\quad 2.\quad 3.\quad\cdots\cdot(r-1)\cdot\quad r} = o$$

mit $\dfrac{n.\overline{n-1}.\overline{n-2}\cdots(n-(r-2))}{1.\quad 2.\quad 3.\quad\cdots\cdot(r-1)\cdot r}$ dividirt, giebt

$$n-(r-1) = o,\text{ folglich } n = r-1.$$

Da nun r eine ganze Zahl seyn muß, so ist auch $r-1$ eine ganze Zahl, daher müßte auch n eine ganze Zahl seyn, welches wider die Voraussetzung ist.

2. Zusatz. Wenn man in der Formel $(a+b)^n = A + \frac{n}{1}\cdot A.Q + \frac{n-1}{2}\cdot B.Q + \frac{n-2}{3}\cdot C.Q \text{ --- überall statt}$

n die gebrochene Zahl $\frac{p}{q}$ setzt, so ist

$$a+b\frac{p}{q} = A + \frac{p}{q}A.Q + \frac{p-q}{2q}.B.Q + \frac{p-2q}{3q}C.Q + \frac{p-3q}{4q}.D.Q + \frac{p-4q}{5q}E.Q + \text{---}$$

3. Zusatz. Wir wollen diese Formeln mit einigen Beyspielen erläutern:

1) $(\frac{1}{2}x + 2y)^5$ zu bestimmen.

Hier ist $a = \frac{1}{2}x$; $Q = \frac{2y}{\frac{1}{2}x} = \frac{4y}{x}$, und $n = 5$; also ist nach §. 361. 4. Zuf.

$a^n = (\frac{1}{2}x)^5 = \frac{1}{32}x^5 =$ — — — A

$\frac{n}{1}\cdot A.Q = 5\cdot\frac{1}{32}x^5\cdot\frac{4y}{x} = \frac{5}{8}x^4y =$ — B

$\frac{n-1}{2}.B.Q = \frac{4}{2}\cdot\frac{5}{8}x\,y.\frac{4y}{x} = 5x^3y^2 =$ — C

$\frac{n-2}{3}.C.Q = 5.x^3y^2.\frac{4y}{x}\ 20x^2y^3 =$ — D

$\frac{n-3}{4}.D.Q = \frac{2}{4}.20x^2y^3.\frac{4y}{x} = 40xy^4 =$ — E

$$\frac{n-4}{5}$$

$\dfrac{n-4}{5}$. E. $Q = \frac{1}{5} . 40xy^4 . \frac{4y}{x} = .32y^5 =$ —   F

$\dfrac{n-5}{5}$. F. $Q = 0$.

Also ist $(\frac{1}{2}x + 2y)^5 = \frac{1}{32}x^5 + \frac{5}{8}x^4 + y\ 5x^3y^2 + 21x^2y^3 + 40xy^4 + 32y^5$.

II.) Man soll $\sqrt[10]{(1+x)^{10} . (1-x)}$ angeben.

Da $\sqrt[10]{(1+x)^{10}(1-x)} = (1+x)(1-x)^{\frac{1}{10}}$ ist, so muß man $(1-x)^{\frac{1}{10}}$ suchen, und es sodann mit $1+x$ multipliciren. Nun findet sich hier $a=1$; $Q = \frac{-x}{1} = -x$; $p=1$; $q=10$.

Für diese Werthe findet man nun die ersten Glieder von $(1-x)^{\frac{1}{10}}$ auf folgende Art, und man kann noch, so viel man will, Glieder davon auf gleiche Art bestimmen.

$a^{\frac{1}{10}} = 1 =$ —   —   A

$\dfrac{p}{q}$. A. $Q = \frac{1}{10} . -x = -\frac{1}{10}x =$ —   —   B

$\dfrac{p-q}{2q}$. B. $Q = \frac{-9}{20} . -\frac{1}{10}x . -x = \frac{-9x^2}{20 . 10} =$ —   C

$\dfrac{p-2q}{3q}$. C. $Q = \frac{-19}{30} . \frac{-9x^2}{20 . 10} . -x = \frac{-171 . x^3}{30 . 20 . 10} =$ D

$\dfrac{p-3q}{4q}$. D. $Q = \frac{-29}{40} . \frac{-171.x^3}{30.20.10} . -x = \frac{-4959.x^4}{40.30.20.10} =$ E

u. s. f.

Daher ist

$(1-x)^{\frac{1}{10}} = 1 - \frac{1}{10}x - \frac{9x^2}{200} - \frac{171x^3}{6000} - \frac{4959x^4}{240000} \ \text{---}$

Multiplicirt man nun dieses mit $1+x$, so findet man

$$(1+x)(1-x)^{\frac{1}{10}} = \begin{cases} 1 - \frac{1}{10}x - \frac{9x^2}{200} - \frac{171x^3}{6000} - \frac{4959x^4}{240000} \\[2mm] + x - \frac{1}{10}x^2 - \frac{9x^3}{200} - \frac{171x^4}{6000} \ \text{---} \end{cases}$$

$= 1 + \frac{9}{10}x - \frac{29x^2}{200} - \frac{147.x^3}{2000} - \frac{3933.x^4}{80000} \ \text{---}$

§. 363.

Diese Formeln dienen, um alle Arten von Wurzeln auszudrücken. Denn da wir gezeigt haben, wie die Wurzeln auf gebrochene Exponenten gebracht

O 2   werden

werden können, und daß $\overset{2}{r}a = a^{\frac{1}{2}}$, $\overset{3}{r}a = a^{\frac{1}{3}}$ und $\overset{4}{r}a = a^{\frac{1}{4}}$ u. s. f. so wird auch seyn:

$\overset{2}{r}a(a+b) = (a+b)^{\frac{1}{2}}$, $\overset{3}{r}(a+b) = (a+b)^{\frac{1}{3}}$ und $\overset{4}{r}(a+b) = (a+b)^{\frac{1}{4}}$ u. s. f.

Wir haben daher, um die Wurzel von a + b zu finden, nur nöthig, in der obigen allgemeinen Formel für den Exponenten n den Bruch $\frac{1}{2}$ zu setzen, daher wir erstlich für die Coefficienten bekommen werden:

$\frac{n}{1} = \frac{1}{2}$, $\frac{n-1}{2} = -\frac{1}{4}$, $\frac{n-2}{3} = -\frac{3}{6}$, $\frac{n-3}{4} = -\frac{5}{8}$, $\frac{n-4}{5} = -\frac{7}{10}$, $\frac{n-5}{6} = -\frac{9}{12}$. Hernach ist $a^n = a^{\frac{1}{2}}$ $= r a$ und $a^{n-1} = \frac{1}{ra}$, $a^{n-2} = \frac{1}{a\,r\,a}$, $a^{n-3} = \frac{1}{a^2 r a}$ u. s. f.

Oder man kann diese Potenzen von a auch so ausdrücken: $a^n = r a$, $a^{n-1} = \frac{r a}{a}$, $a_{n-2} = \frac{a^n}{a^2} = \frac{r a}{a^2}$, $a^{n-3} = \frac{a^n}{a^3} = \frac{r a}{a^3}$, $a^{n-4} = \frac{a^n}{a^4} = \frac{r a}{a^4}$ u. s. f.

§. 364.

Dieses vorausgesetzt, wird die Quadratwurzel aus a + b folgendergestalt ausgedrückt werden: $r(a+b) =$ $r a + \frac{1}{2}b\frac{r a}{a} - \frac{1}{2}\cdot\frac{1}{4}b^2\frac{r a}{a^2} + \frac{1}{2}\cdot\frac{1}{4}\cdot\frac{3}{6}b^3\frac{r a}{a^3} - \frac{1}{2}\cdot\frac{1}{4}\cdot\frac{3}{6}\cdot$ $\frac{5}{8}b^4\frac{r a}{a^4}$ u. s. f.

§. 365.

Wenn nun a eine Quadratzahl ist, so kann $r a$ angegeben, und also die Quadratwurzel aus a + b, ohne Wurzelzeichen durch eine unendliche Reihe ausgedrückt werden.

Also

Also wenn $a = c^2$, so ist $\sqrt{a} = c$, und man wird haben:

$$\sqrt{(c^2 + b)} = c + \tfrac{1}{2} \cdot \frac{b}{c} - \tfrac{1}{8} \cdot \frac{b^2}{c^3} + \tfrac{1}{16} \cdot \frac{b^3}{c^5} - \tfrac{5}{128} \cdot \frac{b^4}{c^7} \ \text{u. s. f.}$$

Hierdurch kann man aus einer jeden Zahl die Quadratwurzel ausziehen, weil sich eine jede Zahl in zwey Theile zertheilen läßt, wovon einer ein Quadrat ist, welcher durch c^2 angedeutet wird. Will man z. B. die Quadratwurzel von 6 haben, so setzt man $6 = 4 + 2$, und da wird $c^2 = 4$, also $c = 2$ und $b = 2$, daher bekommt man $\sqrt{6} = 2 + \tfrac{1}{2} - \tfrac{1}{16} + \tfrac{1}{64} - \tfrac{5}{1024}$ u. s. f. Nimmt man hiervon nur die zwey ersten Glieder, so bekommt man $2\tfrac{1}{2} = \tfrac{5}{2}$, wovon das Quadrat $\tfrac{25}{4}$ nur um $\tfrac{1}{4}$ größer ist als 6. Nimmt man drey Glieder, so hat man $2\tfrac{7}{16} = \tfrac{39}{16}$, wovon das Quadrat $\tfrac{1521}{256}$ nur um $\tfrac{15}{256}$ zu klein ist.

§. 366.

Bey eben diesem Exempel, weil $\tfrac{5}{2}$ der Wahrheit schon sehr nahe kommt, so kann man $6 = \tfrac{25}{4} - \tfrac{1}{4}$ setzen.

Also wird $c^2 = \tfrac{25}{4}$, $c = \tfrac{5}{2}$, $b = -\tfrac{1}{4}$, woraus wir nur die zwey ersten Glieder berechnen wollen, da denn $\sqrt{6} = \tfrac{5}{2} + \tfrac{1}{2} \cdot \dfrac{-\frac{1}{4}}{\frac{5}{2}} = \tfrac{5}{2} - \tfrac{1}{2} \cdot \dfrac{\frac{1}{4}}{\frac{5}{2}} = \tfrac{5}{2} - \tfrac{1}{20} = \tfrac{49}{20}$ herauskommt, wovon das Quadrat $\tfrac{2401}{400}$ nur um $\tfrac{1}{400}$ größer ist als 6.

Setzen wir nun $6 = \tfrac{2401}{400} - \tfrac{1}{400}$, so wird $c = \tfrac{49}{20}$ und $b = -\tfrac{1}{400}$. Hieraus wieder nur die zwey ersten Glieder genommen, geben $\sqrt{6} = \tfrac{49}{20} + \tfrac{1}{2} \cdot \dfrac{-\frac{1}{400}}{\frac{49}{20}} = \tfrac{49}{20} - \tfrac{1}{2} \cdot \dfrac{\frac{1}{400}}{\frac{49}{20}} = \tfrac{49}{20} - \tfrac{1}{1960} = \tfrac{4801}{1960}$, wovon das Quadrat $= \tfrac{23049601}{3841600}$. Nun aber ist $6 = \tfrac{23049600}{3841600}$, also ist der Fehler nur $\tfrac{1}{3841600}$.

D 3   §. 367.

§. 367.

Eben so kann man auch die Cubicwurzel aus a + b durch eine unendliche Reihe ausdrücken. Denn da $\sqrt[3]{(a+b)} = (a+b)^{\frac{1}{3}}$, so wird in unserer allgemeinen Formel $n = \frac{1}{3}$, und daher für die Coefficienten $\frac{n}{1} = \frac{1}{3}$, $\frac{n-1}{2} = -\frac{1}{3}$, $\frac{n-2}{3} = -\frac{5}{9}$, $\frac{n-3}{4} = -\frac{2}{3}$, $\frac{n-4}{5} = -\frac{11}{15}$ u. s. f.

Für die Potenzen von a aber ist $a^n = \sqrt[3]{a}$, $a^{n-1} = \frac{\sqrt[3]{a}}{a}$, $a^{n-2} = \frac{\sqrt[3]{a}}{a^2}$, $a^{n-3} = \frac{\sqrt[3]{a}}{a^3}$ u. s. f., daher erhalten

wir $\sqrt[3]{(a+b)} = \sqrt[3]{a} + \frac{1}{3}\cdot b\frac{\sqrt[3]{a}}{a} - \frac{1}{9}\cdot b^2\frac{\sqrt[3]{a}}{a^2} + \frac{5}{81}\cdot b^3\frac{\sqrt[3]{a}}{a^3} - \frac{10}{243}\cdot b^4\frac{\sqrt[3]{a}}{a^4}$ u. s. f.

§. 368.

Wenn also a ein Cubus, nemlich $a = c^3$, so wird $\sqrt[3]{a} = c$, und also fallen die Wurzelzeichen weg. Daher haben wir:

$$\sqrt[3]{(c^3+b)} = c + \frac{1}{3}\cdot\frac{b}{c^2} - \frac{1}{9}\cdot\frac{b^2}{c^5} + \frac{5}{81}\cdot\frac{b^3}{c^8} - \frac{10}{243}\cdot\frac{b^4}{c^{11}}$$ u. s. f.

§. 369.

Durch Hülfe dieser Formel kann man nun die Cubicwurzel von einer jeden Zahl durch Annäherung finden, weil sich eine jede Zahl in zwey Theile zertheilen läßt, wie $c^3 + b$, wovon der erste ein Cubus ist.

Also wenn man die Cubicwurzel von 2 verlangt, so setze man 2 = 1 + 1, und so wird c = 1, und b = 1,

folg-

folglich $\sqrt[3]{2} = 1 + \frac{1}{3} - \frac{1}{9} + \frac{5}{81}$ u. f. f., wovon
die zwey erſten Glieder $1\frac{1}{3} = \frac{4}{3}$ geben, deſſen Cubus
$\frac{64}{27}$ um $\frac{10}{27}$ zu groß iſt. Man ſetze daher $a = \frac{64}{27}$, ſo
wird $c = \frac{4}{3}$ und $b = -\frac{10}{27}$, und daher

$\sqrt[3]{2} = \frac{4}{3} + \frac{1}{2} \cdot \frac{-\frac{10}{27}}{\frac{16}{9}}$. Dieſe zwey Glieder geben $\frac{4}{3} - \frac{5}{72}$
$= \frac{91}{72}$, wovon der Cubus $\frac{753571}{373248}$ iſt. Nun aber iſt
$2 = \frac{746426}{373248}$, alſo iſt der Fehler $\frac{7075}{373248}$. Und ſol-
chergeſtalt kann man, wenn man will, immer näher
kommen, beſonders wenn man noch mehr Glieder
nehmen will.

Anmerk. Ich werde im Anhange noch einige hierher gehörige
Formeln mittheilen, welche in der Ausübung ſehr brauchbar ſind. Immer wird die hier gelehrte Näherung bequemer ſeyn, als die Arbeit der gewöhnlichen Rechenkunſt.

XIII. Capitel.

Von der Entwickelung der negativen Potenzen.

§. 370.

Es iſt oben gezeigt worden, daß $\frac{1}{a}$ durch a^{-1} ausgedrückt werden kann, daher wird auch $\frac{1}{a+b}$ durch
$(a+b)^{-1}$ ausgedrückt, ſo daß der Bruch $\frac{1}{a+b}$ als
eine Potenz von $a+b$, deren Exponent -1 iſt,
kann angeſehen werden: daher die oben gefundene
Reihe für $(a+b)^n$ auch für dieſen Fall gehört.

§. 371.

Da nun $\frac{1}{a+b}$ ſo viel iſt als $(a+b)^{-1}$, ſo ſetze
man in der oben gefundenen Formel $n = -1$, ſo
wird

wird man erstlich für die Coefficienten haben:
$\frac{n}{1} = -1$, $\frac{n-1}{1} = -1$, $\frac{n-2}{3} = -1$, $\frac{n-3}{4} = -1$,
$\frac{n-4}{5} = -1$ u. s. f. hernach für die Potenzen von a:
$a^n = a^{-1} = \frac{1}{a}$, $a^{n-1} = \frac{1}{a^2}$, $a^{n-2} = \frac{1}{a^3}$, $a^{n-3} = \frac{1}{a^4}$ u. s. f.

Daher erhalten wir $(a+b)^{-1} = \frac{1}{a+b} = \frac{1}{a} - \frac{1}{a^2}$
$+ \frac{b^2}{a^3} - \frac{b^3}{a^4} + \frac{b^4}{a^5} - \frac{b^5}{a^6}$ u. s. f., welches eben diejenige Reihe ist, die schon oben (§. 303.) durch die Division gefunden worden.

§. 372.

Da ferner $\frac{1}{(a+b)^2}$, so viel ist als $(a+b)^{-2}$, so kann auch diese Formel in eine unendliche Reihe aufgelöset werden.

Man setze nemlich $n = -2$, so hat man erstlich für die Coefficienten: $\frac{n}{1} = -\frac{2}{1}$, $\frac{n-1}{2} = -\frac{3}{2}$, $\frac{n-2}{3} = -\frac{4}{3}$, $\frac{n-3}{4} = -\frac{5}{4}$ u. s. f. und für die Potenzen von a hat man $a^n = \frac{1}{a^2}$, $a^{n-1} = \frac{1}{a^3}$, $a^{n-2} = \frac{1}{a^4}$, $a^{n-3} = \frac{1}{a^5}$ u. s. f. daher erhalten wir $(a+b)^{-2}$
$= \frac{1}{(a+b)^2} = \frac{1}{a^2} - \frac{2}{1} \cdot \frac{b}{a^3} + \frac{2}{1} \cdot \frac{3}{2} \frac{b^2}{a^4}, - \frac{2}{1} \cdot \frac{3}{2} \cdot \frac{4}{3} \frac{b^3}{a^5}$
$+ \frac{2}{1} \cdot \frac{3}{2} \cdot \frac{4}{3} \cdot \frac{5}{4} \cdot \frac{b^4}{a^6}$ u. s. f. Nun aber ist $\frac{2}{1} = 2$, $\frac{2}{1} \cdot \frac{3}{2} = 3$, $\frac{2}{1} \cdot \frac{3}{2} \cdot \frac{4}{3} = 4$, $\frac{2}{1} \cdot \frac{3}{2} \cdot \frac{4}{3} \cdot \frac{5}{4} = 5$ u. s. f. Also werden wir haben: $\frac{1}{(a+b)^2} = \frac{1}{a^2} - 2\frac{b}{a^3} + 3\frac{b^2}{a^4} - 4\frac{b^3}{a^5} + 5\frac{b^4}{a^6} - 6\frac{b^5}{a^7} + 7\frac{b^6}{a^8}$ u. s. f.

§. 373.

Setzen wir weiter $n = -3$, so bekommen wir eine Reihe für $(a+b)^{-3}$, das ist für $\frac{1}{(a+b)^3}$. Für die Coefficienten wird also seyn: $\frac{n}{1} = -\frac{3}{1}$, $\frac{n-1}{2} = -\frac{4}{2}$, $\frac{n-2}{3} = -\frac{5}{3}$, $\frac{n-3}{4} = -\frac{6}{4}$ u. s. f., für die Potenzen von a aber $a^n = \frac{1}{a^3}$, $a^{n-1} = \frac{1}{a^4}$, $a^{n-2} = \frac{1}{a^5}$ u. s. f. Hieraus erhalten wir $\frac{1}{(a+b)^3} = \frac{1}{a^3} - \frac{3}{1} \frac{b}{a^4} + \frac{3}{1}\cdot\frac{4}{2} \frac{b^2}{a^5} - \frac{3}{1}\cdot\frac{4}{2}\cdot\frac{5}{3} \frac{b^3}{a^6} + \frac{3}{1}\cdot\frac{4}{2}\cdot\frac{5}{3}\cdot\frac{6}{4} \frac{b^4}{a^7}$ u. s. f.

$$= \frac{1}{a^3} - 3\frac{b}{a^2} + 6\frac{b^2}{a^5} - 10\frac{b^3}{a^6} + 15\frac{b^4}{a^7} - 21\frac{b^5}{a^8} + 28\frac{b^6}{a^9} - 36\frac{b^7}{a^{10}} + 45\frac{b^8}{a^{11}} \text{ u. s. f.}$$

Wir wollen nun ferner annehmen $n = -4$, so haben wir für die Coefficienten: $\frac{n}{1} = -\frac{4}{1}$, $\frac{n-1}{2} = -\frac{5}{2}$, $\frac{n-2}{3} = -\frac{6}{3}$, $\frac{n-3}{4} = -\frac{7}{4}$ u. s. f. Für die Potenzen von a aber $a^n = \frac{1}{a^4}$, $a^{n-1} = \frac{1}{a^5}$, $a^{n-2} = \frac{1}{a^6}$, $a^{n-3} = \frac{1}{a^7}$, $a^{n-4} = \frac{1}{a^8}$ u. s. f., woraus gefunden wird: $\frac{1}{(a+b)^4} = \frac{1}{a^4} - \frac{4}{1} \frac{b}{a^5} + \frac{4}{1}\cdot\frac{5}{2} \frac{b^2}{a^6} - \frac{4}{1}\cdot\frac{5}{2}\cdot\frac{6}{3} \frac{b^3}{a^7} + \frac{4}{1}\cdot\frac{5}{2}\cdot\frac{6}{3}\cdot\frac{7}{4} \frac{b^4}{a^6}$ u. s. f. $= \frac{1}{a^4} - 4\frac{b}{a^5} + 10\frac{b^2}{a^6} - 20\frac{b^3}{a^7} + 35\frac{b^4}{a^8} - 56\frac{b^5}{a^9}$ u. s. f.

§. 374.

Hieraus können wir nun ſicher ſchließen, daß man für eine jede dergleichen negative Potenz auf eine allgemeine Art haben werde:

$$\frac{1}{(a+b)^m} = \frac{1}{a^m} - \frac{m}{1} \cdot \frac{b}{a^{m+1}} + \frac{m}{1} \cdot \frac{m+1}{2} \frac{b^2}{a^{m+2}} - \frac{m}{1} \cdot$$
$$\frac{m+1}{2} \cdot \frac{m+2}{3} \frac{b^3}{a^{m+3}} \quad \text{u. ſ. f.}$$

Aus welcher Formel nun alle dergleichen Brüche in unendliche Reihen verwandelt werden, wo man auch ſogar für m Brüche annehmen kann, um irrationale Formen auszudrücken.

1. Zuſatz. Wenn bey $(a+b)^n$ der Exponent n negativ iſt, ſo giebt es kein letztes Glied für die Potenz.

Beweis. Es müßte, wie in §. 362. 1. Zuſatz, das $(r+1)$te Glied Null ſeyn, nemlich

$$\frac{n . n-1 . n-2 . \;----\; (n-(r-2))(n-(r-1))}{1 . 2 . 3 . \;----\; (r-1) . r} = 0$$

alſo $n-(r-1)=0$, folglich $n=r-1$.

Da aber der Vorausſetzung gemäß n negativ iſt, ſo haben wir

$$\begin{aligned} -n &= r-1 \\ +n &= +n \\ \hline 0 &= n+r-1, \end{aligned}$$

welches ungereimt iſt.

Dieſes erhellet freylich auch ſchon ſo: $a+b)^{-n} = \dfrac{1}{(a+b)^n}$, aber $\dfrac{1}{a+b}$ giebt eine unendliche Reihe, wie man im 5ten Cap. des II. Abſchnitts geſehen hat, daher auch $\left(\dfrac{1}{a+b}\right)^n = \dfrac{1}{(a+b)^n}$ eine Reihe von unendlich viel Glieder geben wird.

2. Zuſatz. Da $(a+b)^{-n} = a^{-n}\left(1+\dfrac{b}{a}\right)^{-n}$, ſo ſetze man $\dfrac{b}{a} = y$ und $\dfrac{y}{1+y} = z$, alſo $\dfrac{\frac{b}{a}}{1+\frac{b}{a}} = \dfrac{b}{a+b} = z$; ferner folgt aus

$\dfrac{y}{1+y} = z$, daß $y = z + zy$ und $y - zy = z$, oder $y(1-z)$
$\qquad\qquad = z.$

$=z.$ Daher $y = \dfrac{z}{1-z}$ und $1 + y = 1 + \dfrac{z}{1-z} = \dfrac{1-z+z}{1-z} =$

$\dfrac{1}{1-z}$ und $(1+y)^{-n} = \dfrac{1}{(1-z)^{-n}} = (1-z)^n.$

Nun ist $(1-z)^n = 1 - \dfrac{n}{1} \cdot z + \dfrac{n.n-1}{1.\,2} z^2 - \dfrac{n.\,n-1.\,n-2}{1.\ 2.\ 3}$

$z^3 + \dfrac{n.\,n-1.\,n-2.\,n-3}{1.\ 2.\ 3.\ 4} z^4 - - -$

In dieser Reihe setze man statt z seinen ihm gleichen Werth $\dfrac{b}{a+b}$ und multiplicire jedes Glied mit $a^{-n} = \dfrac{1}{a^n}$; so erhält man

$(a+b)^{-n} = a^{-n}\left(1+\dfrac{b}{a}\right)^{-n} = \dfrac{1}{a^n}\left(1+\dfrac{b}{a}\right)^{-n} = \dfrac{1}{a^n}(1+y)^{-n}$

$= \dfrac{1}{a^n}(1-z)^n = \dfrac{1}{a^n} - \dfrac{n}{1}\cdot\dfrac{b}{a^n(a+b)} + \dfrac{n.\,n-1.}{1.\ 2.}\cdot\dfrac{b^2}{a^n(a+b)^2} -$

$\dfrac{n.\,n-1.\,n-2}{1.\ 2.\ 3.}\cdot\dfrac{b^3}{a^n(a+b)^3} + - - -$

Diese Reihe bricht ab, wenn $-n$ eine ganze verneinte Zahl ist. Dieses scheint dem obigen Satz zu widersprechen, worin ausdrücklich gesagt wird, daß für $-n$ kein letztes Glied statt findet, d. i. die Reihe unendlich ist.

Mit diesem Widerspruch verhält es sich so: durch geschickte Substitution erhielten wir oben $(a+b)^{-n} = \dfrac{1}{a^n}\left(1-\dfrac{b}{a+b}\right)^n.$

Was hier linker Hand der Gleichung stehet, giebt eine unendliche, was rechter Hand stehet, eine endliche Reihe. Ueberdem ist bewiesen, daß für $-n$ nie eine endliche Reihe entstehen kann; dieses läßt schon vermuthen, daß der Grund in der Substitution liegen muß; wir haben nemlich $\dfrac{y}{1+y} = z$ gesetzt, also läßt sich $z =$

$\dfrac{b}{a+b}$ durch $y = \dfrac{a}{b}$ nicht anders als durch eine unendliche Reihe ausdrücken. Das Unendliche in $(a+b)^{-n}$ wird also durch $\dfrac{1}{a^n}(1-z)^n = \dfrac{1}{a^n}\left(1-\dfrac{b}{a+b}\right)^n$ nicht aufgehoben, sondern nur versteckt.

Anmerk. Der für $(a+b)^n$ aus der Combinationslehre hergeleitete Beweis gilt nur, wenn n eine ganze positive Zahl ist. Daß aber dieser Satz auch für gebrochene, negative, irrationale und unmögliche Größen wahr ist, bedarf einer weitläuftigern Rechtfertigung, die wenigstens an diesem Orte nicht mitgetheilt werden kann.

§. 375.

§. 375.

Zu mehrerer Erläuterung wollen wir noch folgendes anführen: da wir gefunden haben, daß

$$\frac{1}{a+b} = \frac{1}{a} - \frac{b}{a^2} + \frac{b^2}{a^3} - \frac{b^3}{a^4} + \frac{b^4}{a^5} - \frac{b^5}{a^6} \text{ u. s. f.}$$

so wollen wir diese Reihe mit a + b multipliciren, weil alsdann die Zahl 1 herauskommen muß. Die Multiplication wird aber also zu stehen kommen:

$$\frac{1}{a} - \frac{b}{a^2} + \frac{b^2}{a^3} - \frac{b^3}{a^4} + \frac{b^4}{a^5} - \frac{b^5}{a^6} \text{ u. s. f.}$$

$$a + b$$

$$1 - \frac{b}{a} + \frac{b^2}{a^2} - \frac{b^3}{a^3} + \frac{b^4}{a^4} - \frac{b^5}{a^5} \text{ u. s. f.}$$

$$+ \frac{b}{a} - \frac{b^2}{a^2} + \frac{b^3}{a^3} - \frac{b^4}{a^4} + \frac{b^5}{a^5} \text{ u. s. f.}$$

Product 1, wie nothwendig folgen muß.

§. 376.

Da wir ferner gefunden haben: $\frac{1}{(a+b)^2} = \frac{1}{a^2} - \frac{2b}{a^3} + \frac{3b^2}{a^4} - \frac{4b^3}{a^5} + \frac{5b^4}{a^6} - \frac{6b^5}{a^7}$ u. s. f., so muß, wenn man diese Reihe mit $(a+b)^2$ multiplicirt, ebenfalls 1 herauskommen. Es ist aber $(a+b)^2 = a^2 + 2ab + b^2$ und die Multiplication wird also zu stehen kommen:

$$\frac{1}{a^2} - \frac{2b}{a^3} + \frac{3b^2}{a^4} - \frac{4b^3}{a^5} + \frac{5b^4}{a^6} - \frac{6b^5}{a^7} \text{ u. s. f.}$$

$$a^2 + 2ab + b^2$$

$$1 - \frac{2b}{a} + \frac{3b^2}{a^2} - \frac{4b^3}{a^3} + \frac{5b^4}{a^4} - \frac{6b^5}{a^5} \text{ u. s. f.}$$

$$+ \frac{2b}{a} - \frac{4b^2}{a^2} + \frac{6b^3}{a^3} - \frac{8b^4}{a^4} + \frac{10b^5}{a^5} \text{ u. s. f.}$$

$$+ \frac{b^2}{a^2} - \frac{2b^3}{a^3} + \frac{3b^4}{a^4} - \frac{4b^5}{a^5} \text{ u. s. f.}$$

Product 1, wie die Natur der Sache erfordert.

§. 377.

§. 377.

Sollte man aber diese für $\frac{1}{(a+b)^2}$ gefundene

Reihe nur mit $a+b$ multipliciren, so müßte $\frac{1}{a+b}$ herauskommen, oder die für diesen Bruch oben ge= fundene Reihe $\frac{1}{a} - \frac{b}{a^2} + \frac{b^2}{a^3} - \frac{b^3}{a^4} + \frac{b^4}{a^5} + \frac{b^5}{a^6}$

u. s. f. welches auch die folgende Multiplication be= stätigen wird.

$$\frac{1}{a^2} - \frac{2b}{a^3} + \frac{3b^2}{a^4} - \frac{4b^3}{a^4} + \frac{5b^4}{a^6} \text{ u. s. f.}$$

$$a + b$$

$$\frac{1}{a} - \frac{2b}{a^2} + \frac{3b^2}{a^3} - \frac{4b^3}{a^4} + \frac{5b^4}{a^5} \text{ u. s. f.}$$

$$+ \frac{b}{a^2} - \frac{2b^2}{a^3} + \frac{3b^3}{a^4} - \frac{4b^4}{a^5} \text{ u. s. f.}$$

$$\frac{1}{a} - \frac{b}{a^2} + \frac{b^2}{a^3} - \frac{b^3}{a^4} + \frac{b^4}{a^5} \text{ u. s. f.}$$

Ende des zweyten Abschnitts.

Des

Des

Ersten Theils
Dritter Abschnitt.

———

Von

den Verhältnissen und Proportionen.

Des

Ersten Theils
Dritter Abschnitt.

Von den Verhältnissen und Proportionen.

I. Capitel.
Von den arithmetischen Verhältnissen, oder von dem Unterschiede zwischen zwey Zahlen.

§. 378.

Zwey Größen sind entweder einander gleich, oder ungleich. Im letztern Fall ist eine großer als die andere, und wenn man nach ihrer Ungleichheit fragt, so kann dies auf zweyerley Weise geschehen; man fragt entweder, um wie viel die eine größer sey, als die andere? oder man fragt, wie vielmal die eine größer sey als die andere? Beyde Bestimmungen werden ein Verhältniß genannt, und zwar die erstere ein arithmetisches, die letztere aber ein geometrisches Verhältniß. Diese Benennungen stehen aber mit der Sache selbst in gar keiner Verbindung, sondern sind willkührlich eingeführt worden.

§. 379.

Es versteht sich hievon selbst, daß die Größen von einerley Art seyn müssen, weil sonst nichts über

P.   ihre

ihre Gleichheit oder Ungleichheit beſtimmt werden
kann. Denn es würde ungereimt ſeyn, wenn einer
z. B. fragen wollte, ob 2 ℔ und 3 Ellen einander
gleich oder ungleich wären? Daher iſt hier jedesmal
von Größen einerley Art die Rede, und da ſich dieſelben immer durch Zahlen anzeigen laſſen, ſo wird,
wie ſchon anfänglich geſagt worden, hier nur von
bloßen Zahlen gehandelt.

§. 380.

Wenn alſo von zwey Zahlen gefragt wird, um
wie viel die eine größer ſey als die andere, ſo wird
durch die Antwort ihr arithmetiſches Verhältniß beſtimmt. Da nun dies geſchiehet, wenn man den
Unterſchied zwiſchen den beyden Zahlen anzeigt, ſo
iſt ein arithmetiſches Verhältniß nichts
anders, als der Unterſchied zwiſchen zwey
Zahlen. Dieſes letztere Wort (Unterſchied) wird
aber hier häufiger gebraucht, ſo daß das Wort Verhältniß nur bey den ſogenannten geometriſchen Verhältniſſen beybehalten wird.

§. 381.

Der Unterſchied zwiſchen zweyen Zahlen wird
aber gefunden, wenn man die kleinere von der größern ſubtrahirt und dadurch erhält man die Antwort
auf die Frage, um wie viel die eine größer ſey als die
andere. Wenn alſo die beyden Zahlen einander gleich
ſind, ſo iſt der Unterſchied nichts oder Null, und
wenn man fragt, um wie viel die eine größer ſey als
die andere? ſo muß man antworten, um nichts. Da
z. B. 6 = 2 . 3, ſo iſt der Unterſchied zwiſchen 6 und
2 . 3 nichts.

§. 382.

Sind aber die beyden Zahlen ungleich, als 5 und
3 und man fragt, um wie viel 5 größer ſey als 3, ſo
iſt

ist die Antwort: um 2; welches man findet, wenn
man 3 von 5 subtrahirt. Eben so ist 15 um 5
größer als 10, und 20 ist um 8 größer als 12.

§. 383.

Hier ist also dreyerley zu betrachten: erstlich die
größere Zahl, zweytens die kleinere, und drittens der
Unterschied, welche drey Dinge unter sich eine solche
Verbindung haben, daß man immer aus zwey derselben das dritte finden kann. Es sey die größere
Zahl = a, die kleinere = b, und der Unterschied,
welcher auch die Differenz genannt wird, = d;
so wird der Unterschied d gefunden, wenn man b von
a subtrahirt, so daß d = a — b; woraus erhellet,
wie man d finden soll, wenn a und b gegeben sind.

§. 384.

Wenn aber die kleinere Zahl b, nebst dem Unterschied d gegeben ist, so wird die größere daraus gefunden, wenn man den Unterschied zu der kleinern
Zahl addirt; daher bekommt man die größere a = b
+ d. Denn wenn man von b + d die kleinere b abzieht, so bleibt d übrig, welches der gegebene Unterschied ist. Gesetzt die kleinere Zahl sey 12 und der
Unterschied 8, so wird die größere = 20 seyn.

§. 385.

Wenn aber die größere Zahl a nebst dem Unterschied d gegeben ist, so wird die kleinere b gefunden,
wenn man den Unterschied von der größern Zahl subtrahirt. Daher bekommt man b = a — d. Denn
wenn man diese Zahl a — d von der größern a subtrahirt, so bleibt d übrig, welches der gegebene Unterschied ist.

§. 386.

Diese drey Zahlen a, b, d sind also dergestalt mit
einander verbunden, daß man daraus die drey folgen-

den

den Bestimmungen erhält. : Erstens hat man $d=a$ — b, 2tens $a = b + d$, und 3tens $b = a — d$, und wenn von diesen drey Vergleichungen eine richtig ist, so sind auch die beyden andern nothwendig richtig. Wenn daher überhaupt $z = x + y$, so ist auch nothwendig $y = z — x$ und $x = z — y$.

§. 387.

Bey einem solchen arithmetischen Verhältniß ist zu merken, daß, wenn zu den beyden Zahlen a und b eine beliebige Zahl c entweder addirt, oder davon subtrahirt wird, der Unterschied eben derselbe bleibet. Also wenn d der Unterschied zwischen a und b ist, so ist auch d der Unterschied zwischen den beyden Zahlen $a + c$ und $b + c$, und auch zwischen $a — c$ und $b — c$. Da z. B. zwischen diesen Zahlen 20 und 12 der Unterschied 8 ist, so bleibt auch dieser Unterschied, wenn man zu denselben Zahlen 20 und 12 eine Zahl nach Belieben entweder addirt oder davon subtrahirt.

§. 388.

Der Beweis hievon ist offenbar. Denn wenn $a — b = d$, so ist auch $(a + c) — (b + c) = d$. Eben so wird auch $(a — c) — (b — c) = d$ seyn.

§. 389.

Wenn die beyden Zahlen a und b verdoppelt werden, so wird auch der Unterschied zweymal so groß. Wenn also $a — b = d$, so wird $2a — 2b = 2d$ seyn; und allgemein wird man $na — nb = nd$ haben, was man auch immer für eine Zahl für n annimmt.

II. Ca=

II. Capitel.

Von den arithmetischen Proportionen.

§. 390.

Wenn zwey arithmetische Verhältnisse einander gleich sind, so wird die Gleichheit derselben eine arithmetische Proportion genannt.

Also wenn a — b = d und auch p — q = d, so daß der Unterschied zwischen den Zahlen p und q eben so groß ist, als zwischen den Zahlen a und b; so machen diese vier Zahlen eine arithmetische Proportion aus, welche also geschrieben wird a — b = p — q, wodurch angezeigt wird, daß der Unterschied zwischen a und b eben so groß sey, als zwischen p und q.

§. 391.

Eine arithmetische Proportion besteht daher aus vier Gliedern, welche so beschaffen seyn müssen, daß, wenn man das zweyte von dem ersten subtrahirt, eben so viel übrig bleibt, als wenn man das vierte von dem dritten abzieht. Also machen diese Zahlen 12, 7, 9, 4, eine arithmetische Proportion aus, weil 12 — 7 = 9 — 4.

§. 392.

Wenn man eine arithmetische Proportion hat, als a — b = p — q, so lassen sich darin das zweyte und dritte Glied verwechseln und es wird auch a — p = b — q seyn. Denn da a — b = p — q, so addire man erstlich beyderseits b, und so hat man a = b + p — q. Hernach subtrahire man beyderseits p, so bekommt man a — p = b — q.

Da also 12 — 7 = 9 — 4, so ist auch 12 — 9 = 7 — 4.

P 3

§. 393.

§. 393.

In einer jeden arithmetischen Proportion kann man auch das erste Glied mit dem zweyten und zugleich das dritte mit dem vierten verwechseln. Denn wenn $a - b = p - q$, so ist auch $b - a = q - p$. Denn $b - a$ ist das Negative von $a - b$ und eben so ist auch $q - p$ das Negative von $p - q$. Da nun $12 - 7 = 9 - 4$, so ist auch $7 - 12 = 4 - 9$.

§. 394.

Besonders aber ist bey einer jeden arithmetischen Proportion diese Haupteigenschaft wohl zu bemerken, daß die Summe des zweyten und dritten Gliedes immer eben so groß sey, als die Summe des ersten und vierten Gliedes, welchen Satz einige auch so ausdrücken: die Summe der mittlern Glieder ist allezeit so groß, als die Summe der äußern. Also da $12 - 7 = 9 - 4$, so ist $7 + 9 = 12 + 4$, denn jedes macht 16.

§. 395.

Um diese Haupteigenschaft zu beweisen, so sey $a - b = p - q$: man addire beyderseits $b + q$, so bekommt man $a + q = b + p$, das ist, die Summe des ersten und vierten Gliedes ist gleich der Summe des zweyten und dritten. Hieraus erhellt auch umgekehrt folgender Satz, wenn vier Zahlen, als a, b, p, q, so beschaffen sind, daß die Summe der zweyten und dritten so groß ist, als die Summe der ersten und vierten, nemlich daß $b + p = a + q$, so sind diese Zahlen gewiß in einer arithmetischen Proportion, und es wird $a - b = p - q$ seyn. Denn da $a + q = b + p$, so subtrahire man beyderseits $b + q$, und so bekommt man $a - b = p - q$.

Da

Da nun die Zahlen 18, 13, 15, 10, ſo beſchaffen ſind, daß die Summe der mittlern 13 + 15 = 28 =
der Summe der äußern 18 + 10 iſt, ſo ſind dieſelben
auch gewiß in einer arithmetiſchen Proportion und
folglich 18 — 13 = 15 — 10.

§. 396.

Aus dieſer Eigenſchaft kann man leicht folgende
Frage auflöſen: wenn von einer arithmetiſchen Proportion die drey erſten Glieder
gegeben ſind, wie ſoll man daraus das
vierte finden? Es ſeyen die drey erſten Glieder
a, b, p und für das vierte, welches gefunden werden
ſoll, ſchreibe man q, ſo hat man a + q = b + p. Nun
ſubtrahire man beyderſeits a, ſo bekommt man q = b
+ p — a.   Alſo wird das vierte Glied gefunden,
wenn man das zweyte und dritte zuſammen addirt und von der Summe das
erſte ſubtrahirt.   Es ſeyen z. B. 19, 28, 13
die drey erſten Glieder, ſo iſt die Summe des zweyten und dritten = 41, davon das erſte 19 ſubtrahirt,
bleibt 22 für das vierte Glied, und die arithmetiſche
Proportion wird 19 — 28 = 13 — 22, oder 28 —
19 = 22 — 13, oder 28 — 22 = 19 — 13 ſeyn.

§. 397.

Wenn in einer arithmetiſchen Proportion das
zweyte Glied dem dritten gleich iſt, ſo hat man nur
drey Zahlen, welche alſo beſchaffen ſind, daß die erſte
weniger der andern ſo groß iſt, als die andere weniger der dritten, oder daß der Unterſchied zwiſchen der
erſten und andern ſo groß iſt, als der Unterſchied
zwiſchen der andern und dritten. Solche 3 Zahlen
ſind 19, 15, 11, weil 19 — 15 = 15 — 11. Dergleichen Proportionen werden ſtetige genannt, da
man

man hingegen diejenigen, wo die mittlern Glieder ungleich sind, wie bey den vorigen Beyspielen, un= stetige Proportionen zu nennen pflegt.

§. 398.

Drey solche Zahlen schreiten in einer arithmeti= schen Progression fort, welche entweder steigt, wenn die zweyte um so viel die erste übersteigt, als die dritte die andere, wie in diesem Exempel 4, 7, 10, oder fällt, wenn die Zahlen um gleich viel kleiner werden als 9, 5, 1.

§. 399.

Es seyen die Zahlen a, b, c in einer arithmetischen Progression, so muß a — b = b — c seyn; hieraus fol= get, bey der Gleichung der mittlern und äußern Summe, $2b = a + c$. Nimmt man auf beyden Sei= ten a weg; so bekommt man $c = 2b — a$.

§. 400.

Wenn also von einer stetigen arithmetischen Pro= portion die zwey ersten Glieder gegeben sind, als a und b, so wird daraus das dritte gefunden, wenn man das zweyte verdoppelt und davon das erste subtrahirt. Es seyen 1 und drei die zwei ersten Glieder einer steti= gen arithmetischen Proportion, so wird das dritte $= 2 . 3 — 1 = 5$ seyn, und aus den Zahlen 1, 3, 5 hat man diese Proportion $1 — 3 = 3 — 5$.

Zusatz. Da nach §. 399. in einer stetigen arithmetischen Proportion $2b = a + c$ ist, so findet man $b = \frac{a+c}{2}$, das heißt, die mittlere arithmetische Proportionalzahl, wird ge= funden, wenn man die Summe aus dem ersten und letzten Gliede halbirt. Z. B. es sey 8 das erste und 14 das letzte Glied, so ist das mittlere $= \frac{8+14}{2} = 4 + 7 = 11$, und wirklich ist $8 — 11 = 11 — 14$.

§. 401.

§. 401.

Man kann nach der Regel des vorhergehenden §. weiter fortschreiten, und wie man aus dem ersten und zweyten Gliede das dritte gefunden hat, so kann man aus dem zweyten und dritten das vierte u. s. f. finden, und solchergestalt die arithmetische Progreßion fortsetzen so weit man will. Es sey a das erste Glied und b das zweyte, so wird das dritte $= 2b - a$; das vierte $= 4b - 2a - b = 3b - 2a$; das fünfte $6b - 4a - 2b + a = 4b - 3a$; das sechste $= 8b - 6a - 3b + 2a = 5b - 4a$; das siebente $= 10b - 8a - 4b + 3a = 6b - 5a$ u. s. f. das nte $= (n - 1)b - (n - 2)a$.

III. Capitel.

Von den arithmetischen Progreßionen.

§. 402.

Eine Reihe Zahlen, welche immer um gleich viel wachsen oder abnehmen, aus so viel Gliedern dieselbe auch immer bestehen mag, wird eine arithmetische Progreßion genannt.

Also machen die natürlichen Zahlen der Ordnung nach geschrieben, als 1, 2, 3, 4, 5, 6, 7, 8, 9, 10 u. s. f. eine arithmetische Progreßion, weil dieselben immer um eins steigen und diese Reihe, als 25, 22, 19, 16, 13, 10, 7, 4, 1 u. s. f. ist auch eine arithmetische Progreßion, weil diese Zahlen immer um 3 abnehmen.

§. 403.

Die Zahl, um welche die Glieder einer arithmetischen Progreßion größer oder kleiner werden, wird

P 5　　　　　　　　　die

die Differenz oder der Unterschied genannt. Wenn also das erste Glied nebst der Differenz gegeben ist, so kann man die arithmetische Progression so weit man will, fortsetzen. Es sey z. B. das erste Glied $= 2$ und die Differenz $= 3$, so wird die steigende Progression seyn:

2, 5, 8, 11, 14, 17, 20, 23, 26, 29 u. s. f. wo ein jedes Glied gefunden wird, wenn man zu dem vorhergehenden, die Differenz addirt.

§. 404.

Man pflegt über die Glieder einer solchen arithmetischen Progression die natürlichen Zahlen 1, 2, 3 u. s. f. zu schreiben, damit man sogleich sehen könne, das wievielste Glied ein jegliches sey, und die so darüber geschriebene Zahlen werden Zeiger oder Indices genannt. Das obige Exempel kommt daher also zu stehen:

Zeiger 1, 2, 3, 4, 5, 6, 7, 8, 9, 10.
arith. Prog. 2, 5, 8, 11, 14, 17, 20, 23, 26, 29 u. s. f. woraus man sieht, das 29 das 10te Glied ist.

§. 405.

Es sey a das erste Glied und d die Differenz, so wird die arithmetische Progression folgende seyn:

1, 2, 3, 4, 5, 6, 7, 8,
$a, a+d, a+2d, a+3d, a+4d, a+5d, a+6d, a+7d$ u. s. f. Hieraus kann man sogleich ein jedes Glied finden, ohne daß man erst alle vorhergehende zu wissen braucht, und dieses allein aus dem ersten Gliede a und der Differenz d. Also wird z. B. das 10te Glied seyn $= a+9d$, das 100te $= a+99d$, und auf eine allgemeine Art wird das nte Glied seyn: $a+(n-1)d$.

§. 406.

Wenn die arithmetische Progression irgendwo abgebrochen wird, so muß man vorzüglich das erste

und

und das letzte Glied merken, und der Zeiger des letzten wird die Anzahl der Glieder anzeigen. Wenn
also das erſte Glied $= a$, die Differenz $= d$ und die
Anzahl der Glieder $= n$, ſo iſt das letzte Glied $= a +$
$(n - 1) d$. Dies wird alſo gefunden, wenn man
die Differenz mit 1 weniger als die Anzahl der Glieder multiplicirt, und dazu
das erſte Glied addirt. Man habe z. B. eine
arithmetiſche Progreſſion von 100 Gliedern, wovon
das erſte $= 4$ und die Differenz $= 3$, ſo wird das
letzte Glied $99 . 3 + 4 = 301$ ſeyn.

§. 407.

Hat man das erſte Glied $= a$ und das letzte $= z$,
nebſt der Anzahl der Glieder $= n$, ſo kann man daraus die Differenz $= d$ finden. Denn da das letzte
Glied $z = a + (n - 1) d$ iſt, ſo hat man, wenn man
auf beyden Seiten ſubtrahirt, $z - a = (n - 1) d$.
Wenn man alſo von dem letzten Gliede das erſte ſubtrahirt, ſo hat man die Differenz mit 1 weniger als
die Anzahl der Glieder multiplicirt; oder $z - a$ iſt
das Product von $(n - 1)$ in d. Man darf alſo nur
$z - a$ durch $n - 1$ dividiren, ſo bekommt man die
Differenz $d = \dfrac{z - a}{n - 1}$, woraus ſich dieſe Regel ergiebt:
man ſubtrahirt vom letzten Gliede das
erſte, den Reſt theilt man durch die Anzahl der Glieder weniger eins, ſo bekommt man die Differenz; woraus man
hernach die ganze Progreſſion beſtimmen kann.

§. 408.

Es hat z. B. einer eine arithmetiſche Progreſſion von 9 Gliedern, wovon das erſte Glied 2 und
das letzte 26 iſt, und von welcher die Differenz geſucht

sucht werden soll. Man muß also das erste Glied 2 von dem letzten 26 subtrahiren und den Rest 24 durch 9 — 1, das ist durch 8 dividiren, so bekommt man die Differenz = 3, und die Progression selbst wird seyn:

$$1, 2, 3, 4, 5, 6, 7, 8, 9.$$
$$2, 5, 8, 11, 14, 17, 20, 23, 26.$$

Um ein anderes Beyspiel zu geben, so sey das erste Glied 1, das letzte 2, und die Anzahl der Glieder 10, wovon die arithmetische Progression verlangt wird. Hier bekommt man zur Differenz $\frac{2-1}{10-1} = \frac{1}{9}$, und die verlangte Progression wird seyn:

$$1, 2, 3, 4, 5, 6, 7, 8, 9, 10.$$
$$1, 1\tfrac{1}{9}, 1\tfrac{2}{9}, 1\tfrac{3}{9}, 1\tfrac{4}{9}, 1\tfrac{5}{9}, 1\tfrac{6}{9}, 1\tfrac{7}{9}, 1\tfrac{8}{9}, 2.$$

Noch ein Beyspiel. Es sey das erste Glied $2\tfrac{1}{3}$, das letzte $12\tfrac{1}{2}$ und die Anzahl der Glieder 7. Hieraus erhält man die Differenz $\frac{12\tfrac{1}{2} - 2\tfrac{1}{3}}{7-1} = \frac{10\tfrac{1}{6}}{6} = \frac{6\tfrac{1}{8}}{3\tfrac{1}{6}} = 1\tfrac{25}{36}$, folglich wird die Progression seyn:

$$1, 2, 3, 4, 5, 6, 7.$$
$$2\tfrac{1}{3}, 4\tfrac{1}{36}, 5\tfrac{13}{18}, 7\tfrac{5}{12}, 9\tfrac{1}{9}, 10\tfrac{29}{36}, 12\tfrac{1}{2}.$$

§. 409.

Wenn ferner das erste Glied a und das letzte z, mit der Differenz d gegeben ist, so kann man daraus die Anzahl der Glieder n finden. Denn da z — a = (n — 1) d, so dividire man beyderseits mit d und da bekommt man $\frac{z-a}{d} = n - 1$. Da nun n um eins größer ist als n — 1, so wird n $= \frac{z-a}{d} + 1$, folglich findet man die Anzahl der Glieder, wenn man den Unterschied zwischen dem ersten und letzten Gliede z — a durch die Differenz dividirt und zum Quotienten $\frac{z-a}{d}$ noch eins addirt.

Es

Es sey z.B. das erste Glied $= 4$, das letzte $= 100$, und die Differenz $= 12$, so wird die Anzahl der Glieder seyn $\frac{100-4}{12} + 1 = 9$, und diese neun Glieder sind folgende:

$$1, \quad 2, \quad 3, \quad 4, \quad 5, \quad 6, \quad 7, \quad 8, \quad 9.$$
$$4, \quad 16, \quad 28, \quad 40, \quad 52, \quad 64, \quad 76, \quad 88, \quad 100.$$

Es sey das erste Glied $= 2$, das letzte $= 6$, und die Differenz $= 1\frac{1}{3}$, so wird die Anzahl der Glieder seyn $\frac{4}{1\frac{1}{3}} + 1 = 4$, und diese vier Glieder sind:

$$1, \quad 2, \quad 3, \quad 4.$$
$$2, \quad 3\frac{1}{3}, \quad 4\frac{2}{3}, \quad 6.$$

Es sey ferner das erste Glied $= 3\frac{1}{3}$, das letzte $7\frac{3}{4}$, und die Differenz $= 1\frac{4}{9}$, so wird die Anzahl der Glieder $= \frac{7\frac{3}{4}-3\frac{1}{3}}{1\frac{4}{9}} + 1 = 4$, und diese vier Glieder sind:

$$1, \quad 2, \quad 3, \quad 4.$$
$$3\frac{1}{3}, \quad 4\frac{7}{9}, \quad 6\frac{2}{3}, \quad 7\frac{3}{4}.$$

§. 410.

Es ist aber hier wohl zu merken, daß die Anzahl der Glieder nothwendig eine ganze Zahl seyn muß. Wenn man also in obigem Beyspiele für n einen Bruch gefunden hätte, so wäre die Frage ungereimt gewesen.

Wenn folglich für $\frac{z-a}{d}$ keine ganze Zahl gefunden würde, so ließe sich diese Frage nicht auflösen, und man müßte antworten, daß die Frage unmöglich wäre. Daher muß sich bey dergleichen Fragen die Zahl z — a durch d theilen lassen.

1. Zusatz. Soll endlich, wenn von einer arithmetischen Progression das letzte Glied z, die Differenz d, und die Anzahl der Glieder n gegeben wird, das erste Glied a gefunden werden, so ist da $a + (n — 1) d = z$, auch $a = z — (n — 1) d$, d. h. man findet das erste Glied *a*, wenn man das Product aus der Differenz *d* in die Zahl der

Glieder

Glieder n weniger 1 von dem letzten Gliede abzieht. Es sey z. B. das letzte Glied z = 100, die Anzahl der Glieder n = 9, und die Differenz d = 12, so wird das erste Glied a = 100 — (9 — 1) 12 = 100 — 8 . 12 = 4 seyn, und dieses war auch in der ersten Progreßion §. 409. wirklich das erste Glied.

2. Zusatz. Was bisher von den steigenden arithmetischen Progreßionen gesagt worden ist, läßt sich auch auf die fallenden anwenden, wenn man bey diesen das letzte Glied, wie das erste, und das erste, wie das letzte Glied einer steigenden Progreßion behandelt.

§. 411.

Bey einer jeden arithmetischen Progreßion sind also folgende vier Stücke zu betrachten:

I. das erste Glied a,   II. das letzte Glied z,
III. die Differenz d,   IV. die Anzahl der Glieder n,
welche so beschaffen sind, daß, wenn drey derselben bekannt sind, das vierte daraus bestimmt werden kann, als:

I. Wenn a, d und n bekannt sind, so hat man $z = a + (n — 1) d$.

II. Wenn z, d und n bekannt sind, so hat man $a = z — (n — 1) d$.

III. Wenn a, z und n bekannt sind, so hat man $d = \frac{z — a}{n - 1}$, $\frac{z — a}{d} + 1$.

Zusatz. Für fallende Reihen ist a das letzte und z das erste Glied und die Differenz = — d, daher für solche Reihen $z = a — (n — 1) d$ und $a = z + (n — 1) d$, und $d = \frac{a — z}{n - 1}$ und $n = \frac{a — z}{d} + 1$. Daß bey fallenden Reihen die Differenz d negativ ist, entsteht bloß aus der Art, wie ein Glied aus dem vorhergehenden gemacht wird, in Vergleichung der Entstehung des eben so vielten Gliedes in einer steigenden Reihe von eben der Differenz. Bey dieser wird nemlich die Differenz zu dem vorhergehenden Gliede addirt, da hingegen bey jener Reihe solche abgezogen werden muß. Will man nun das Wort addiren beybehalten,

ten, so muß man die Differenz bey fallenden Reihen negativ setzen, denn eine negative Größe addiren, oder eine positive subtrahiren, giebt einerley Resultate. Daß d negativ wird, liegt also gar nicht in dem Begriff von Differenz, sondern in der Art, wie die Glieder der Progression gebildet werden sollen.

IV. Capitel.

Von der Summirung der arithmetischen Progressionen.

§. 412.

Wenn eine arithmetische Progression vorgelegt ist, so pflegt man auch die Summe derselben zu suchen. Diese findet man, wenn man alle Glieder zusammen addirt. Da nun diese Addition sehr weitläuftig seyn würde, wenn die Progression aus sehr viel Gliedern besteht, so kann eine Regel gegeben werden, mit deren Hülfe diese Summe ganz leicht gefunden wird.

§. 413.

Wir wollen erstlich eine solche bestimmte Progression betrachten, wo das erste Glied = 2, die Differenz = 3, das letzte Glied = 29, und die Anzahl der Glieder = 10 ist.

1, 2, 3, 4, 5, 6, 7, 8, 9, 10.
2, 5, 8, 11, 14, 17, 20, 23, 26, 29.

Hier ist nun die Summe des ersten und letzten Gliedes = 31, die Summe des zweyten und vorletzten Gliedes = 31, die Summe des dritten und dritten vom Ende = 31, die Summe des vierten und vierten vom Ende = 31 u. s. f., woraus man ersieht, daß immer zwey Glieder, die von dem ersten und letzten gleich weit entfernt sind, zusammen genommen, eben so viel ausmachen, als das erste und letzte zusammen.

§. 414.

§. 414.

Der Grund davon fällt auch ſogleich in die Augen. Denn wenn das erſte Glied = a geſetzt, das letzte = z, die Differenz aber = d wird, ſo iſt die Summe des erſten und letzten = a + z. Hernach iſt das zweyte Glied a + d und das vorletzte = z — d, welche zuſammen genommen a + z ausmachen. Ferner iſt das dritte Glied a + 2d und das dritte vom Ende = z — 2d, welche zuſammen auch a + z betragen. Woraus die Wahrheit des obigen Satzes erhellet.

§. 415.

Um nun die Summe der obigen Progreſſion zu finden, nemlich von 2 + 5 + 8 + 11 + 14 + 17 + 20 + 23 + 26 + 29, ſo ſchreibe man eben dieſe Progreſſion rückwärts darunter und addire Glied für Glied, wie folget:

$$2 + 5 + 8 + 11 + 14 + 17 + 20 + 23 + 26 + 29$$
$$29 + 26 + 23 + 20 + 17 + 14 + 11 + 8 + 5 + 2$$
$$\overline{31 + 31 + 31 + 31 + 31 + 31 + 31 + 31 + 31 + 31}$$

Dieſe gefundene und aus lauter gleichen Gliedern beſtehende Reihe iſt offenbar zweymal ſo groß als die Summe der gegebenen Progreſſion. Die Anzahl dieſer gleichen Glieder iſt 10, eben wie in der Progreſſion, und alſo iſt derſelben Summe = 10 . 31 = 310. Da nun dieſe Summe zweymal ſo groß iſt, als die Summe der arithmetiſchen Progreſſion, ſo wird die wahre Summe = 155 ſeyn.

§. 416.

Wenn man auf dieſe Art mit einer jeden arithmetiſchen Progreſſion verfährt, wovon das erſte Glied = a, das letzte = z, und die Anzahl der Glieder = n iſt, indem man eben dieſelbe Progreſſion rück-

wärts

wärts darunter ſchreibt und Glied vor Glied addirt,
ſo bekommt man für jedes Glied a + z, deren Anzahl
= n, folglich iſt die Summe derſelben = n (a + z),
welche zweymal ſo groß iſt, als die Summe der
Progreſſion, daher iſt die Summe der arithmetiſchen
Progreſſion ſelbſt = $\frac{n(a+z)}{2}$.

§. 417.

Hieraus ergiebt ſich nun folgende einfache Regel, um die Summe einer jeden arithmetiſchen Progreſſion zu finden:

Man multiplicire die Summe des
erſten und letzten Gliedes mit der Anzahl
der Glieder, ſo wird die Hälfte dieſes
Products die Summe der ganzen Progreſſion anzeigen.

Oder welches daſſelbe iſt: man multiplicire
die Summe des erſten und letzten Gliedes mit der halben Anzahl der Glieder.

Oder auch: man multiplicire die halbe
Summe des erſten und letzten Gliedes
mit der ganzen Anzahl der Glieder, ſo
bekommt man die Summe der ganzen
Progreſſion.

§. 418.

Es iſt nöthig, dieſe Regel mit einigen Beyſpielen
zu erläutern. Es ſey daher die Progreſſion der natürlichen Zahlen 1, 2, 3, bis 100 gegeben, von welchen die Summe geſucht werden ſoll. Dieſe wird nach
der erſten Regel ſeyn $\frac{100.101}{2}$ = 50.101 = 5050.

Es wird ferner gefragt, wie viel Schläge eine
Schlag-Uhr in 12 Stunden thue? Zu dieſem Ende
müſſen die Zahlen 1, 2, 3 bis 12, zuſammen addirt
werden, die Summe wird alſo ſeyn $\frac{12.13}{2}$ = 6.13 = 78.

Wollte

Wollte man die Summe von eben dieſer Reihe bis 1000 fortgeſetzt wiſſen, ſo würde dieſelbe ſeyn 500500; bis 10000 fortgeſetzt, wird dieſelbe = 50005000 ſeyn.

§. 419.

Frage. Einer kauft ein Pferd mit dieſer Be⸗ dingung: für den erſten Hufnagel zahlt er 5 Gro⸗ ſchen, für den zweyten 8, für den dritten 11, und immer 3 Groſchen mehr für einen jeden folgenden. Es ſind aber in allem 32 Nägel, wie viel koſtet ihm das Pferd?

Hier wird alſo die Summe von einer arithme⸗ tiſchen Progreſſion, deren erſtes Glied 5, die Diffe⸗ renz = 3, und die Anzahl der Glieder = 32 iſt, geſucht.

Hier muß nun zuerſt das letzte Glied geſucht wer⸗ den, welches nach obiger Regel (§. 406) gefunden wird = 5 + 31 . 3 = 98, und hieraus ergiebt ſich die geſuchte Summe $\frac{103.32}{2}$ = 103 . 16 = 1648; alſo koſtet das Pferd 1648 Groſchen, oder 68 Rthl. 16 Gr.

§. 420.

Es ſey auf eine allgemeine Art das erſte Glied = a, die Differenz = d, und die Anzahl der Glieder = n, woraus die Summe der ganzen Progreſſion gefunden werden ſoll; da nun das letzte Glied z = a + (n — 1)d ſeyn muß, ſo iſt die Summe des erſten und letzten Gliedes = 2a + (n — 1)d, welche mit der Anzahl der Glieder n multiplicirt, 2na + n (n — 1) d giebt, daher die geſuchte Summe ſeyn wird = na + $\frac{n(n-1)}{2}$ d.

Nach dieſer Formel, weil in dem obigen Beyſpiel a = 5, d = 3, und n = 32 war, ſo erhält man die Summe 5 . 32 + $\frac{31.32.3}{2}$ = 160 + 1488 = 1648 wie vorher.

§. 421.

§. 421.

Wenn die Reihe der natürlichen Zahlen 1, 2, 3 u. ſ. f. bis n zuſammen addirt werden ſoll, ſo hat man, um dieſe Summe zu finden, das erſte Glied $= 1$, das letzte $= n$ und die Anzahl der Glieder, woraus die Summe gefunden wird $\frac{nn+n}{2} = \frac{n(n+1)}{2}$. Setzt man $n = 1766$, ſo wird die Summe aller Zahlen von 1 bis 1766 ſeyn $= 883 \cdot 1767 = 1560261$.

§. 422.

Es ſey die Progreſſion der ungeraden Zahlen 1, 3, 5, 7 u. ſ. f. gegeben, welche bis auf n Glieder fortgeſetzt iſt, wovon die Summe verlangt wird.

Hier iſt nun das erſte Glied $= 1$, die Differenz $= 2$, die Anzahl der Glieder $= n$; daraus wird das letzte Glied $1 + (n-1)2 = 2n-1$ ſeyn; woraus man die geſuchte Summe $= n^2$ erhält.

Folglich darf man nur die Anzahl der Glieder mit ſich ſelbſt multipliciren. Man mag alſo von dieſer Progreſſion ſo viel Glieder zuſammen addiren als man will, ſo iſt die Summe immer ein Quadrat, nemlich das Quadrat der Anzahl der Glieder, wie es auch folgende Beyſpiele beſtätigen.

Glied. 1, 2, 3, 4, 5, 6, 7, 8, 9, 10 u. ſ. f.
Prog. 1, 3, 5, 7, 9, 11, 13, 15, 17, 19 u. ſ. f.
Sum. 1, 4, 9, 16, 25, 36, 49, 64, 81, 100 u. ſ. f.

§. 423.

Es ſey ferner das erſte Glied $= 1$, die Differenz $= 3$ und die Anzahl der Glieder $= n$, ſo hat man dieſe Progreſſion 1, 4, 7, 10 u. ſ. f., wovon das letzte Glied $1 + (n-1)3 = 3n-2$ ſeyn wird; daher die Summe des erſten und letzten Gliedes $= 3n-1$;

Q 2

folg-

folglich die Summe der Progression $\frac{n(3n-1)}{2} = \frac{3nn-n}{2}$

Nimmt man n=20, so ist die Summe = 10.59=590.

§. 424.

Es sey das erste Glied = 1, die Differenz = d, und die Anzahl der Glieder = n, so wird das letzte Glied 1 + (n — 1) d seyn. Hierzu das erste addirt, giebt 2 + (n — 1) d, dies mit der Anzahl der Glieder multiplicirt, 2 n + n (n — 1) d, daher die Summe der Progression n + $\frac{n(n-1)d}{2}$ seyn wird.

Wir wollen hier folgendes Täfelchen anhängen, worin der Buchstabe S die Summe der Progression anzeigt, und das erste Glied immer 1 ist,

wenn d = 1, so ist S = n + $\frac{n(n-1)}{2} = \frac{nn+n}{2}$

d = 2 — S = n + $\frac{2n(n-1)}{2}$ = nn

d = 3 — S = n + $\frac{3n(n-1)}{2} = \frac{3nn-n}{2}$

d = 4 — S = n + $\frac{4n(n-1)}{2}$ = 2nn-n

d = 5 — S = n + $\frac{5n(n-1)}{2} = \frac{5nn-3n}{2}$

d = 6 — S = n + $\frac{6n(n-1)}{2}$ = 3nn-2n

d = 7 — S = n + $\frac{7n(n-1)}{2} = \frac{7nn-5n}{2}$

d = 8 — S = n + $\frac{8n(n-1)}{2}$ = 4nn-3n

d = 9 — S = n + $\frac{9n(n-1)}{2} = \frac{9nn-7n}{2}$

d = 10 — S = n + $\frac{10n(n-1)}{2}$ = 5nn-4n

u. s. f.

so daß, wenn d = n, S = n + $\frac{n2(n-1)}{2}$ ist,

V. Ca=

V. Capitel.

Von den polygonal oder vieleckigen Zahlen.

§. 425.

Die Summation der arithmetischen Progreſſionen, welche von 1 anfangen und deren Differenz entweder 1, 2, 3, oder eine andere beliebige ganze Zahl iſt, leitet uns auf die Lehre von den polygonal oder vieleckigen Zahlen, welche entſtehen, wenn man einige Glieder von ſolchen Progreſſionen zuſammen addirt.

§. 426.

Seßt man die Differenz = 1, indem das erſte Glied beſtändig 1 iſt, ſo entſteht dieſe arithmetiſche Progreſſion = 1, 2, 3, 4, 5, 6, 7, 8, 9, 10, 11, 12 u. ſ. f. Nimmt man nun außer dem erſten Gliede die Summe von zwey, drey, vier Gliedern u. ſ. f., ſo entſteht daraus dieſe Reihe von Zahlen: 1, 3, 6, 10, 15, 21, 28, 36, 45, 55, 66, 78 u. ſ. f. ſo daß 1 = 1, 3 = 1 + 2, 6 = 1 + 2 + 3, 10 = 1 + 2 + 3 + 4 u. ſ. f. Dieſe Zahlen werden triangular (triagonal) oder dreyeckige Zahlen genannt, weil ſich ſo viel Puncte, als eine ſolche Zahl anzeigt, durch ein Dreyeck vorſtellen laſſen, wie aus folgendem zu erſehen:

1.   3.   6.   10.   15.

21.   28.

§. 427.

Bey einem jeden dieser Dreyecke sieht man vor=
züglich darauf, wie viel Puncte in einer jeden Seite
sind; bey dem ersten ist nur eins, bey dem zweyten
2, bey dem dritten 3, bey dem vierten 4, u. s. f. Also
nach der Anzahl der Puncte in einer Seite, welche
schlechthin die S e i t e genannt wird, verhalten sich
die dreyeckigen Zahlen, oder die Anzahl aller Punkte,
welche schlechthin ein D r e y e c k genannt wird, fol=
gendergestalt:

Seite
Dreyeck

Seite
Dreyeck

§. 428.

Hier kommt also die Frage vor, wie aus der ge=
gebenen Seite das Dreyeck gefunden werden soll?
Diese Frage läßt sich leicht beantworten, weil man
hier nur nöthig hat, die oben (§. 421) gegebene
Regel

Regel von der Summirung der natürlichen Zahlen anzuwenden.

Denn es sey die Seite $= n$, so wird das Dreyeck $1 + 2 + 3 + 4 + \ldots n$, deren Summe $= \dfrac{nn + n}{2}$, folglich wird das Dreyeck $\dfrac{nn + n}{2}$. Ist also $n = 1$, so wird das Dreyeck $= 1$.

Ist $n = 2$, so ist das Dreyeck $\dfrac{4 + 2}{2} = 3$.

$\qquad n = 3$ — — $\dfrac{9 + 3}{2} = 6$.

$\qquad n = 4$ — — $\dfrac{16 + 4}{2} = 10$ u. f. f.

Nimmt man $n = 100$, so wird das Dreyeck $= 5050$ u. f. f.

Anmerk. Herr von Jancourt hat 1762 zu Haag eine Tafel der Triagonalzahlen herausgegeben, welche für $n = 1, 2, 3 - - -$ bis incl. 20000 berechnet ist. Diese Tafeln können sehr nützlich seyn, eine große Menge arithmetischer Operationen zu erleichtern, wie es der Herausgeber in einer sehr weitläuftigen Einleitung zeigt.

§. 429.

Diese Formel $\dfrac{n^2 + n}{2}$ wird nun die Generalformel für alle dreyeckige Zahlen genannt: weil sich aus derselben für eine jede Seite, die durch n angedeutet wird, die dreyeckige Zahl finden läßt.

Dieselbe Formel kann auch also vorgestellet werden $\dfrac{n(n + 1)}{2}$, welches zur Erleichterung der Rechnung dienet, weil allezeit entweder n oder $n + 1$ eine gerade Zahl ist und sich durch 2 theilen läßt.

Also wenn $n = 12$, so ist das Dreyeck $= \dfrac{12 \cdot 13}{2}$ $= 6 \cdot 13 = 78$. Ist $n = 15$, so ist das Dreyeck $= \dfrac{15 \cdot 16}{2}$ $= 15 \cdot 8 = 110$ u. f. f.

Q 4   §. 430.

§. 430.

Setzt man die Differenz = 2, so hat man diese arithmetische Progression:

1, 3, 5, 7, 9, 11, 13, 15, 17, 19, 21 u. s. f.

wovon die Summen folgende Reihe ausmachen:

1, 4, 9, 16, 25, 36, 49, 64, 81, 100, 121 u. s. f. Diese Zahlen werden quadrangular (tetragonal) oder viereckige Zahlen genannt, und sind eben diejenigen, welche oben (§. 115) Quadrate genannt worden. Es lassen sich nemlich so viel Puncte, als eine solche Zahl anzeigt, in ein Viereck bringen:

1,   4,   9,   16,   25,

36,   49,

§. 431.

Hier sieht man, daß die Seite eines solchen Vierecks eben so viel Puncte enthält, als die Quadratwurzel davon anzeigt. Also ist von der Seite 5 das Viereck 25, und von der Seite 6 das Viereck 36; überhaupt aber, wenn die Seite n ist, wodurch die Anzahl der Glieder dieser Progression 1, 3, 5, 7 u. s. f. bis n angedeutet wird, so ist das Viereck die Summe derselben Glieder, welche oben (§. 422)

$$= n^2$$

$= n^2$ gefunden worden. Von diesem Viereck oder Quadrat aber ist schon oben (§. 115 u. f.) ausführlich gehandelt worden.

§. 432.

Setzt man in einer mit 1 anfangenden arithmetischen Progression die Differenz $= 3$ und nimmt gleicher Gestalt die Summen, so werden dieselben pentagonal oder fünfeckige Zahlen genannt, ob sich dieselben gleich nicht mehr so gut durch Puncte vorstellen lassen. Dieselben schreiten demnach folgendermaßen fort.

Zeiger   1, 2, 3, 4, 5, 6, 7, 8, 9, 10, 11
arith: Prog. 1, 4, 7, 10, 13, 16, 19, 22, 25, 28, 31
Fünfeck   1, 5, 12, 22, 35, 51, 70, 92, 117, 145, 176
u. s. f. und der Zeiger weiset die Seite eines jeden Fünfecks an.

Zusatz. Folgende Regel wird die wirkliche Construction der Polygonalzahlen sehr erleichtern: man zeichne anfangs ein kleines reguläres Polygon von so viel Seiten als verlangt werden. Die Zahl der Seiten bleibt für eine und eben dieselbe Reihe von Polygonalzahlen, und ist gleich der um 2 vermehrten Differenz derjenigen arithmetischen Reihe, woraus jene Reihe entstanden ist. Nun wählt man einen Winkel dieses Polygons, um von ihm aus durch alle Winkelpuncte unbestimmte Linien zu ziehen, wovon aus geometrischen Gründen immer 3 weniger als das Polygon Seiten hat, Diagonalen sind. Auf eine der verlängerten Seiten des kleinen Polygons trage man alsdann die Seite dieses Polygons so oft, als man will. Durch diese solchergestalt erhaltenen Puncte ziehe man mit den Seiten des kleinen Polygons Parallelen; diese Parallelen theile man endlich in eben so viele gleiche Theile, als die zu ihnen gehörigen Diagonalen haben, so hat man die verlangte Construction.

Diese Regel ist ganz allgemein und gilt vom Triangel an bis zum Polygon von unendlich vielen Seiten. Folgende zwey Figuren werden diese Regel hinlänglich erläutern:

Die

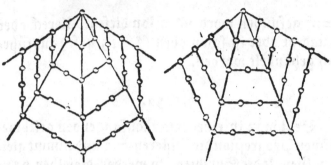

Die Theilung dieser Figuren in Dreyecke bietet noch viele merkwürdige Betrachtungen und artige Verwandlungen der allgemeinen Formel dar, durch welche man, wie in diesem Capitel gelehrt worden, die Polygonalzahlen ausdrückt; allein hier dürfen wir uns nicht dabey aufhalten.

§. 433.

Wenn also die Seite n gesetzt wird, so läßt sich jede fünfeckige Zahl durch die oben (§. 423) erklärte Formel $\frac{3nn-n}{2} = \frac{n(3n-1)}{2}$ ausdrücken. Wenn z. B. n = 7, so ist das Fünfeck $\left(\frac{3 \cdot 7 - 1}{2}\right)$ 7 = 70. Will man die fünfeckige Zahl von der Seite 100 wissen, so setzt man n = 100 und bekommt 14950.

§. 434.

Setzt man die Differenz = 4, so erhält man auf diese Art die hexagonal oder sechseckigen Zahlen, welche in folgender Ordnung fortschreiten:

Zeiger   1, 2, 3, 4, 5, 6, 7, 8, 9, 10.
arith. Prog. 1, 5, 9, 13, 17, 21, 25, 29, 33, 37.
Sechseck   1, 6, 15, 28, 45, 66, 91, 120, 153, 190.

Hier giebt der Zeiger wieder die Seite eines jeden Sechsecks an.

§. 435.

Wenn also die Seite n ist, so wird die sechseckige Zahl nach der (in §. 424) gegebenen Formel = 2nn —n = n (2n — 1), wobey zu merken ist, daß alle diese sechseckigen Zahlen zugleich dreyeckige Zahlen sind. Denn wenn man in diesen immer eine überspringt, so erhält man die sechseckige.

§. 436.

Auf gleiche Weise findet man die siebeneckigen, achteckigen, neuneckigen Zahlen u. ſ. f., von welchen wir die Generalformeln hier insgeſamt herſetzen wollen. Wenn alſo die Seite n iſt, ſo wird ſeyn

$$\text{das Dreyeck} = \frac{n^2 + n}{2} = \frac{n(n+1)}{2}$$

$$\text{Viereck} = \frac{2n^2 + on}{2} = n^2$$

$$\text{Veck} = \frac{3n^2 - n}{2} = \frac{n(3n-1)}{2}$$

$$\text{VIeck} = \frac{4n^2 - 2n}{2} = 2n^2 - n = n(2n-1)$$

$$\text{VIIeck} = \frac{5n^2 - 3n}{2} = \frac{n(5n-3)}{2}$$

$$\text{VIIIeck} = \frac{6n^2 - 4n}{2} = 3n^2 - 2n = n(3n-2)$$

$$\text{IXeck} = \frac{7n^2 - 5n}{2} = \frac{n(7n-5)}{2}$$

$$\text{Xeck} = \frac{8n^2 - 6n}{2} = 4n^2 - 3n = n(4n-3)$$

$$\text{XIeck} = \frac{9n^2 - 7n}{2} = \frac{n(9n-7)}{2}$$

$$\text{XIIeck} = \frac{10n^2 - 8n}{2} = 5n^2 - 4n = n(5n-4)$$

$$\text{XXeck} = \frac{18n^2 - 16n}{2} = 9n^2 - 8n = n(9n-8)$$

$$\text{XXVeck} = \frac{23n^2 - 21n}{2} = \frac{n(23n-21)}{2}$$

$$\text{meck} = \frac{(m-2)n^2 - (m-4)n}{2}$$

Man wird leicht einſehen, daß dieſe Tafel nur eine erweiterte von §. 424. iſt.

§. 437.

Wenn alſo die Seite n iſt; ſo hat man auf eine allgemeine Art die meckige Zahl $= \frac{(m-2)n^2 - (m-4)n}{2}$ woraus man alle nur mögliche vieleckige Zahlen finden kann, deren Seite $= n$. Wollte man daraus die

die zweyeckigen Zahlen finden, so würde m = 2 und
dieselbe = n seyn.

Setzt man m = 3, so wird die IIIeckige Zahl = $\frac{nn+n}{2}$

Setzt man m = 4, so wird die IVeckige Zahl = nn u. s. f.

Zusatz. Die allgemeine Formel $\frac{(m-2)n^2-(m-4)n}{2}$
ist hier nach einem bey den besondern Formeln bemerkten
Gesetz gefunden worden. Man findet solche aber unmittelbar
durch folgende Schlüsse:

Der Buchstabe m sey die Zahl der Winkel, wovon das Vieleck
benannt wird, so ist die Differenz der arithmetischen Reihe, aus
welcher die gesuchte Polygonalzahl entsteht, = m — 2, und n
sey die Anzahl der Glieder dieser Reihe.

Da nun in jeder arithmetischen Reihe das letzte Glied z =
a + (n — 1)d und S = (a + z) $\frac{n}{2}$, so ist in unserer obigen Reihe
a = 1; d = m — 2; z = 1 + (n — 1)(m — 2), also die Summe
me des ersten und letzten Gliedes = 2 + (n — 1) (m — 2), und
diese Summe mit der halben Anzahl der Glieder multiplicirt,
giebt $\frac{(2+(n-1)m-2))n}{2} = \frac{(m-2)(n-1)n+2n}{2}$ =

$\frac{(m-2)(n^2-n)+2n}{2} = \frac{(m-2)n^2-(m-2)n+2n}{2}$ =

$$\frac{(m-2)n^2-(m-4)n}{2}$$

Die zweyeckigen Zahlen zu finden, muß man m = 2 setzen, dieses giebt also $\frac{(2-2)n^2-(2-4)n}{2}$ = n.   Die arithmetische
Progression, woraus diese zweyeckige Zahlen entstehen, wäre, da
die Differenz m — 2 = 0, und das erste Glied 1 ist, lauter
Einzen.   Diese zweyeckige Zahlen können nicht anders durch
Puncte vorgestellt werden, als in einer geraden Linie, denn diese
ihre zwey Endpuncte stellen die zwey Winkelpuncte vor, aber
genau genommen, giebt es so wenig 2eckige Zahlen, als es eine
2seitige geradlinigte Figur giebt.   Die kleinste Figur ist die,
worin m = 3 ist.

§. 438.

Um diese Regel mit einigen Beyspielen zu erläutern, so suche man die XXVeckige Zahl, deren Seite
36 ist. Man suche erstlich für die Seite n die XXV
eckige

eckige Zahl; dieses geschiehet, indem man in der allgemeinen Formel m = 25 setzt, so wird dieselbe = $\frac{23n^2 - 21n}{2}$. Nun setze man n = 36, so bekommt man die gesuchte Zahl = $\frac{23 \cdot 36^2 - 21 \cdot 36}{2}$ = 14526.

§. 439.

Frage. Einer hat ein Haus gekauft und wird gefragt, wie theuer? darauf antwortet er, die Zahl der Thaler, die er dafür bezahlet, sey die 365eckige Zahl von 12.

Um nun diese Zahl zu finden, so wird m = 365, und also das 365eck von n = $\frac{363n^2 - 361n}{2}$. Nun ist n = 12, folglich das 365eck von 12 = $\frac{363 \cdot 12^2 - 361 \cdot 12}{2}$ = 23970. Das Haus ist also mit 23970 Thaler bezahlt worden.

Zusatz. Euler hatte dieses Capitel überschrieben: Von den figurirten oder vieleckigen Zahlen. Warum wir das Wort figurirten weggelassen haben, wird aus folgendem erhellen.

Einige Algebraisten unterscheiden nicht ohne Grund figurirte und Polygonal=Zahlen. In der That entstehen auch die Zahlen, welche man gewöhnlich figurirte nennt, alle aus einer einzigen arithmetischen Progression und jede Reihe dieser Zahlen wird gebildet, indem man die Glieder der vorhergehenden Reihe zusammen addirt.

Hingegen wird jede Reihe der Polygonalzahlen aus einer andern arithmetischen Progression gemacht; daher auch aufs strengste genommen nur eine einzige Reihe der figurirten Zahlen, zu gleicher Zeit eine Reihe von Polygonalzahlen ist. Eine aufmerksame Betrachtung der folgenden Tabelle wird einen jeden leicht davon überzeugen.

Figurirte Zahlen:

Beständige Zahlen	—	1, 1, 1, 1, 1, 1 u. s. f.
Natürliche	—	—	1, 2, 3, 4, 5, 6 u. s. f.
Triagonal	—	—	1, 3, 6, 10, 15, 21 u. s. f.
Pyramidal	—	—	1, 4, 10, 20, 35, 56 u. s. f.
Triagonal=pyramidal	—	—	1, 5, 15, 35, 70, 126 u. s. f.

u. s. f.

Polygonalzahlen:

Differ. d. Reihe	Zahlen					
1	Triagonal —	1,	3,	6,	10. 15 u. s f.
2	Quadrat —	1,	4,	9,	16. 25 u. s. f.
3	Pentagonal —	1,	5,	12,	22, 35 u. s. f.
4	Hexagonal —	1,	6,	15,	28, 45 u. s. f.

u. s. f.

Die Potenzen machen auch besondre Reihen von Zahlen aus. Die zwey ersten finden sich wieder in den figurirten Zahlen, und die 3te w den Polygonalzahlen; dieses wird man einsehen, indem für a in der hier unten stehenden Tafel nach und nach die Zahlen 1, 2, 3, u. s. f. setzt.

Potenzenzahlen:

a^0 — — — 1, 1, 1, 1, 1, u. s. f.

a^1 — — — 1, 2, 3, 4, 5, u. s. f.

a^2 — — — 1, 4, 9, 16, 25, u. s. f.

a^3 — — — 1, 8, 27, 64, 125, u. s. f.

a^4 — — — 1, 16, 81, 256, 625, u. s. f.

u. s. f.

Die Algebraisten des 16ten und 17ten Jahrhunderts haben sich sehr viel mit diesen verschiedenen Arten von Zahlen und ihren Beziehungen unter einander beschäftigt; sie haben hierbey sonderbare Veränderungen und Eigenschaften entdeckt; aber da ihr Nutzen nicht sehr groß ist, so übergeht man mit Recht diese Art von Untersuchungen in den heutigen Lehrbüchern der Mathematik.

VI. Capitel.

Von den geometrischen Verhältnissen.

§. 440.

Das geometrische Verhältniß zwischen zwey Zahlen enthält die Antwort auf die Frage, wie vielmal die eine Zahl größer sey als die andere? und es wird gefunden, wenn man die eine durch die andere dividirt, daher denn der Quotient die Benennung des Verhältnisses anzeigt.

§. 441.

§. 441.

Es ist daher bey einem geometrischen Verhältniſſe dreyerley zu betrachten. Erſtlich, die erſte der
beyden gegebenen Zahlen, welche der Vorſatz oder
das Vorderglied genannt wird. Zweytens, die
andere derſelben, welche der Nachſatz oder das
Hinterglied heißt. Drittens, die Benennung oder Exponent des Verhältniſſes,
welche gefunden wird, wenn man den Vorſatz durch
den Nachſatz dividirt, z. B. wenn zwiſchen den Zahlen 18 und 12 das Verhältniß angezeigt werden ſoll,
ſo iſt 18 der Vorſatz, 12 der Nachſatz, und der Ex-
ponent des Verhältniſſes wird $\frac{18}{12} = 1\frac{1}{2}$ ſeyn, woraus
man erkennt, daß der Vorſatz 18 den Nachſatz 12,
einmal und noch $\frac{1}{2}$ mal in ſich begreift.

§. 442.

Um das geometriſche Verhältniß zwiſchen zweyen
Zahlen anzuzeigen, bedient man ſich zweyer über
einander ſtehenden Puncte, die zwiſchen dem Vorſatz
und Nachſatz geſetzt werden.

Alſo a : b zeigt das Verhältniß zwiſchen a und b
an, welches Zeichen, wie ſchon oben bemerkt worden, auch die Diviſion anzuzeigen pflegt, und eben
deswegen hier gebraucht wird, weil, um dieſes Verhältniß zu erkennen, die Zahl a durch b getheilt werden muß. Dieſes Zeichen wird mit Worten ſo ausgeſprochen: a verhält ſich zu b, oder ſchlechtweg a zu b.

§. 443.

Der Exponent oder Name eines ſolchen Verhältniſſes wird daher durch einen Bruch vorgeſtellt,
deſſen Zähler der Vorſatz, der Nenner aber der
Nachſatz iſt. Um der Deutlichkeit willen aber muß
man dieſen Bruch immer auf ſeine kleinſte Form bringen,

gen, welches geſchieht, wenn man den Zähler und
Nenner durch ihren größten gemeinſchaftlichen Theiler theilet, wie oben geſchehen, da der Bruch $\frac{18}{12}$
auf $\frac{3}{2}$ gebracht iſt, indem man den Zahler und Nenner durch 6 getheilt hat.

§. 444.

Die Verhältniſſe ſind alſo nur in ſo fern unterſchieden, als ihr Exponent verſchieden iſt, und es
giebt daher ſo viel verſchiedene Arten von Verhältniſſen, als verſchiedene Exponenten gefunden werden können.

Die erſte Art iſt nun unſtreitig, wenn der Exponent 1 wird; und dieſes geſchieht, wenn die beyden
Zahlen gleich ſind, als 3:3, 4:4, a:a, wovon der
Exponent 1 wird, und deswegen heißt dieſe Art das
Verhältniß der Gleichheit.

Hierauf folgen diejenigen, deren Exponent eine
ganze Zahl wird, als 4:2, wovon der Exponent 2 iſt.
Ferner 12:4, wo der Exponent 3 iſt, und 24:6,
wo der Exponent 4 iſt u. ſ. f.

Hernach kommen ſolche vor, deren Exponent
durch Brüche ausgedrückt wird. Als 2:9, deſſen
Exponent $\frac{2}{9}$ oder $1\frac{1}{2}$ iſt, 18:27, deſſen Exponent
$\frac{2}{3}$ iſt u. ſ. f.

§. 445.

Es ſey nun a der Vorſatz, b der Nachſatz und
der Exponent d, ſo haben wir ſchon geſehen, daß,
wenn a und b gegeben iſt, daraus $d = \frac{a}{b}$ gefunden
werde.

Iſt aber der Nachſatz b nebſt den Exponenten d
gegeben, ſo findet man daraus den Vorſatz a = bd,
weil bd durch b dividirt, d giebt; endlich wenn der
Vorſatz a nebſt den Exponenten d gegeben iſt, ſo
findet

findet man daraus den Nachsatz $b = \frac{a}{d}$. Denn wenn man den Vorsatz a durch diesen Nachsatz $\frac{a}{d}$ dividirt, so ist der Quotient d, das ist der Exponent.

§. 446.

Ein jedes Verhältniß a:b bleibt unverändert, wenn man den Vorsatz und Nachsatz mit einerley Zahl entweder multiplicirt oder dividirt, weil der Exponent einerley bleibt. Denn wenn d der Exponent von a:b ist, also daß $d = \frac{a}{b}$, so ist auch von diesem Verhältniß na:nb der Exponent $\frac{a}{b} = d$; und von diesem Verhältniß $\frac{a}{n} : \frac{b}{n}$ ist des Exponent gleichfalls $\frac{a}{b} = d$.

§. 447.

Wenn der Exponent in die kleinste Form gebracht worden, so läßt sich daraus das Verhältniß deutlich erkennen und mit Worten ausdrücken. Nemlich wenn der Exponent arf diesen Bruch $\frac{p}{q}$ gebracht worden, so sagt man a : b = p : q, das ist mit Worten: a zu b wie p zu q. Also da von diesem Verhältniß 6:3 der Exponent $\frac{6}{3}$ oder 2 ist, so hat man 6:3 = 2:1. Eben so sagt man 18:12 = 3:2 und 24:18 = 4:3 und ferner 30:45 = 2:3. Läßt sich aber der Exponent nicht abkürzen, so wird auch das Verhältniß nicht deutlicher; denn wenn man 9:7 = 9:7 sagt, so wird es nicht begreiflicher.

§. 448.

Wenn sich aber der Exponent auf sehr kleine Zahlen bringen läßt, so erhält man eine deutliche Erkenntniß von einem Verhältniß zwischen zwey sehr

R   großen

großen Zahlen. Also wenn man 288 : 144 $=$ 2 : 1 sagt, so ist die Sache ganz deutlich; und wenn man fragt, wie sich 105 : 70 verhalte, so antwortet man, wie 3 : 2. Fragt man weiter, wie sich 576 : 252 verhalte, so antwortet man, wie 16 : 7.

§. 449.

Um also ein jedes Verhältniß auf das deutlichste darzustellen, so muß man den Exponenten desselben auf die kleinsten Zahlen zu bringen suchen, welches auf einmal geschehen kann, wenn die beyden Glieder des Verhältnisses durch ihren größten gemeinschaftlichen Theiler dividirt werden. Also wird das Verhältniß 576 : 252 auf einmal zu diesem 16 : 7 gebracht, wenn man die beyden Zahlen 576 und 252 durch 36, welches ihr größter gemeinschaftlicher Theiler ist, dividirt.

§. 450.

Weil es nun hauptsächlich darauf ankommt, daß man von zwey gegebenen Zahlen ihren größten gemeinschaftlichen Theiler zu finden wisse, so soll dazu in dem folgenden Capitel die nöthige Anleitung gegeben werden.

VII. Capitel.

Von dem größten gemeinschaftlichen Theiler zweyer gegebenen Zahlen.

§. 451.

Es giebt Zahlen, welche außer 1 keinen andern gemeinschaftlichen Theiler haben, und wenn Zähler und Nenner eines Bruchs so beschaffen sind, so läßt sich derselbe auch in keine kleinere Form bringen.

Also

Also sieht man, daß diese beyden Zahlen 48 und 35 keinen gemeinschaftlichen Theiler haben, ungeachtet eine jede für sich ihren besondern Theiler hat. Deswegen kann auch das Verhältniß 48 : 35 nicht in kleinern Zahlen ausgedrückt werden, denn ob gleich sich beyde durch 1 theilen lassen, so werden doch dadurch die Zahlen nicht kleiner.

§. 452.

Wenn aber die Zahlen einen gemeinschaftlichen Theiler haben, so wird derselbe, und so gar der größte gemeinschaftliche Theiler durch folgende Regel gefunden:

Man dividire die größere Zahl durch die kleinere, durch den übrig bleibenden Rest dividire man ferner den vorhergehenden Divisor, durch den hier übrig bleibenden Rest dividire man wieder den letzt vorhergehenden Divisor, und auf solche Art verfahre man so lange, bis die Division aufgeht; da denn der letzte Divisor der größte gemeinschaftliche Theiler der beyden gegebenen Zahlen seyn wird.

Diese Untersuchung wird für die gegebenen Zahlen 576 und 252 also zu stehen kommen.

$$252|576|2$$
$$|504|$$
$$72|252|3$$
$$|216|$$
$$36|72|2$$
$$|72|$$
$$0$$

Hier ist also der größte gemeinschaftliche Theiler 36.

§. 453.

Es wird dienlich seyn, diese Regel durch einige

Beyspiele zu erläutern. Man suche daher den größ=
ten gemeinschaftlichen Theiler zwischen den Zahlen
504 und 312.

```
312|504|1
   |312|
   192|312|1
      |192|
      120|192|1
         |120|
          72|120|1
            |72|
            48|72|1
              |48|
              24|48|2
                |48|
                  0
```

Also ist 24 der größte gemeinschaftliche Theiler,
und deswegen läßt sich das Verhältniß 504 : 312
auf die bequemere Form 21 : 13 bringen.

§. 454.

Es seyen ferner diese zwey Zahlen 625 und 529
gegeben, für welche der größte gemeinschaftliche
Theiler gesucht werden soll:

```
529|625|1
   |529|
    96|529|5
      |480|
       49|96|1
         |49|
          47|49|1
            |47|
             2|47|23
              |46|
               1|2|2
                |2|
                  0
```

Hier

Hier ist also der größte gemeinschaftliche Theiler 1, und deswegen läßt sich das Verhältniß 625 : 529 auf keine leichtere Form bringen; oder dasselbe läßt sich durch keine kleinere Zahlen ausdrücken.

§. 455.

Es ist nun noch nöthig, den Beweis von dieser Regel zu geben. Es sey a die größere und b die kleinere der gegebenen Zahlen, d aber ein gemeinschaftlicher Theiler derselben. Da sich nun sowohl a als b durch d theilen lassen, so wird sich auch a — b dadurch theilen, auch a — 2b und a — 3b, und überhaupt a — nb.

Wenn a und b das gemeinschaftliche Maaß d haben, so ist $\frac{a+b}{d} = \frac{a}{d} \pm \frac{b}{d}$ auch eine ganze Zahl, weil die Summe oder Differenz zweyer ganzen Zahlen offenbar eine ganze Zahl seyn muß, daher ist a $\pm$ b auch durch d theilbar. Eben so schließt man, daß, da a $\pm$ b und b durch d theilbar ist, so muß es auch a $\pm$ b $\pm$ b = a $\pm$ 2b seyn u. s. f.

§. 456.

Dieses ist auch rückwärts wahr, und wenn die Zahlen b und a — nb sich durch d theilen lassen, so muß sich auch die Zahl a dadurch theilen lassen. Denn da sich nb theilen läßt, so würde sich a — nb nicht theilen lassen, wenn sich nicht auch a theilen ließe.

Es sey $\frac{nb}{d}$ = der ganzen Zahl q, so ist $\frac{a \pm nb}{d} =$
$\frac{a}{d} \pm \frac{nb}{d} = \frac{a}{d} \pm q = p$, wo p ebenfalls eine ganze Zahl bedeutet, also muß $\frac{a}{d} = p \mp q$ seyn. Da nun p und q ganze Zahlen sind, so ist auch ihre Summe und

R 3   ihre

ihre Differenz eine ganze Zahl, daher auch $\frac{a}{d}$ eine ganze Zahl seyn muß.

§. 457.

Ferner ist zu merken, daß, wenn d der größte gemeinschaftliche Theiler der beyden Zahlen b und a — nb ist, derselbe auch der größte gemeinschaftliche Theiler der Zahlen a und b seyn werde. Denn wenn für diese Zahlen a und b noch ein größerer gemeinschaftlicher Theiler als d statt fände, so würde derselbe auch ein gemeinschaftlicher Theiler von b und a — nb, folglich d nicht der größte seyn. Nun aber ist d der größte gemeinschaftliche Theiler von b und a — nb, also muß auch d der größte gemeinschaftliche Theiler von a und b seyn.

§. 458.

Diese drey Sätze vorausgesetzt, wollen wir nun die größere Zahl a durch die kleinere b, wie die Regel befiehlt, theilen, und für den Quotienten n annehmen, so erhält man den Rest a — nb, welcher immer kleiner ist als b. Da nun dieser Rest a — nb mit dem Divisor b eben denselben größten gemeinschaftlichen Theiler hat, als die gegebenen Zahlen a und b, so theile man den vorigen Divisor b durch diesen Rest a — nb, und da wird ebenfalls der herauskommende Rest mit dem nächst vorhergehenden Divisor eben denselben größten gemeinschaftlichen Theiler haben, und so immer weiter.

§. 459.

Man fährt aber auf diese Art fort, bis man auf eine solche Division kommt, welche aufgeht oder wo kein Rest übrig bleibt. Es sey daher p der letzte Divisor, welcher gerade etliche mal in seinem Dividendus

dendus enthalten ist, daher der Dividendus durch p
theilbar seyn, folglich diese Form mp haben wird.
Diese Zahlen nun p und mp lassen sich beyde durch p
theilen, und haben ganz gewiß keinen größern gemeinschaftlichen Theiler, weil sich keine Zahl durch
eine größere, als sie selbst ist, theilen läßt. Daher
ist auch der letzte Divisor der größte gemeine Theiler der beyden im Anfang gegebenen Zahlen a und b,
welches der Beweis der vorgeschriebenen Regel ist.

§. 460.

Wir wollen noch ein Exempel hersetzen und von
diesen Zahlen 1728 und 2304 den größten gemeinschaftlichen Theiler suchen, da dann die Rechnung
folgende seyn wird:

```
1728|2304|1
    |1728|
     576|1728|3
        |1728|
           0
```

Also ist 576 der größte gemeinschaftliche Theiler,
und das Verhältniß 1728 : 2304 wird auf dieses
gebracht 3 : 4; folglich verhält sich 1728 : 2304
eben so wie 3 : 4.

VIII. Capitel.

Von den geometrischen Proportionen.

§. 461.

Zwey geometrische Verhältnisse sind einander gleich,
wenn sie beyde einerley Exponenten haben, und die
Gleichheit zweyer solcher Verhältnisse wird eine geo-

metri=

metrische Proportion genannt, und auf folgende Art
geschrieben: a : b = c : d, mit Worten aber wird
dieselbe also ausgesprochen: a verhält sich zu b wie
sich c verhält zu d, oder a zu b wie c zu d. Ein
Beyspiel einer solchen Proportion ist nun 8 : 4 =
12 : 6. Denn von dem Verhältniß 8 : 4 ist der
Exponent 2, und eben diesen Exponenten hat auch
das Verhältniß 12 : 6.

§. 462.

Wenn also a : b = c : d eine geometrische Pro=
portion ist, so müssen die Exponenten auf beyden
Seiten gleich, und folglich $\frac{a}{b}=\frac{c}{d}$ seyn; und um=
gekehrt, wenn die Brüche $\frac{a}{b}$ und $\frac{c}{d}$ einander
gleich sind, so ist a : b = c : d.

§. 463.

Eine geometrische Proportion besteht daher aus
vier Gliedern, welche also beschaffen sind, daß das
erste durch das zweyte dividirt eben so viel giebt, als
das dritte durch das vierte dividirt. Hieraus folgt
eine sehr wichtige Haupteigenschaft aller geometri=
schen Proportionen, welche darin besteht: daß das
Product aus dem ersten und vierten
Gliede immer eben so groß ist, als das
Product aus dem zweyten und dritten.
Oder kürzer: das Product der äußern Glie=
der ist dem Product der mittlern Glie=
der gleich.

§. 464.

Um diese Eigenschaft zu beweisen, so sey a : b =
c : d eine geometrische Proportion, und also $\frac{a}{b}=\frac{c}{d}$.
Man multiplicire einen jeden dieser Brüche mit b,
so

so bekommt man a $= \frac{bc}{d}$; man multiplicire ferner
auf beyden Seiten mit d, so bekommt man ad $=$ bc.
Nun aber ist ad das Product der äußern Glieder
und bc das Product der mittlern, welche beyde
Producte, folglich einander gleich sind.

§. 465.

Wenn umgekehrt vier Zahlen a, b, c, d, so
beschaffen sind, daß das Product der äußern ad dem
Product der mittlern bc gleich ist, so stehen dieselben
in einer geometrischen Proportion. Denn da ad=bc,
so dividire man beyderseits durch bd, und man be=
kommt $\frac{ad}{bd} = \frac{bc}{bd}$ oder $\frac{a}{b} = \frac{c}{d}$; daher wird a : b = c : d.

§. 466.

Die vier Glieder einer geometrischen Proportion
als a : b = c : d können auf verschiedene Arten versetzt
werden, so daß die Proportion bleibt. Es kommt
nemlich nur darauf an, daß das Product der äußern
Glieder dem Product der mittlern gleich bleibe, oder
daß ad= bc. Also wird man haben, erstlich b : a =
d : c, zweytens a : c = b : d, drittens d : b = c : a,
viertens d : c = b : a.

§. 467.

Außer diesen lassen sich auch noch viele andere
Proportionen aus einer gegebenen Proportion her=
leiten. Denn wenn a : b = c : d, so ist erstlich
a + b : a oder das erste + dem andern zum ersten,
wie c + d : c, oder das dritte + dem vierten zum
dritten, nemlich a + b : a = c + d : c, oder auch
a + b : b = c + d : d. Denn in der ersten Proportion
ist das Product aus den äußern Gliedern ac + bc,
und das Product aus den mittlern ac + ad. Da
nun aus der angenommenen Grundproportion a : b
R 5 $\qquad$ = c : d

$= c : d$ die Gleichheit der Producte bc und ad fließt,
so erhellet auch hieraus die Gleichheit der Producte
ac $+$ bc und ac $+$ ad; folglich die Richtigkeit der
Proportion a $+$ b : a $=$ c $+$ d : c (§. 465). Auf
eine ähnliche Art kann man sich auch von der Richtigkeit der letztern Proportion a $+$ b : b $=$ c $+$ d : d
überzeugen, weil die äußern Glieder in einander
multiplicirt eben so viel geben, als das Product aus
den mittlern Gliedern.

Hernach ist auch das erste, — dem andern zum
ersten, wie das dritte — dem vierten zum dritten;
oder a — b : a $=$ c — d : c.

Denn nimmt man die Producte der äußern und
mittlern Glieder, so ist offenbar ac — bc $=$ ac — ad,
weil ad $=$ bc. Ferner wird auch a — b : b $=$ c — d : d,
weil ad — bd $=$ bc — bd und ad $=$ bc ist.

§. 468.

Alle Proportionen, die sich aus der Proportion
a : b $=$ c : d herleiten lassen, können folgendergestalt
auf eine allgemeine Art vorgestellt werden:

$$ma + nb : pa + qb = mc + nd : pc + qd.$$

Denn das Product der äußern Glieder ist
$$mpac + npbc + mqad + nqbd,$$
und weil ad $=$ bc, so wird dasselbe
$$mpac + npbc + mqbc + nqbd.$$
Das Product der mittlern Glieder aber ist
$$mpac + mqbc + npad + nqbd,$$
und weil ad $=$ bc, so wird dasselbe
$$mpac + mqbc + npbc + nqbd,$$
welches mit jenem einerley ist.

Zusatz. Wenn m $=$ q $=$ 1 und n $=$ p $=$ 0,
so wird aus obiger Proportion folgende:
$$a : b = c : d.$$
Wenn m $=$ n $=$ q $=$ 1 und p $=$ 0,
so entstehet folgende Proportion:
$$a + b : b = c + d : d.$$

So würde man alle besondere Proportionen aus jener allgemeinen ableiten können, wobey man merken muß, daß hier das Zeichen + weiter nichts als Hinzufügung der Größen bedeuten soll, übrigens können allerdings diese hinzugefügten Größen negativ seyn, so daß in diesem letzten Fall die Proportion $a + b : d = c + d : d$ in folgende verwandelt: $a - b : b = c - d : d$ werden kann.

§. 469.

Also kann man aus einer gegebenen Proportion, als z. B. $6 : 3 = 10 : 5$, unendlich viel andere herleiten, wovon wir nur einige hersetzen wollen:

1) $3 : 6 = 5 : 10$.

2) $6 : 10 = 3 : 5$.

3) $(3 + 6) : 6 = (5 + 10) : 10$ oder $9 : 6 = 15 : 10$, folgt aus No. 1.

4) $(6 - 3) : 3 = (10 - 5) : 5$ oder $3 : 3 = 5 : 5$, folgt aus $6 : 3 = 10 : 5$.

5) $(3 + 6) : 3 = (5 + 10) : 5$ oder $9 : 3 = 15 : 5$, folgt aus $6 : 3 = 10 : 5$.

6) $9 : 15 = 3 : 5$, folgt aus No. 5.

§. 470.

Da in einer geometrischen Proportion das Product der äußern Glieder dem Product der mittlern gleich ist, so kann man, wenn die drey ersten Glieder bekannt sind, aus denselben das vierte finden. Es seyen die drey ersten Glieder $24 : 15 = 40$ zu ... Denn da hier das Product der mittlern 600 ist, so muß das vierte Glied mit dem ersten, das ist mit 24 multiplicirt, auch 600 machen, folglich muß man 600 durch 24 dividiren, und da wird der Quotient das gesuchte vierte Glied 25 geben. Daher ist die Proportion $24 : 15 = 40 : 25$. Und wenn allgemein die drey ersten Glieder $a : b = c : ...$ sind, so setze man für das unbekannte vierte Glied den Buchstaben d, und da $ad = bc$ seyn muß, so dividire man beyder-

beyderſeits durch a und man wird d = $\frac{bc}{a}$ bekommen;

folglich iſt das vierte Glied = $\frac{bc}{a}$; woraus ſich die allgemeine Regel herleiten läßt, daß man die vierte geometriſche Proportionalzahl findet, wenn man das zweyte Glied mit dem dritten multiplicirt und das Product durch das erſte Glied dividirt.

§. 471.

Hierauf beruhet nun der Grund der in allen Rechenbüchern ſo berühmten Regel detri, weil darin aus drey gegebenen Zahlen allezeit eine ſolche vierte geſucht wird, welche mit jenen in einer geometriſchen Proportion ſtehet, alſo daß ſich die erſte verhalte zur zweyten, wie die dritte zur vierten.

§. 472.

Hierbey ſind noch einige beſondere Umſtände zu bemerken, als: wenn zwey Proportionen einerley erſtes und drittes Glied haben, wie in dieſen a:b= c:d und a:f=c:g, ſo werden auch die zweyten den vierten proportional ſeyn, es wird ſich nemlich verhalten b:d=f:g; denn da aus der erſten a:c=b:d, und aus der andern a:c=f:g folgt, ſo ſind die Verhältniſſe b:d und f:g einander gleich, weil ein jedes dem Verhältniſſe a:c gleich iſt. Alſo da 5:100=2:40 und 5:15=2:6, ſo folgt daraus, daß 100:40=15:6.

§. 473.

Wenn aber zwey Proportionen ſo beſchaffen ſind, daß ſich einerley mittlere Glieder darin befinden, ſo werden ſich die erſten Glieder umgekehrt verhalten, wie die vierten. Wenn nemlich a:b=c:d und f:b=

$f : b = c : g$, so wird daraus $a : f = g : d$ folgen. Es
sey z. B. diese Proportion gegeben: $24 : 8 = 9 : 3$
und $6 : 8 = 9 : 12$, so wird daraus folgen $24 : 6 =$
$12 : 3$. Der Grund davon ist offenbar; denn die
erste giebt $ad = bc$ und die zweyte $fg = bc$; folglich
wird $ad = fg$, und $a : f = g : d$, oder $a : g = f : d$.

§. 474.

Aus zwey gegebenen Proportionen aber kann
immer eine neue gemacht werden, wenn man die
ersten und die zweyten, die dritten und die vierten
Glieder mit einander multiplicirt. Also aus diesen
Proportionen $a : b = c : d$ und $e : f = g : h$ entsteht
durch die Zusammensetzung diese: $ae : bf = cg : dh$.
Denn nach der ersten Proportion ist $ad = bc$ und aus
der zweyten folgt $eh = fg$, also wird auch $adeh = bcfg$
seyn. Nun aber ist $adeh$ das Product der äußern,
und $bcfg$ das Product der mittlern Glieder in der
neuen Proportion, welche folglich einander gleich sind.

§. 475.

Es seyen z. B. diese zwey Proportionen gegeben:
$6 : 4 = 15 : 10$ und $9 : 12 = 15 : 20$, so giebt die
Zusammensetzung derselben folgende Proportion:
$$6 . 9 : 4 . 12 = 15 . 15 : 10 . 20,$$
das ist $54 : 48 = 225 : 200$,
oder $9 : 8 = 9 : 8$.

§. 476.

Zuletzt ist hier noch zu merken, daß, wenn zwey
Producte einander gleich sind, als $ad = bc$, daraus
wieder eine geometrische Proportion gebildet werden
kann. Es verhält sich nemlich immer der eine Factor
des ersten Products zu einem des zweyten, wie der
andere Factor des zweyten zum andern des ersten.

Es

Es wird daher a : c = b : d ſeyn. Da z. B. 3 . 8 =
4 . 6, ſo folgt daraus dieſe Proportion: 8 : 4 = 6 : 3
oder 3 : 4 = 6 : 8, und da 3 . 5 = 15, ſo bekommt
man 3 : 15 = 1 : 5 oder 5 : 1 = 15 : 3 oder 3 : 1
= 15 : 5.

IX. Capitel.

Anmerkungen über den Nutzen der Proportionen.

§. 477.

Dieſe Lehre iſt in dem gemeinen Leben und im Han-
del und Wandel von ſolcher Nothwendigkeit, daß
faſt niemand dieſelbe entbehren kann. Die Preiſe
und Waaren ſind einander immer proportional und
bey den verſchiedenen Geldſorten kommt alles darauf
an, ihre Verhältniſſe zu einander zu beſtimmen.
Dieſes wird dazu dienen, daß die vorgetragene Lehre
beſſer erläutert und zum Nutzen angewendet werden
kann.

§. 478.

Will man das Verhältniß zwiſchen zwey Münz-
ſorten, z. B. zwiſchen einem Louisd'or und einem
Ducaten erforſchen, ſo muß man ſehen, wie viel
dieſe Stücke nach einerley Münzſorte gelten. Ein
Louisd'or gilt in Conventionsgelde 5 Thaler, und
ein Ducaten 2 Thaler 20 Groſchen, d. i. 2⅔ Thaler. Hieraus erhellet folgende Proportion:

1 Louisd'or : 1 Ducaten = 5 Thlr. : 2⅔ Thl.

Wenn man nun, um den Bruch wegzuſchaffen, die
letzten beyden Glieder dieſer Proportion mit 6 multiplicirt, ſo erhält man:

1 Louis-

1. Louisd'or : 1 Ducaten = 30 : 17.
Eben dieses Verhältniß würde man auch bekommen
haben, wenn man die beyden Münzsorten durch
Groschen ausgedrückt hätte. Denn da 5 Thl. = 120
Groschen und 2 Thl. 20 Groschen = 68 Groschen,
so hat auch folgende Proportion ihre Richtigkeit:

1 L. : 1 D. = 120 : 68,

d. i. wenn man mit 4 dividirt = 30 : 17.
Durch Hülfe dieses Verhältnisses, nach welchem
17 Louisd'or gerade 30 Ducaten gleich gelten, (weil
das Product der äußern Glieder dem Producte der
mittlern gleich seyn muß) läßt sich also ohne Schwie=
rigkeit eine gegebene Summe Ducaten in Louisd'or
und umgekehrt eine Menge Louisd'or in Ducaten
verwandeln. Denn fragt man z. B. wie viel 1000
Louisd'or in Ducaten betragen, so darf man nur
folgendergestalt schließen:

17 L. : 1000 L. = 30 D. : x D.

Das vierte Glied aber, nemlich x Ducaten ist:

$$\frac{30 \cdot 1000}{17} = 1764\frac{12}{17} \text{ Ducaten (§. 470).}$$

Fragt man aber, wie viel 1000 Ducaten in Louis=
d'or betragen, so setzt man diese Regeldetri:

30 D. : 1000 D. = 17 L. : x L.

also x Louisd'or $= \frac{17 \cdot 1000}{30} = 566\frac{2}{3}$ Louisd'or.

§. 479.

In Petersburg ist der Werth eines Ducaten
sehr veränderlich und beruhet auf dem Wechselcours,
wodurch der Werth eines Rubels in holländischen
Stübern bestimmt wird, deren 105 einen Ducaten
ausmachen.

Wenn also der Cours 45 Stüber ist, so hat
man diese Proportion: 1 Rbl. : 1 D. = 45 : 105 =
3 : 7, und daher diese Vergleichung: 7 Rbl. =
3 Duc.

3 Duc.. Hieraus kann man finden, wie viel ein Ducaten in Rubel betrage: denn $\frac{3}{7}$ D. : 7 Rbl. $=$ 1 D..... Antwort $2\frac{1}{3}$ Rubel. Ist aber der Cours 50 Stüber, so hat man diese Proportion 1 Rbl. : 1 Duc. $=50:105=10:21$, und daher diese Vergleichung: 21 Rbl. $=10$ Duc. Hieraus wird 1 Duc. $=2\frac{1}{10}$ Rubel. Ist aber der Cours nur 44 Stüber, so hat man 1 Rubel : 1 Duc. $=44=105$, und also 1 Duc. $=2\frac{17}{44}$ Rbl. $=2$ Rbl. $38\frac{7}{11}$ Cop.

§. 480.

Auf eben diese Art kann man auch mehr als zwey verschiedene Münzsorten unter sich vergleichen, welches bey Wechseln häufig geschieht. Um davon ein Beyspiel zu geben, so soll jemand von Petersburg 1000 Rubel nach Berlin übermachen, und verlangt daher zu wissen, wie viel diese Summe zu Berlin in Ducaten betragen werde. Angenommen, daß der Cours in Petersburg $47\frac{1}{2}$ Stüber (nemlich ein Rbl. macht $47\frac{1}{2}$ Stüber holländisch). Hernach in Holland machen 20 Stüber 1 Fl. holl. Ferner $2\frac{1}{2}$ Fl. holl. machen einen Species = Thl. holl. Ferner ist der Cours von Holland nach Berlin 142, das ist für 100 Spec. Thl. zahlt man in Berlin 142 Thl. Endlich gilt 1 Duc. in Berlin 3 Thl.

§. 481.

Um diese Frage aufzulösen, so wollen wir erstlich Schritt vor Schritt gehen. Wir fangen also bey den Stübern an, und da 1 Rbl. $=47\frac{1}{2}$ Stüber, oder 2 Rbl. $=95$ Stb., so setzt man: 2 Rbl. : 95 Stb. $=1000$... Antwort: 47500 Stüber. Ferner gehen wir weiter und setzen 20 Stb. : 1 Fl. $=47500$ Stb. ... Antwort: 2375 Fl.

Ferner

Ferner da 2⅖ Fl. = 1 Spec. Thl., das ist, da 5 Fl. = 2 Sp. Thaler, so setzt man 5 Fl. : 2 Sp. Th. = 2375 Fl. zu . . . Antwort: 950 Sp. Thl.

Hierauf kommen wir auf berliner Thl. nach dem Cours zu 142. Also 100 Sp. Thl. : 142 Thl. = 950 . . . Antwort: 1349 Thlr.

Nun gehen wir endlich zu den Ducaten und setzen also: 3 Thl. : 1 Ducaten = 1349 Thl. zu . . . Antwort: 449⅔ Ducaten.

§. 482.

Um diese Rechnungsart noch mehr zu erläutern, so wollen wir annehmen, der Banquier zu Berlin mache Schwierigkeit diese Summe zu bezahlen, unter einem oder dem andern Vorwand, was es auch für einer seyn mag, und lasse sich hiezu nur durch die Bewilligung eines Abzugs von 5 Procent bewegen. Dieses ist aber so zu verstehen, daß er anstatt 105 nur 100 bezahlt, daher muß noch diese Proportion hinzugefügt werden: 105 : 100 = 449⅔ zu . . . . . Giebt also 428⅛⅔ Ducaten.

§. 483.

Zur Auflösung dieser Frage werden nun sechs Rechnungen nach der Regeldetri erfordert; man hat aber Mittel gefunden, diese Rechnungen durch Hülfe der sogenannten Kettenregel sehr abzukürzen. Um diese zu erklären, so wollen wir von den sechs obigen Rechnungen die zwey Vordersätze betrachten und hier vor Augen legen:

I.) 2 Rbl. : 95 Stüb. II. 20 Stüb. : 1 Fl. holl.
III.) 5 Fl. holl. : 2 Sp. Thl. IV. 100 Sp. Thl. : 142 Thl.
V.) 3 Thl. : 1 Sp. Ducaten VI. 105 Duc. : 100 Duc.

Wenn wir nun diese Rechnungen betrachten, so finden wir, daß wir die gegebene Summe immer durch die zweyten Sätze multiplicirt und durch die

S   ersten

erſten dividirt haben; daraus zeigt ſich, daß man eben dieſes finden werde, wenn man die gegebene Summe auf einmal mit dem Product aller zweyten multiplicirt und durch das Product aller erſten Sätze dividirt; oder wenn man dieſe einzige Regeldetri macht: wie ſich das Product aller erſten Sätze verhält u dem Producte aller zweyten Sätze, alſo verhält ſich die gegebene Anzahl Rubel zu der Anzahl Ducaten, die in Berlin bezahlt wird.

§. 484.

Dieſe Rechnung wird noch mehr abgekürzt, wenn ſich irgend ein erſter Satz gegen irgend einen zweiten Satz aufheben läßt, da man denn dieſelben Sätze ausſtreicht und an ihrer Stelle die Quotienten ſetzt, welche man durch die Aufhebung erhält. Auf dieſe Art wird obiges Exempel alſo zu ſtehen kommen:

Thl. *2.*   19 ₰ꝝ St. holl. Cur.   1000 Thl.

  2₰.   1 holl. Fl.

  ꝝ.   *2* Sp. Thl.

  100.   142 Thl.

  3.   1 Duc.

  1₰ꝝ. 21 ꝝ, *1₰₰* Duc.

$$63₰₵ : 269ꝝ = 10₰₰ \text{ zu} \dots$$

  7) 26980

  9) 3854 (2

    4·8 (2 Antwort: 428$\frac{15}{6\cdot3}$ Ducaten.

§. 485.

Wenn man die Kettenregel gebrauchen will, ſo muß man folgende Ordnung beobachten: man fängt mit eben der Münzſorte an, von welcher die Frage iſt, und vergleicht dieſelbe mit einer andern, mit welcher das folgende Verhältniß wieder anfängt, um

dieſe

diese Münzsorte mit einer dritten zu vergleichen, so daß ein jedes Verhältniß mit eben der Münzsorte anfängt, mit welcher das vorige aufgehört, und so fährt man fort, bis man auf diejenige Sorte kömmt, in welcher die Antwort stehen soll; zuletzt werden noch die Spesen oder Unkosten berechnet.

§. 486.

Zu mehrerer Erläuterung wollen wir noch einige Beyspiele hersetzen.

Wenn die Ducaten in Hamburg 1 p. C. besser sind als 2 Thl. B° (das ist, wenn 50 Duc. nicht 100, sondern 101 Thl. B° machen) und der Cours zwischen Hamburg und Königsberg 119 Gr. poln. (das ist, 1 Thl. B° macht 119 Gr. poln.) wie viel betragen 1000 Ducaten in Fl. poln. (30 Gr. poln. machen 1 Fl. pol.)

$$
\begin{array}{lll}
\text{Duc.} \quad 1 & : \quad 7\,\text{Thl. B}° & 1000\,\text{Duc.} \\
1\cancel{0}\cancel{0},50 & : \ 101\,\text{Thl. B}° & \\
1 & : \ 119\,\text{Gr. poln.} & \\
30 & : \ 1\,\text{Fl. poln.} & \\
\hline
15\cancel{0}\cancel{0} & \ 12019 = 1\cancel{0}\cancel{0}\cancel{0}\,\text{Duc. zu} \dots
\end{array}
$$

$$
\begin{array}{l}
3)\ 120190 \\
\hline
5)\ \ 40063\ (1 \\
\hline
\quad\ 8012\ (3 \quad \text{Antwort: } 8012\tfrac{2}{3}\,\text{Fl. pol.}
\end{array}
$$

§. 487.

Noch zu mehrerer Abkürzung kann die Frage=zahl über die zweyte Reihe gesetzt werden, da denn das Product der zweyten Reihe, durch das Product der ersten dividirt, die verlangte Antwort giebt.

Beyspiel: Leipzig läßt aus Amsterdam Ducaten kommen, welche daselbst 5 Fl. 4 St. Courant gelten (das ist, ein Duc. gilt 104 St. oder 5 Duc.

machen

machen 26 Fl. holl.) Wenn nun Agio di B° in Amsterdam 5 p. C. (das ist 105 Cour. macht 100 B°) und der Wechselcours von Leipzig nach Amsterdam in B° 133¼ p. C. (das ist für 100 Thl. zahlt man in Leipzig 133¼ Thl.) Endlich 2 Thl. holl. 5 Fl. holl. thun, wie viel sind nach diesen Coursen für solche 1000 Ducaten in Leipzig an sächsischen Gelde zu bezahlen.

$$8, 1000 \text{ Duc.}$$

Duc. 8	:	26 Fl. holl. Cour.
108, 21	:	4,20,100 Fl. holl. B°
8	:	2 Thl. holl. B°
400, 2	:	533 Thl. in Leipzig

$$21 \quad : \quad 3)55432 \,(1$$
$$7)18477\,(4$$
$$2639$$

Antwort: 2639 11/21 Thl.
oder 2639 Thlr. 15 gute Grsch.

X. Capitel.

Von den zusammengesetzten Verhältnissen.

§. 488.

Zwey oder mehr Verhältnisse werden zusammenge-setzt, wenn man sowohl die Vordersätze als die Hin-tersätze besonders mit einander multiplicirt; und als-dann sagt man, daß das Verhältniß zwischen diesen beyden Producten aus den zwey oder mehr gegebenen Verhältnissen zusammengesetzt sey.

Z. B.

Z. B. aus den Verhältnissen a : b, c : d, e : f
entsteht durch die Zusammensetzung dieses Verhältniß: ace : bdf.

§. 489.

Da ein Verhältniß einerley bleibt, wenn man
seine beyden Glieder durch einerley Zahl dividirt oder
abkürzt, so kann man die obige Zusammensetzung
sehr erleichtern, wenn man die Vordersätze gegen
die Hintersätze aufhebt oder abkürzt, wie schon im
vorigen Capitel geschehen ist.

Also aus folgenden gegebenen Verhältnissen
wird das daraus zusammengesetzte solcher Gestalt
gefunden.

Die gegebenen Verhältnisse sind:

12 : 25, 28 : 33 und 55 : 56

$$
\begin{array}{lcl}
1\not{2}, \not{4}, 2 & : & 5 \\
\not{2}8 & : & \not{3}, \not{3}\not{3} \\
\not{5}\not{5}, \not{5} & : & \not{2}, \not{5}\not{6} \\
\hline
2 & : & 5
\end{array}
$$

Also erhält man durch die Zusammensetzung das
Verhältniß 2 : 5.

§. 490.

Eben dieses findet auch auf eine allgemeine Art
bey den Buchstaben statt; und es ist besonders der
Fall merkwürdig, wo immer ein Vordersatz dem vorigen Hintersatz gleich ist. Also wenn die gegebenen
Verhältnisse sind:

$$
\begin{array}{ccc}
a & : & b \\
b & : & c \\
c & : & d \\
d & : & e \\
e & : & a \\
\hline
\end{array}
$$

so ist das zusammengesetzte Verhältniß wie 1 : 1.

S 3　　　　　§. 491.

§. 491.

Um den Nutzen dieser Lehre zu zeigen, so bemerke man, daß zwey viereckige Felder unter sich ein Verhältniß haben, welches aus den Verhältnissen ihrer Längen und ihrer Breiten zusammengesetzt ist.

Es heißen z. B. zwey solche Felder A und B. Von jenem sey die Länge 500 Fuß, die Breite aber 60 Fuß. Von diesem sey die Länge 360 Fuß und die Breite 100 Fuß, so ist das Verhältniß der Länge wie 500 : 360 und der Breite wie 60 : 100.

$$\begin{array}{ccc} 5\!\!\!\!/0\!\!\!\!/0\!\!\!\!/0\,5 & : & 6, \cancel{360} \\ \cancel{60} & : & \cancel{100} \\ \hline 5 & : & 6 \end{array}$$

Also verhält sich das Feld A zu dem Felde B wie 5 zu 6.

§. 492.

Ein anderes Beyspiel. Das Feld A sey 720 Fuß lang und 88 Fuß breit; das Feld B aber sey 660 Fuß lang und 90 Fuß breit, so muß man folgende zwey Verhältnisse zusammensetzen:

Verhältniß der Längen: $\cancel{720}, 8$: $15, \cancel{60}, \cancel{660}$
Verhältniß der Breiten $88, 8, 2$: $\cancel{90}$

16 : 15

Und dieses ist das Verhältniß der Felder A und B.

§. 493.

Um ferner den Raum oder Inhalt zweyer Zimmer gegen einander zu vergleichen, so ist bekannt, daß ihr Verhältniß aus dreyen zusammengesetzt ist, nemlich aus dem Verhältniß der Länge, der Breite und der Höhe. Es sey z. B. ein Zimmer A, dessen Länge = 36 Fuß, die Breite = 16 Fuß und die Höhe = 14 Fuß. Von einem andern Zimmer B aber sey die Länge = 42 Fuß, die Breite = 24 Fuß und die Höhe = 10 Fuß, so sind die drey Verhältnisse:

der

der Länge 38, 6, 8 : 48, 6
der Breite 18, 2, : 24, 8
der Höhe 14, 2, : 10, 5

4 : 5

Also verhält sich der Inhalt des Zimmers A zu dem Inhalt des Zimmers B wie 4 zu 5.

§. 494.

Wenn die Verhältnisse, welche man auf diese Art zusammensetzt, einander gleich sind, so entstehen daraus vervielfältigte Verhältnisse. Nemlich aus zwey gleichen entsteht ein doppeltes oder quadratisches Verhältniß; aus drey gleichen ein dreyfaches oder cubisches u. s. f. Also aus den Verhältnissen a:b und a:b ist das zusammengesetzte Verhältniß $a^2 : b^2$; daher sagt man, die Quadrate stehen in einem doppelten Verhältniß ihrer Seiten. Und aus dem Verhältniß a:b dreymal gesetzt, entsteht das Verhältniß $a^3 : b^3$, daher sagt man, daß die Cubi ein dreyfaches Verhältniß ihrer Seiten haben.

§. 495.

In der Geometrie wird gezeigt, daß zwey kreisrunde Plätze in dem doppelten Verhältnisse ihrer Durchmesser stehen, d. h. daß sie sich wie die Quadrate ihrer Durchmesser verhalten.

Es sey ein solcher Platz A, dessen Durchmesser = 45 Fuß; der Durchmesser eine andern zirkelrunden Platzes B aber sey = 30 Fuß, so wird sich jener Platz zu diesem wie 45. 45 zu 30. 30 verhalten, oder ihr Verhältniß ist aus folgenden zwey gleichen Verhältnissen zusammengesetzt:

48, 9, 3 : 30, 6, 2
48, 9, 3 : 30, 6, 2

9 : 4

Folglich verhalten sich diese Plätze wie 9 zu 4.

§. 496.

Ferner wird auch in der Geometrie bewiesen, daß sich die Inhalte zweyer Kugeln, wie die Cubiczahlen ihrer Durchmesser verhalten. Wenn also der Durchmesser einer Kugel A ein Fuß, und einer andern Kugel B zwey Fuß ist, so wird der Inhalt der Kugel A sich zum Inhalt der Kugel B wie $1^3 : 2^3$ oder wie $1 : 8$ verhalten.

Wenn also diese Kugeln aus einerley Materie bestehen, so wird die Kugel B achtmal mehr wiegen, als die Kugel A.

§. 497.

Hieraus kann man das Gewicht der Kanonenkugeln aus ihren Durchmessern finden, wenn man nur von einer das Gewicht hat. Es sey z. B. das Gewicht einer Kugel A, 5 Pfund und ihr Durchmesser $= 2$ Zoll; man fragt nach dem Gewicht einer andern Kugel B, deren Durchmesser $= 8$ Zoll ist. Hier hat man nun diese Proportion $2^3 : 8^3 = 5 : x$. Das Gewicht x, d. i. der Kugel B, beträgt also 320 ℔. Von einer andern Kugel C aber, deren Durchmesser $= 15$ Zoll, wird das Gewicht gefunden:

$$2^3 : 15^3 = 5 : x. \text{ Antwort: } 2109\tfrac{3}{8} \text{ ℔} = x.$$

§. 498.

Sucht man das Verhältniß zweyer Brüche, als $\frac{a}{b} : \frac{c}{d}$, so kann dasselbe immer durch ganze Zahlen ausgedrückt werden; denn man darf nur beyde Brüche mit bd multipliciren, so kommt dieses Verhältniß ad : bc heraus, welches jenem gleich ist, daher entsteht folgende Proportion $\frac{a}{b} : \frac{c}{d} = ad : bc$. Läßt sich nun ad gegen bc noch abkürzen, so wird das Verhältniß noch leichter. Also $1\tfrac{5}{4} : 2\tfrac{5}{6} = 15. 36 : 24. 25 = 9 : 10$.

§. 499.

§. 499.

Es wird ferner gefragt, wie ſich dieſe Brüche $\frac{1}{a}$ und $\frac{1}{b}$ gegen einander verhalten; hier iſt ſogleich erwieſen, daß ſich $\frac{1}{a} : \frac{1}{b}$ wie b : a verhält, welches mit Worten alſo ausgeſprochen wird: daß ſich zwey Brüche, deren Zähler 1 iſt, unter ſich umgekehrt, wie ihre Nenner verhalten. Dieſes gilt auch von zweyen Brüchen, welche gleiche Zähler haben. Denn da $\frac{c}{a} : \frac{c}{b} = b : a$, ſo verhalten ſie ſich gleichfalls umgekehrt wie ihre Nenner. Haben aber zwey Brüche gleiche Nenner, als $\frac{a}{c} : \frac{b}{c}$, ſo verhalten ſie ſich wie die Zähler, nemlich wie a : b. Alſo iſt $\frac{3}{4} : \frac{3}{16} = \frac{6}{16} : \frac{3}{16} = 6 : 3 = 2 : 1$ und $\frac{10}{7} : \frac{15}{7} = 10 : 15$ oder 2 : 3.

§. 500.

Bey dem freyen Fall der Körper bemerkt man, daß in einer Secunde ein Körper 15 par. Fuß tief herab falle, in zwey Secunden aber falle er durch eine Höhe von 60 Fuß, und in drey Secunden 135 Fuß, daraus hat man nun geſchloſſen, daß ſich die Höhen verhalten, wie die Quadrate der Zeiten; und alſo auch rückwärts die Zeiten, wie die Quadratwurzeln aus den Höhen.

Fragt man nun, wie viel Zeit ein Stein brauche, um aus einer Höhe von 2160 Fuß herunter zu fallen, ſo iſt 15 : 2160 = 1 : Quadrat der geſuchten Zeit.

Alſo iſt das Quadrat der geſuchten Zeit 144, die Zeit aber ſelbſt $= \sqrt{144} = 12$ Secunden.

§. 501.

Man fragt ferner, wie tief ein Stein in einer Stunde herunter fallen könne, das iſt in 3600 Secunden?

S 5 　　　　Man

Man sagt also: wie die Quadrate der Zeiten, das ist wie $1^2 : 3600^2$, also verhält sich die gegebene Höhe = 15 Fuß zu der gesuchten Höhe

1 : 12960000 = 15 zu ...

$$\begin{array}{r} 15 \\ \hline 64800000 \\ 1296 \\ \hline 194400000 \end{array}$$ Antwort: 194400000 Fuß.

Rechnen wir nun 24000 Fuß auf eine deutsche Meile, so wird diese Höhe 8100 Meilen seyn, welche Höhe größer ist als viermal die ganze Dicke der Erde.

§. 502.

Eine gleiche Bewandniß hat es mit dem Preis der Edelsteine, welcher sich nicht nach ihrem Gewicht selbst, sondern nach einem größern Verhältniß richtet. Bey den Diamanten gilt diese Regel: der Preis verhält sich, wie das Quadrat des Gewichts, oder das Verhältniß der Preise ist dem doppelten Verhältnisse des Gewichts gleich. Sie werden nun nach einem Gewicht, welches ein Karath genannt wird, und vier Gran hält gewogen. Wenn nun ein Diamant von einem Karath zwey Thlr. gilt, so wird ein Diamant von 100 Karath so viel mehr gelten, als das Quadrat von 100 größer ist, wie das Quadrat von 1. Also muß die Regeldetri so gesetzt werden:

$1^2 : 100^2 = 2$ Thlr. . . .

oder 1 : 10000 = 2 Thlr. zu ... Antwort 20000 Th.

In Portugal befindet sich ein Diamant von 1680 Karath, dessen Preiß daher also gefunden wird:

$1^2 : 1680^2 = 2$ Thlr. : — oder

1 : 2822400 = 2 : ... Antwort 5644800 Thlr.

§. 503.

§. 503.

Von zusammengesetzten Verhältnissen geben die Posten ein merkwürdiges Beyspiel, weil das Postgeld nach einem zusammengesetzten Verhältnisse der Zahl der Pferde, und der Zahl der Meilen bezahlt werden muß. Wenn also für ein Pferd auf eine Meile 8 Gr. oder ⅓ Thlr. bezahlt wird, und man wissen will, wie viel für 28 Pferde auf 4½ Meile bezahlt werden soll? so setzt man erstlich das Verhältniß der Pferde, das ist 1 : 28, darunter schreibt man das Verhältniß der Meilen 2 : 9, und setzt die zwey Verhältnisse zusammen 2 : 252, oder kürzer 1 : 126 = ⅓ zu . . . Antwort 42 Thlr.

Wenn man für 8 Pferde auf 3 Meilen einen Ducaten bezahlt, wie viel kosten 30 Pferde auf 4 Meilen? Hier kommt die Rechnung also zu stehen:

$$8, 2 \quad : \quad 30, 28, 5$$
$$8 \quad : \quad 4$$
$$\overline{1 \quad : \quad 5 = 1 \text{ Ducaten} : \ldots}$$

Daher ist die Bezahlung 5 Ducaten.

§. 504.

Auch bey Arbeitern kommt diese Zusammensetzung der Verhältnisse vor, da die Bezahlung nach dem zusammengesetzten Verhältniß der Zahl der Arbeiter, und der Zahl der Tage geschehen muß.

Wenn also z. B. einem Maurer täglich 10 Gr. gegeben wird und man will wissen, wie viel an 24 Maurer, welche 50 Tage lang gearbeitet haben, bezahlt werden soll? so steht die Rechnung also:

$$1 : 24$$
$$1 : 50$$
$$\overline{1 : 1200} = 10 \text{ Gr.} : 500 \text{ Thl.}$$
$$10$$
$$\overline{12000} \text{ Gr.}$$

3) ──────
$$4000$$

8) ──────
$$500 \text{ Thlr.}$$

Weil in dergleichen Beyſpielen fünf Sätze gegeben ſind, ſo wird in den Rechenbüchern die Art, dieſelben zu berechnen, die Regel quinque genannt.

────────────

XI. Capitel.

Von den geometriſchen Progreſſionen.

§. 505.

Eine Reihe Zahlen, welche immer gleich vielmal
größer oder kleiner werden, wird eine geometriſche Progreſſion genannt, weil immer ein jedes
Glied zu dem folgenden in eben demſelben geometriſchen Verhältniſſe ſteht, und die Zahl, welche anzeigt, wie vielmal ein jedes Glied größer iſt, als das
vorhergehende, heißt der Nenner oder der Exponent; wenn alſo das erſte Glied 1 iſt und der Nenner = 2, ſo iſt die geometriſche Progreſſion folgende:
Glieder 1, 2, 3, 4, 5, 6, 7, 8, 9, 10.
Prog. 1, 2, 4, 8, 16, 32, 64, 128, 256, 512 u. ſ. f.
(Es ſind hier die Anzeiger darüber geſetzt, um
anzuzeigen, das wievielſte Glied ein jedes ſey.)

§. 506.

§. 506.

Wenn man überhaupt das erſte Glied = a und den Nenner = b ſetzt, ſo kommt die geometriſche Progreſſion alſo zu ſtehen:

$$1, \quad 2, \quad 3, \quad 4, \quad 5, \quad 6, \quad 7, \quad 8. \; . \; . \quad n$$
$$\text{Prog.} \; a, \; ab, \; ab^2, \; ab^3, \; ab^4, \; ab^5, \; ab^6, \; ab^7, \ldots ab^{n-1}$$

Wenn alſo dieſe Progreſſion aus n Gliedern beſteht, ſo iſt das letzte $= ab^{n-1}$. Hier iſt zu merken, wenn der Nenner b größer iſt als 1, daß die Glieder immer größer werden, iſt aber der Nenner b = 1, ſo bleiben die Glieder immer einander gleich, und iſt der Nenner b kleiner als 1, oder ein Bruch, ſo werden die Glieder auch immer kleiner. Alſo wenn a = 1 und b = $\frac{1}{2}$, ſo bekommt man dieſe geometriſche Progreſſion:

$$1, \; \tfrac{1}{2}, \; \tfrac{1}{4}, \; \tfrac{1}{8}, \; \tfrac{1}{16}, \; \tfrac{1}{32}, \; \tfrac{1}{64}, \; \tfrac{1}{128} \; \text{u. ſ. f.}$$

§. 507.

Hierbey iſt noch folgendes zu betrachten:
I.) Das erſte Glied, welches hier a genannt wird,
II.) der Nenner, welcher hier b genannt wird,
III.) die Anzahl der Glieder, welche = n geſetzt worden,
IV.) das letzte Glied, welches gefunden worden $= ab^{n-1}$

Daher wenn die drey erſten Stücke gegeben ſind, ſo wird das letzte Glied leicht nach folgender Regel außer der Reihe gefunden: man erhebt den Nenner zu einer Dignität, deren Exponent 1 weniger beträgt, als die Zahl der Glieder, und multiplicirt hernach dieſe Dignität in das erſte Glied.

Wollte man nun von dieſer geometriſchen Progreſſion: 1, 2, 4, 8 u. ſ. f. das 50ſte Glied wiſſen, ſo iſt hier a = 1, b = 2, und n = 50; daher das 50ſte Glied $= 2^{49}$ ſeyn wird. Da nun $2^9 = 512$, ſo iſt $2^{10} = 1024$. Hiervon das Quadrat genommen,

giebt

giebt $2^{20} = 1048576$. Hiervon wieder das Quadrat genommen, giebt $2^{40} = 1099511627776$. Wenn man nun 2^{40} mit $2^9 = 512$ multiplicirt, so bekommt man $2^{49} = 512 \cdot 1099511627776 = 562949953421312$.

§. 508.

Hierbey pflegt nun besonders gefragt zu werden, wie man die Summe aller Glieder einer solchen Progression finden soll; dieses wollen wir hier folgender=gestalt zeigen.

Es sey erstlich diese Progression von 10 Gliedern gegeben: 1, 2, 4, 8, 16, 32, 64, 128, 256, 512, wovon wir die Summe durch den Buchstaben S andeuten wollen, also daß

$$S = 1+2+4+8+16+32+64+128+256+512$$

so wird dieses doppelt genommen geben:

$$2S = 2+4+8+16+32+64+128+256+512+1024.$$

Hiervon nehme man nun die obige Progression weg, so bleibt übrig:

$$S = 1024 - 1 = 1023;$$ also ist die gesuchte Summe $= 1023$.

§. 509.

Wenn wir nun bey eben dieser Progression die Anzahl der Glieder unbestimmt annehmen und $= n$ setzen, so wird die Summe $S = 1 + 2 + 2^2 + 2^3 \ldots 2^{n-1}$ seyn. Dieses mit 2 multiplicirt, giebt $2S = 2 + 2^2 + 3^3 + 2^4 \ldots 2^n$, von diesen subtrahirt man jenes, so bekommt man $S = 2^n - 1$. Daher wird die gesuchte Summe gefunden, wenn man das letzte Glied 2^{n-1} mit dem Renner 2 multiplicirt, um 2^n zu bekommen, und von diesem Product 1 subtrahirt.

§. 510.

Dieses wollen wir durch folgende Beyspiele erläutern, indem wir für n nach und nach 1, 2, 3, 4 schrei-

schreiben werden, als: 1=1, 1+2=3, 1+2+4=7,
1+2+4+8=15, 1+2+4+8+16=31,
1+2+4+8+16+32=63 u. s. f.

§. 511.

Hier pflegt auch die Frage vorzukommen: Es
verkauft jemand sein Pferd nach den Hufnägeln,
deren 32 sind; für den ersten Nagel fordert er 1
Pfennig, für den zweyten 2 Pfennige, für den dritten 4 Pfennige, für den vierten 8 Pfennige und immer für den folgenden zweymal so viel als für den
vorigen. Nun ist die Frage, wie hoch dieses Pferd
verkauft worden?

Hier muß also folgende geometrische Progreßion
1, 2, 4, 8, 16, 32, u. s. f. bis auf das 32ste
Glied fortgesetzt und die Summe von allen gesucht
werden. Da nun das letzte Glied $= 2^{31}$, so ist oben
schon $2^{20} = 1048576$ gefunden worden, dieses multiplicirt man mit $2^{10} = 1024$, um $2^{30} = 1073741824$
zu haben. Dieses mit 2 multiplicirt, giebt das letzte
Glied $2^{31} = 2147483648$; folglich wird die Summe
dieser Zahl doppelt genommen weniger 1, das ist
4294967295 Pfennige, gleich seyn.

2) 4294967295 Pf.

6) 2147483647 (1.

oder   35791394 Gr. 3 Pf.

3) 35791394 1

8) 11930464 7

oder   1491308o Thlr. 21 Gr. 3 Pf.

Also wird der Preis des Pferdes 1491308o
Thlr. 21 Gr. 3 Pf. seyn.

§. 512.

§. 512.

Es sey nun der Nenner $= 3$ und die geometrische Progression sey 1, 3, 9, 27, 81, 243, 729, und von diesen 7 Gliedern soll die Summe gefunden werden. Man setze dieselbe so lange $= S$, also daß:

$$S = 1 + 3 + 9 + 27 + 81 + 243 + 729.$$

Man multiplicire mit 3, um zu haben:

$$3S = 3 + 9 + 27 + 81 + 243 + 729 + 2187.$$

Hiervon subtrahire man die obige Reihe, so bekommt man $2S = 2187 - 1 = 2186$. Daher ist die doppelte Summe $= 2186$ und folglich die Summe 1093.

§. 513.

In eben dieser Progression sey die Anzahl der Glieder $= n$ und die Summe $= S$, also daß $S = 1 + 3 + 3^2 + 3^3 + 3^4 + \ldots 3^{n-1}$, dieses mit 3 multiplicirt, giebt $3S = 3 + 3^2 + 3^3 + 3^4 + \ldots \cdot 3^n$. Hiervon subtrahire man das obige, und weil sich alle Glieder der untern Reihe, außer dem letzten, gegen alle Glieder der obern, außer dem ersten, aufheben, so bekommt man $2S = 3^n - 1$ und also $S = \frac{3^n - 1}{2}$.

Also wird die Summe gefunden, wenn man das letzte Glied mit 3 multiplicirt, vom Product 1 subtrahirt und den Rest durch 2 theilt, wie aus folgenden Beyspielen zu ersehen: $1 = 1$, $1 + 3 = \frac{3 \cdot 3 - 1}{2} = 4$, $1 + 3 + 9 = \frac{3 \cdot 9 - 1}{2} = 13$, $1 + 3 + 9 + 27 = \frac{3 \cdot 27 - 1}{2} = 40$, $1 + 3 + 9 + 27 + 81 = \frac{3 \cdot 81 - 1}{2} = 121$.

§. 514.

Nun sey auf eine allgemeine Art das erste Glied $= a$, der Nenner $= b$, die Anzahl der Glieder $= n$ und die Summe derselben $= S$, also daß

$$S = a + ab + ab^2 + ab^3 + ab^4 + \ldots ab^{n-1}.$$

Dieses

Dieſes mit b multiplicirt, ſo bekommt man
$bS = ab + ab^2 + ab^3 + ab^4 + \ldots ab^n$. Hiervon
ſubtrahire man das obige, ſo erhält man $(b — 1)$.
$S = ab^n — a$, folglich bekommt man die geſuchte
Summe $S = \frac{ab^n — a}{b — 1}$. Daher wird die Sum=
me einer jeden geometriſchen Progreſ=
ſion gefunden, wenn man das letzte Glied
mit dem Nenner der Progreſſion multi=
plicirt, von dem Product das erſte Glied
ſubtrahirt und den Reſt durch den Nen=
ner weniger 1 dividirt.

§. 515.

Man habe eine geometriſche Progreſſion von 7
Gliedern; das erſte = 3 und der Nenner = 2, ſo iſt
$a = 3$, $b = 2$ und $n = 7$, folglich das letzte Glied
$3 . 2^6$, das iſt $3 . 64 = 192$, und die Progreſſion ſelbſt
$$3, \quad 6, \quad 12, \quad 24, \quad 48, \quad 96, \quad 192,$$
alſo das letzte Glied 192 mit dem Nenner 2 mul=
tiplicirt, giebt 384, davon das erſte Glied 3
ſubtrahirt, bleibt 381, dieſer Reſt durch $b — 1$, das
iſt, durch 1 dividirt, giebt 381, welches die Summe
der Progreſſion iſt.

§. 516.

Es ſey ferner eine geometriſche Progreſſion von
ſechs Gliedern gegeben, davon das erſte 4 und der
Nenner $\frac{3}{2}$, ſo daß die Progreſſion iſt:
$$4, \quad 6, \quad 9, \quad \tfrac{27}{2}, \quad \tfrac{81}{4}, \quad \tfrac{243}{8}.$$
Dieſes letzte Glied $\tfrac{243}{8}$ mit dem Nenner $\frac{3}{2}$ mul=
tiplicirt, giebt $\tfrac{729}{16}$, davon das erſte Glied 4 ſubtra=
hirt, giebt $\tfrac{665}{16}$, endlich dieſer Reſt dividirt durch
$b — 1 = \frac{1}{2}$, giebt $\tfrac{665}{8} = 83\tfrac{1}{8}$.

§. 517.

Wenn der Nenner kleiner iſt als 1 und alſo die
Glieder der Progreſſion immer abnehmen, ſo kann

die

die Summe einer solchen Progression, die ohne Ende
fortgeht angegeben werden.

Es sey z. B. das erste Glied $= 1$, der Nenner
$= \frac{1}{2}$, und die Summe $= S$, also daß
$$S = 1 + \tfrac{1}{2} + \tfrac{1}{4} + \tfrac{1}{8} + \tfrac{1}{16} + \tfrac{1}{32} + \tfrac{1}{64} \text{ u. s. f. ohne Ende.}$$
Man multiplicire mit 2, so bekommt man:
$$2S = 2 + 1 + \tfrac{1}{2} + \tfrac{1}{4} + \tfrac{1}{8} + \tfrac{1}{16} + \tfrac{1}{32} \text{ u. s. f. ohne Ende,}$$
hiervon ziehe man das obige ab, so bleibt $S = 2$,
welches die Summe der unendlichen Progression ist.

§. 518.

Es sey ferner das erste Glied $= 1$, der Nenner
$= \frac{1}{3}$, und die Summe $= S$, also daß
$$S = 1 + \tfrac{1}{3} + \tfrac{1}{9} + \tfrac{1}{27} + \tfrac{1}{81} \text{ u. s. f. ohne Ende.}$$
Man multiplicire alles mit 3, so hat man
$$3S = 3 + 1 + \tfrac{1}{3} + \tfrac{1}{9} + \tfrac{1}{27} + \tfrac{1}{81} \text{ u. s. f. ohne Ende.}$$
Hiervon nehme man die obige Reihe weg, so bleibt
$2S = 3$, folglich ist die Summe $= 1\frac{1}{2}$.

§. 519.

Es sey ferner das erste Glied $= 2$, der Nenner
$= \frac{3}{4}$, die Summe $= S$, also daß $S = 2 + \tfrac{3}{2} + \tfrac{9}{8} + \tfrac{27}{32}$
$+ \tfrac{81}{128}$ u. s. f. ohne Ende. Dieses multiplicire man
mit $\frac{4}{3}$, so hat man $\frac{4}{3}S = \tfrac{8}{3} + 2 + \tfrac{3}{2} + \tfrac{9}{8} + \tfrac{27}{32} + \tfrac{81}{128}$
u. s. f. ohne Ende. Hiervon das obige subtrahirt,
bleibt $\frac{1}{3}S = \tfrac{8}{3}$, also wird die Summe selbst gerade
8 seyn.

§. 520.

Wenn überhaupt das erste Glied $= a$ und der
Nenner der Progression $= \dfrac{b}{c}$, so daß dieser Bruch
kleiner ist als 1 und folglich b kleiner ist als c, so
kann die Summe dieser unendlichen Progression folgendergestalt gefunden werden. Man setzt
$$S = a + \frac{ab}{c} + \frac{ab^2}{c^2} + \frac{ab^3}{c^3} + \frac{ab^4}{c^4} \text{ u. s. f. ohne Ende.}$$

Hier

Hier multiplicirt man mit $\frac{b}{c}$, so bekommt man

$$\frac{b}{c} S = \frac{ab}{c} + \frac{ab^2}{c^2} + \frac{ab^3}{c^3} + \frac{ab^4}{c^4} \text{ u. s. f. ohne Ende.}$$

Dieses subtrahirt man von dem obigen, so bleibt $\left(1 - \frac{b}{c}\right) S = a$, folglich ist $S = \frac{a}{1 - \frac{b}{c}}$.

Multiplicirt man nun oben und unten mit c, so bekommt man $S = \frac{ac}{c-b}$, daher ist die Sume dieser unendlichen geometrischen Progression $= \frac{a}{1 - \frac{b}{c}}$ oder $\frac{ac}{c-b}$.

Diese Summe wird folglich gefunden, wenn man das erste Glied a dividirt durch 1 weniger dem Nenner; oder wenn man den Nenner von 1 subtrahirt, und durch den Rest das erste Glied dividirt.

§. 521.

Wenn in solchen Progressionen die Zeichen + und — mit einander abwechseln, so kann die Summe auf eben dieselbe Art gefunden werden. Denn es sey

$$S = a - \frac{ab}{c} + \frac{ab^2}{c^2} - \frac{ab^3}{c^3} + \frac{ab^4}{c^4} \text{ u. s. f.}$$

Dieses multiplicire man mit $\frac{b}{c}$, so bekommt man:

$$\frac{b}{c} S = \frac{ab}{c} - \frac{ab^2}{c^2} + \frac{ab^3}{c^3} - \frac{ab^4}{c^4} \text{ u. s. f.}$$

Dieses addire man zu dem obigen, so erhält man $\left(1 + \frac{b}{c}\right) S = a.$ Hieraus findet man die gesuchte Summe $S = \frac{a}{1 + \frac{b}{c}}$ oder $S = \frac{ac}{c+b}$.

T 2 §. 522.

§. 522.

Es sey z. B. das erste Glied a=$\frac{3}{5}$ und der Nenner der Progression = $\frac{2}{5}$, das ist b=2 und c=5, so wird von dieser Reihe $\frac{3}{5} + \frac{6}{25} + \frac{12}{125} + \frac{24}{625}$ u. s. f. die Summe also gefunden: der Nenner von 1 subtrahirt, bleibt $\frac{3}{5}$, dadurch muß man das erste Glied $\frac{3}{5}$ dividiren, so bekommt man die Summe = 1.

Wenn aber die Zeichen + und — abwechseln und diese Reihe vorgelegt ist:

$$\frac{3}{5} - \frac{6}{25} + \frac{12}{125} - \frac{24}{625} \text{ u. s. f.}$$

so wird die Summe seyn:

$$\frac{a}{1 + \dfrac{b}{c}} = \frac{\frac{3}{5}}{\frac{7}{5}} = \frac{3}{7}.$$

§. 523.

Zur Uebung soll diese unendliche Progression vorgelegt seyn:

$$\frac{3}{10} + \frac{3}{100} + \frac{3}{1000} + \frac{3}{10000} + \frac{3}{100000} \text{ u. s. f.}$$

Hier ist das erste Glied $\frac{3}{10}$ und der Nenner $\frac{1}{10}$. Dieser von 1 subtrahirt, bleibt $\frac{9}{10}$. Hierdurch das erste Glied dividirt, giebt die Summe = $\frac{1}{3}$.

Nimmt man nur ein Glied $\frac{3}{10}$, so fehlt noch $\frac{1}{30}$.

Nimmt man zwey Glieder $\frac{3}{10} + \frac{3}{100} = \frac{33}{100}$, so fehlt noch $\frac{1}{300}$ zu $\frac{1}{3}$ u. s. f.

§. 524.

Wenn diese unendliche Reihe gegeben ist:

$$9 + \frac{9}{10} + \frac{9}{100} + \frac{9}{1000} + \frac{9}{10000} \text{ u. s. f.}$$

so ist das erste Glied 9, der Nenner $\frac{1}{10}$, also 1 weniger dem Nenner ist $\frac{9}{10}$. Hierdurch das erste Glied 9 dividirt, so wird die Summe = 10. Hier ist zu merken, daß diese Reihe durch einen Decimalbruch also vorgestellt wird 9, 9999999 u. s. f.

Zusatz.

Zusatz. Von §. 517 an sind hier Reihen summirt worden, die eine unendliche Anzahl von Glieder haben, deren jedes ein ächter Bruch ist. Ich werde am letzten Beyspiele zeigen, wie man das hier gelehrte eigentlich verstehen soll. Wenn ich das erste Glied 9 der Reihe weglasse, so muß $S = \frac{9}{10} + \frac{9}{100} + \frac{9}{1000} --- = 0{,}999 --- = 1$ seyn. Summiren wir von dieser Reihe nur n Glieder, so fehlt an der Summe 1 auch noch $\frac{1}{10^n}$; denn S ist $= \frac{9}{10}\,\dfrac{\frac{1}{10^n}-1}{\frac{1}{10}-1} = \frac{9}{10}\cdot\frac{1-10^n}{10^n(1-10)}\cdot 10 = \frac{10^n-1}{10^n} = 1 - \frac{1}{10^n}$, je größer also n ist, je weniger fehlt an Eins. Wenn man daher die Reihe so weit, als man will, fortsetzen darf, so läßt sich keine Größe angeben, um welche ihre Summe kleiner bliebe als 1 ist; denn 10^n kann größer als jede Zahl und daher $\frac{1}{10^n}$ kleiner als jede gegebene Zahl werden.

Der Ausdruck: die Reihe lasse sich ins Unendliche fortsetzen, ist so zu verstehen: jedes folgende Glied der Reihe ist der zehnte Theil seines nächstvorhergehenden Gliedes, jenes hat eine Größe, wenn dieses eine hatte. Man kömmt also nie auf ein Glied, wo die Reihe aufhörte, und dieses ist die Bedeutung jenes Ausdrucks.

Summe einer unendlichen Reihe von Brüchen heißt daher eine Größe, der diese Reihe, ins Unendliche fortgesetzt, so nahe kommen kann, als man will, dergestalt, daß sich kein Unterschied zwischen dieser Größe und der Summe der Reihe angeben läßt.

XII. Capitel.

Von den unendlichen Decimalbrüchen.

§. 525.

Wir haben oben gesehen, daß man sich bey den logarithmischen Rechnungen statt der gemeinen Brüche der Decimalbrüche bedient, welches auch bey andern

dern

dern Rechnungen mit großem Vortheil geſchehen
kann.. Es kommt alſo darauf an zu zeigen, wie ein
gemeiner Bruch in einen Decimalbruch verwandelt
werde, und wie man den Werth eines Decimal=
bruchs umgekehrt durch einen gemeinen Bruch aus=
drücken ſoll.

§. 526.

Es ſey auf eine allgemeine Art der gegebene
Bruch $\frac{a}{b}$, welcher in einenDecimalbruch verwandelt
werden ſoll. Da nun dieſer Bruch den Quotienten
ausdrückt, welcher entſteht, wenn man den Zähler
a durch den Nenner b dividirt, ſo ſchreibe man ſtatt
a dieſe Form a, 0000000, welche offenbar nichts an=
ders anzeigt als die Zahl a, weil keine 10tel, keine
100tel u. ſ. f. vorhanden ſind. Dieſe Form theile
man nun durch die Zahl b nach den gewöhnlichen
Regeln der Diviſion, wobey man nur in Acht zu
nehmen hat, daß das Comma, welches die Deci=
malbrüche von den ganzen Zahlen abſondert, an ſei=
nen gehörigen Ort geſetzt werde. Dieſes wollen wir
nun durch folgende Beyſpiele erläutern.

Es ſey erſtlich der gegebene Bruch $\frac{1}{2}$, ſo kommt
die Decimaldiviſion wie folget zu ſtehen:

$$\frac{2)\; 1,0000000}{0,5000000} = \tfrac{1}{2}.$$

Hieraus ſehen wir, daß $\frac{1}{2}$ ſo viel ſey als 0, 5000000,
oder als 0, 5, welches auch offenbar iſt, indem die=
ſer Decimalbruch $\frac{5}{10}$ anzeigt, welches eben ſo viel
iſt als $\frac{1}{2}$. §. 527.

Es ſey ferner der gegebene Bruch $\frac{1}{3}$, ſo hat
man dieſen Decimalbruch:

$$\frac{3)\; 1,0000000}{0,3333333}\; \text{u. ſ. f.} = \tfrac{1}{3}.$$

Hieraus ſieht man, daß dieſer Decimalbruch,
deſſen Werth $= \frac{1}{3}$ iſt, nirgend abgebrochen werden
kann,

kann, sondern ins Unendliche durch lauter 3 fort-
läuft. Also machen alle diese Brüche $\frac{3}{10} + \frac{3}{100}$
$+ \frac{3}{1000} + \frac{3}{10000}$ u. s. f. ohne Ende zusammen genommen gerade so viel als $\frac{1}{3}$, wie wir schon oben
gezeigt haben.

Für $\frac{2}{3}$ findet man folgenden Decimalbruch, der
auch ins Unendliche fortläuft:

$$\frac{3)\ 2,\,0000000}{0,\,6666666} \text{ u. s. f.} = \frac{2}{3},$$

welches auch aus dem vorigen erwiesen ist, weil dieser Bruch zweymal so groß ist, als der vorige.

§. 528.

Es sey der gegebene Bruch $\frac{1}{4}$, so hat man diese
Decimaldivision:

$$\frac{4)\ 1,\,0000000}{0,\,2500000} = \frac{1}{4},$$

also ist $\frac{1}{4}$ so viel als 0, 2500000, oder als 0, 25,
welches beweiset, daß $\frac{2}{10} + \frac{5}{100} = \frac{25}{100} = \frac{1}{4}$ ist.

Eben so bekommt man für $\frac{3}{4}$ diesen Decimalbruch:

$$\frac{4)\ 3,\,0000000}{0,\,7500000} = \frac{3}{4},$$

also ist $\frac{3}{4} = 0,75$, das ist $\frac{7}{10} + \frac{5}{100} + \frac{7.5}{100}$, welcher Bruch, durch 25 abgekürzt, $\frac{3}{4}$ giebt.

Wollte man $\frac{5}{4}$ in einen Decimalbruch verwandeln, so hätte man

$$\frac{4)\ 5,\,0000000}{1,\,2500000} = \frac{5}{4},$$

dieses ist aber $1 + \frac{25}{100}$, das ist $1 + \frac{1}{4} = \frac{5}{4}$.

§. 529.

Auf solche Art wird $\frac{1}{5} = 0, 2$; und $\frac{2}{5} = 0, 4$;
ferner $\frac{3}{5} = 0, 6$; $\frac{4}{5} = 0, 8$ und $\frac{5}{5} = 1$; weiter $\frac{6}{5} = 1,$
2 u. s. f.

Wenn der Nenner 6 ist, so finden wir $\frac{1}{6} = 0,$
1666666 u. s. f., welches so viel ist als 0, 666666
— 0, 5. Nun aber ist 0, 666666 $= \frac{2}{3}$ und 0, 5 $= \frac{1}{2}$,
folglich ist 0, 1666666 $= \frac{2}{3} - \frac{1}{2} = \frac{1}{6}$.

Ferner

Ferner findet man $\frac{2}{6}$ = 0,3333333 u. f. f. = $\frac{1}{3}$; hingegen $\frac{3}{6}$ wird 0,5000000 = $\frac{1}{2}$. Weiter wird $\frac{5}{6}$ = 0,833333 = 0,3333333 + 0,5; das ist $\frac{1}{3}$ + $\frac{1}{2}$ = $\frac{5}{6}$.

§. 530.

Wenn der Nenner 7 ist, so werden die Decimalbrüche mehr verwirrt; also für $\frac{1}{7}$ findet man 0,142857 u. f. f., wobey zu merken, daß immer diese sechs Zahlen 142857 wieder kommen. Um nun zu zeigen, daß dieser Decimalbruch gerade $\frac{1}{7}$ ausmache, so verwandle man denselben in eine geometrische Progression, wovon das erste Glied = $\frac{142857}{1000000}$, der Nenner aber $\frac{1}{1000000}$, also wird die Summe = $\dfrac{\frac{142857}{1000000}}{1 - \frac{1}{1000000}}$. Man multiplicire oben und unten mit 1000000, so wird diese Summe = $\frac{142857}{999999}$ = $\frac{1}{7}$.

§. 531.

Daß der gefundene Decimalbruch gerade $\frac{1}{7}$ betrage, kann noch leichter folgendergestalt gezeigt werden. Man setze für den Werth desselben den Buchstaben S, also daß

$$S = 0,142857142857142857 \text{ u. f. f.}$$

so wird $\quad$ 10 S = 1, 42857142857142857 u. f. f.

$\quad\quad$ 100 S = 14, 2857142857142857 u. f. f.

$\quad\quad$ 1000 S = 142, 857142857142857 u. f. f.

$\quad\quad$ 10000 S = 1428, 57142857142857 u. f. f.

$\quad\quad$ 100000 S = 14285, 7142857142857 u. f. f.

$\quad\quad$ 1000000 S = 142857, 142857142857 u. f. f.

Subtrahire S = $\quad$ 0, 142857142857 u. f. f.

999999 S = 142857.

Nun theile man durch 999999, so bekommt man S = $\frac{142857}{999999}$ und dieses ist der Werth des obigen Decimalbruchs $\frac{1}{7}$.

§. 532.

§. 532.

Eben so verwandelt man $\frac{2}{7}$ in einen Decimalbruch 0, 28571428 u. f. f. Dieses leitet uns darauf, wie man den Werth des vorigen Decimalbruchs,
den wir S gesetzt haben, leichter finden kann, weil
dieser Bruch gerade zweymal so groß ist als der vorige und also $= 2S$. Da wir nun gehabt haben

$$100S = 14,28571428571 \text{ u. f. f.}$$

hiervon 2S weggenommen $2S = 0,28571428571$ u. f. f.

bleiben $98S = 14$,

daher wird $S = \frac{14}{98} = \frac{1}{7}$.

Ferner wird $\frac{3}{7} = 0,42857142857$ u. f. f.; dieses ist
also nach dem obigen Satz $= 3S$. Wir haben aber
gefunden

$$10S = 1,42857142857 \text{ u. f. f.}$$

Subtrahire $3S = 0,42857142857$ u. f. f.

so wird $7S = 1$, folglich $S = \frac{1}{7}$.

§. 533.

Wenn also der Nenner des gegebenen Bruchs 7
ist, so läuft der Decimalbruch ins Unendliche, und
werden darin 6 Zahlen immer wiederholt, wovon
der Grund leicht einzusehen ist, weil bey fortgesetzter
Division endlich einmal so viel übrig bleiben muß,
als man anfänglich gehabt. Es können aber nicht
mehr verschiedene Zahlen übrig bleiben, als 1, 2, 3,
4, 5, 6, also müssen von der sechsten Division an
wieder eben die Zahlen herauskommen als vom Anfang. Wenn aber der Nenner so beschaffen ist, daß
die Division am Ende aufgeht, so fällt dieses weg.

§. 534.

Es sey der Nenner des Bruchs 8, so werden
folgende Decimalbrüche gefunden:

T 5 $\frac{1}{8} = 0$

$$\tfrac{1}{8}=0, 125: \tfrac{2}{8}=0,250: \tfrac{3}{8}=0, 375: \tfrac{4}{8}=0, 500:$$
$$\tfrac{5}{8}=0, 625: \tfrac{6}{8}=0, 750: \tfrac{7}{8}=0, 875 \text{ u. s. f.}$$

§. 535.

Ist der Nenner 9, so findet man folgende Decimalbrüche: $\frac{1}{9}=0$, 111 u. s. f. $\frac{2}{9}=0$, 222 u. s. f. $\frac{3}{9}=0$, 333 u. s. f. Ist aber der Nenner 10, so bekommt man folgende Brüche: $\frac{1}{10}=0$, 100; $\frac{2}{10}=0,2$; $\frac{3}{10}=0$, 3, wie aus der Natur der Sache erhellet. Eben so wird $\frac{1}{100}=0$, 01; $\frac{37}{100}=0$, 37; ferner $\frac{256}{1000}=0,256$; weiter $\frac{24}{10000}=0$, 0024, welches für sich klar ist.

§. 536.

Es sey der Nenner des Bruchs 11, so findet man diesen Decimalbruch $\frac{1}{11}=0,0909090$ u. s. f. Wäre nun dieser Bruch gegeben und man wollte seinen Werth finden, so setze man denselben $=S$. Es wird also $S=0,0909090$; und $10S=0,909090$; weiter $100S=9,09090$. Hiervon S subtrahirt, so wird $99S=9$ und daher $S=\frac{9}{99}=\frac{1}{11}$. Ferner wird $\frac{2}{11}=0$, 181818; $\frac{3}{11}=0$, 272727; $\frac{6}{11}=545454$.

§. 537.

Hier sind nun diejenigen Decimalbrüche sehr merkwürdig, wo einige Zahlen immer wiederholt werden und die solchergestalt ins Unendliche fortgehen. Wie man von solchen Brüchen den Werth leicht finden könne, soll sogleich gezeigt werden.

Es werde erstlich nur eine Zahl wiederholt, welche $=a$ sey, so haben wir $S=0$, aaaaaaa. Daher wird
$$10\,S=a,\ aaaaaaa.$$
Subtrahire $S=0$, aaaaaaa
so wird $9\,S=a$, folglich $S=\frac{a}{9}$.

Werden

Werden immer zwey Zahlen wiederholt, als ab, so hat man S=o,abababa. Daher wird 100 S=ab, ab ab ab, hievon S subtrahirt, bleibt 99S=ab; also

$$S = \frac{ab}{99}.$$

Werden drey Zahlen, als abc, immer wiederholt, so hat man S=o,abc abc abc; folglich 1000 S = abc, abc abc. Hiervon das obige subtrahirt, bleibt 999 S=abc; also $S = \frac{abc}{999}$ u. f. f.

Anmerk. Diese Eigenschaft gewisser Decimalbrüche, nach welcher die Decimalzahlen wiederkehren, bieten Materie zu sehr vielen interessanten Untersuchungen dar. Man findet einen sehr lesenswerthen Aufsatz darüber von Hrn. Prof. Joh. Bernoulli in den Mémoires der Akademie zu Berlin vom Jahr 1771. Hier erlaubt der Platz nur folgendes beyzubringen.

Es sey $\frac{N}{D}$ irgend ein ächter Bruch, welcher nicht in kleinern Zahlen ausgedrückt werden kann; man fragt, bis zu wie viel Ziffern man ihn in Decimalen ausdrücken muß, ehe dieselben Ziffern wiederkommen? Ich nehme an, daß 10 N größer als D ist, wäre dieses nicht, aber daß 100 N oder 1000 N wohl größer wären als D, so muß man zuerst sehen, ob $\frac{10N}{D}$ oder $\frac{100N}{D}$ u. f. f. sich auf kleinere Zahlen reduciren läßt, oder in einem Bruche $\frac{N^1}{D^1}$.

Dieses vorausgesetzt, so behaupte ich, daß dieselbe Periode nur alsdann erst wiederkommt, wenn in der fortgesetzten Division, die man macht, dasselbe Resultat N wieder erscheint. Wir wollen annehmen, daß wir bis dahin s Nullen angehängt haben, und daß Q den Quotienten in ganzen Zahlen bedeutet, indem wir von dem Comma abstrahiren, so haben wir $\frac{N.10^s}{D} = Q + \frac{N}{D}$; also $Q = \frac{N}{D}$· $(10^s - 1)$. Da aber Q eine ganze Zahl seyn muß, so wird erfordert für s die kleinste ganze Zahl zu bestimmen, so daß $\frac{N}{D}$·$(10^s - 1)$, oder nur $\frac{10^s - 1}{D}$ eine ganze Zahl sey.

Man muß hierbey verschiedene Fälle unterscheiden: der erste ist dieser, wo D ein Maaß von 10, oder von 100, oder

oder von 1000 u. ſ. f. iſt; und es iſt klar, daß in dieſem
Fall keine periodiſchen Decimalbrüche ſtatt finden können.
Wir nehmen für den zweyten Fall den, wo D eine ungerade Zahl iſt, und welche kein Factor einer Potenz von 10
iſt; in dieſem Fall kann der Werth von s bis D − 1 ſeyn,
aber öfters iſt er weniger. Ein dritter Fall iſt endlich der,
wo D gerade iſt, und wo alſo ohne ein Factor von einer
Potenz von 10 zu ſeyn, doch ein gemeinſchaftlicher Diviſor
mit einer dieſer Potenzen da iſt. Dieſer gemeinſchaftliche
Diviſor kann nur eine Zahl von folgender Form 2^{r} ſeyn.
Wenn alſo $\frac{D}{2^{r}} = d$, ſo behaupte ich, daß die Perioden

dieſelben als für den Bruch $\frac{N}{d}$ ſeyn werden, aber daß ſie

nicht eher als bey der durch c bezeichneten Ziffer anfangen. Alſo iſt dieſer Fall mit dem zweyten einerley, und
es iſt übrigens ſichtbar, daß gerade dieſes hier das Weſent-
liche dieſer Theorie ausmacht.

§. 538.

So oft alſo ein ſolcher Decimalbruch vorkommt,
ſo iſt es leicht ſeinen Werth anzuzeigen. Alſo wenn
dieſer gegeben wäre 0, 296296, ſo wird ſein Werth
$= \frac{296}{999}$ ſeyn. Dieſer Bruch durch 37 abgekürzt,
wird $= \frac{8}{27}$.

Hieraus muß nun wieder der obige Decimalbruch entſtehen; um dieſes leichter zu zeigen, weil
$27 = 3 \cdot 9$, ſo theile man 8 erſtlich durch 9, und
den Quotienten ferner durch 3, wie folget:

$$\text{9) } 8, 0000000$$
$$\overline{\text{3) } 0, 8888888}$$
$$\overline{\quad 0, 2962962}$$

Welches der gegebene Decimalbruch iſt.

§. 539.

Um noch ein Beyſpiel zu geben, ſo verwandle
man dieſen Bruch $\frac{1}{1.2.3.4.5.6.7.8.9.10}$ in einen Decimalbruch auf folgende Art:

$$\text{2) } 1,$$

2)	1, 00000000000000
3)	0, 50000000000000
4)	0, 16666666666666
5)	0, 04166666666666
6)	0, 00833333333333
7)	0, 00138888888888
8)	0, 00019841269841
9)	0, 00002480158730
10)	0, 00000275573192
	0, 00000027557319

XIII. Capitel.

Von der Interessenrechnung *).

§. 540.

Die Interessen oder Zinsen von einem Capital pflegen durch Procente ausgedrückt zu werden, indem man sagt, wie viel von 100 jährlich bezahlt werden. Gewöhnlich wird das Geld zu 5 p. C. ausgelegt, also daß

*) Die Theorie der Interessenrechnung dankt ihre ersten Fortschritte dem großen Leibnitz, welcher die Hauptelemente in den actis Eruditorum, Leipzig 1683, gab. Sie hat nachher Stoff zu verschiedenen einzelnen sehr interessanten Dissertationen gegeben. Diejenigen Mathematiker, welche über politische Arithmetik gearbeitet, haben solche am meisten erweitert. Wir nennen unter Deutschen mit Recht hier vorzüglich Florencourt, Michelsen und Teten, die hierüber vortreffliche jede in besonderer Rücksicht schätzbare Werke geliefert haben, und dürfen sie kühn den Ausländern entgegen stellen, die vorher, besonders die Engländer, uns beyweitem hierin übertrafen.

daß von 100 Rthlr. jährlich 5 Rthlr. Interessen ge-
zahlt werden. Hieraus ist es nun leicht, den Zins
von einem jeden Capital zu berechnen, indem man
nach der Regeldetri sagt:

100 geben 5; was giebt das gegebene Capital?
Es sey z. B. das Capital 860 Rthlr., so findet man
den jährlichen Zins

$$100:5=860 \text{ zu} \dots \text{ Antwort 43 Rthlr.}$$

$$\begin{array}{r} 5 \\ \hline 100)4300 \\ \hline 43 \end{array}$$

§. 541.

Bey Berechnung dieses einfachen Interesse wollen wir uns nicht aufhalten, sondern die Interessen
auf Interessen betrachten, da jährlich die Zinsen wieder zum Capital geschlagen und dadurch das Capital
vermehret wird, wobey dann gefragt wird: wie hoch
ein gegebenes Capital nach Verfließung einiger Jahre
anwachse? Da nun das Capital jährlich größer wird,
indem zu 5 Proc. 100 Rthlr. nach einem Jahr zu
105 anwachsen, so kann man daraus finden, wie
groß ein jedes Capital nach Verfließung eines Jah-
res werden müsse?

Es sey ein Capital $=a$, so wird solches nach einem Jahre gefunden, wenn man sagt: 100 geben
105, was giebt a? Antwort $\frac{105a}{100}=\frac{21a}{20}$, welches
man auch also schreiben kann $\frac{21}{20} \cdot a$ oder $a + \frac{1}{20} \cdot a$.

§. 542.

Wenn also zu dem gegenwärtigen Capital sein
20ster Theil addirt wird, so bekommt man das Capital für das folgende Jahr. Wenn man nun zu
diesem wieder seinen 20sten Theil addirt, so findet
man

man das Capital für das zweyte Jahr; und zu diesem wieder sein 20ster Theil addirt, giebt das Capital für das dritte Jahr u. s. f. Hieraus ist leicht zu
sehen, wie das Capital jährlich anwächst, und kann
diese Rechnung so weit fortgesetzt werden, als man
will.

§. 543.

Es sey das Capital jetzt 1000 Rthlr., welches
zu 5 Procent angelegt ist und die Zinsen davon jährlich wieder zum Capital geschlagen werden.   Weil
nun die besagte Rechnung bald auf Brüche führen
wird, so wollen wir solche in Decimalbrüchen ausdrücken, nicht weiter aber als bis auf 1000ste Theile
eines Rthlr. gehen, weil kleinere Theilchen hier in
keine Betrachtung kommen.

Gegenwärtiges Capital 1000 Rthlr. wird

nach 1 Jahr = =	1050 Rthlr.	
	52, 5	
nach 2 Jahren = =	1102, 5	
	55, 125	
nach 3 Jahren = =	1157, 625	
	57, 881	
nach 4 Jahren = =	1215, 506	
	60, 775	
nach 5 Jahren = =	1276, 281 u. s. f.	

§. 544.

Solchergestalt kann man auf so viele Jahre fortgehen als man will; wenn aber die Anzahl der Jahre
sehr groß ist, so wird diese Rechnung sehr weitläuftig und mühsam. Es läßt sich diese aber folgender
gestalt abkürzen:

Es

Es ſey das gegenwärtige Capital $= a$, und da ein Capital von 20 Rthlr. nach einem Jahre 21 Rthlr. beträgt, ſo wird das Capital a nach einem Jahre auf $\frac{21}{20} \cdot a$ anwachſen. Ferner im folgenden Jahre auf $\frac{21^2}{20^2} \cdot a = \left(\frac{21}{20}\right)^2 \cdot a$. Dieſes iſt nun das Capital nach zweyen Jahren, welches in einem Jahre wieder auf $\left(\frac{21}{20}\right)^3 \cdot a$ anwächſt, welches das Capital nach drey Jahren ſeyn wird; nach vier Jahren wird nun daſſelbe $\left(\frac{21}{20}\right)^4 \cdot a$; nach fünf Jahren $\left(\frac{21}{20}\right)^5 \cdot a$; 100 Jahren $\left(\frac{21}{20}\right)^{100} \cdot a$, und allgemein nach n Jahren wird daſſelbe $\left(\frac{21}{20}\right)^n \cdot a$ ſeyn; woraus man nach einer jeden beliebigen Zahl von Jahren die Größe des Capitals finden kann.

§. 545.

Der hier vorkommende Bruch $\frac{21}{20}$ gründet ſich darauf, daß das Intereſſe zu 5 Procent gerechnet wird, und $\frac{21}{20}$ ſo viel iſt als $\frac{105}{100}$. Sollte nun das Intereſſe zu 6 Procent gerechnet werden, ſo würde das Capital a nach einem Jahre auf $\frac{106}{100} \cdot a$ anwachſen; nach zwey Jahren auf $\left(\frac{106}{100}\right)^2 \cdot a$; und nach n Jahren auf $\left(\frac{106}{100}\right)^n \cdot a$.

Sollte aber das Intereſſe nur 4 Procent betragen, ſo würde das Capital a nach n Jahren auf $\left(\frac{104}{100}\right)^n \cdot a$ anwachſen.

§. 546.

Wenn nun ſowohl das Capital a, als die Anzahl der Jahre gegeben iſt, ſo kann man dieſe Formen leicht durch die Logarithmen auflöſen, denn man darf nur den Logarithmus von dieſer Formel ſuchen, welche zu 5 Procent $\left(\frac{21}{20}\right)^n \cdot a$ iſt. Da nun dieſelbe ein Product von $\left(\frac{21}{20}\right)^n$ und a iſt, ſo iſt ihr Logarithmus $= \log. \left(\frac{21}{20}\right)^n + \log. a$. Da weiter $\left(\frac{21}{20}\right)^n$ eine Potenz iſt, ſo iſt $\log. \left(\frac{21}{20}\right)^n = n \log \frac{21}{20}$. Daher iſt der Logarithmus von dem geſuchten Capital $= n$. $\log. \frac{21}{20}$

log. $\frac{21}{20}$ + log. a. Es ist aber der Logarithmus des Bruchs $\frac{21}{20}$ = log. 21 — log. 20.

§. 547.

Es sey nun das Capital = 1000 Rthlr., und man fragt, wie groß dasselbe nach 100 Jahren zu 5 pro Cent seyn werde?

Hier ist also n = 100. Der Logarithmus von diesem gesuchten Capital wird nun = 100 log. $\frac{21}{20}$ + log. 1000 seyn, welches folgendergestalt berechnet wird:

$$\begin{aligned} \log. 21 &= 1,3222193 \\ \text{subtr. } \log. 20 &= 1,3010300 \\ \hline \log. \tfrac{21}{20} &= 0,0211893 \\ \text{multipl. mit } 100 & \\ \hline 100 \log. \tfrac{21}{20} &= 2,1189300 \\ \text{addirt } \log. 1000 &= 3,0000000 \\ \hline &\quad 5,1189300 \end{aligned}$$

Dieses ist der Logarithmus des gesuchten Capitals und die Zahl desselben wird daher aus 6 Figuren bestehen und also 131501 Rthlr. seyn.

§. 548.

Ein Capital von 3452 Rthlr. zu 6 pro Cent, wie groß wird dasselbe nach 64 Jahren?

Hier ist also a = 3452 und n = 64. Also der Logarithmus des gesuchten Capitals = 64 log. $\frac{53}{50}$ + log. 3452, welches also berechnet wird:

$$\begin{aligned} \log. 53 &= 1,7242759 \\ \text{subtr. } \log. 50 &= 1,6989700 \\ \hline \log. \tfrac{53}{50} &= 0,0253059 \\ \text{mult. mit } 64; \ 64 \log. \tfrac{53}{50} &= 1,6195776 \\ \log. 3452 &= 3,5380708 \\ \hline &\quad 5,1576484 \end{aligned}$$

Also das gesuchte Capital = 143763 Rthlr.

U §. 549.

§. 549.

Wenn die Anzahl der Jahre sehr groß ist, so könnte, weil damit der Logarithmus eines Bruchs multiplicirt werden muß, die Logarithmen in den gewöhnlichen Tabellen aber nur auf 7 Figuren berechnet worden, ein merklicher Fehler entstehen. Daher muß der Logarithmus des Bruchs auf mehrere Figuren genommen werden, wie aus folgendem Beyspiele zu ersehen: ein Capital von einem Rthlr. zu 5 p. C. bleibt 500 Jahr lang stehen, da inzwischen die jährlichen Zinsen immer dazu geschlagen worden. Nun fragt sich, wie groß dieses Capital nach 500 Jahren seyn werde?

Hier ist also $a = 1$ und $n = 500$, also der Logarithmus des gesuchten Capitals $= 500$ log. $\frac{21}{20} +$ log. 1, woraus diese Rechnung entstehet:

$$\log. 21 = 1,3222192947339I9$$
$$\text{subtrahirt } \log. 20 = 1,30I02990566398I$$
$$\overline{\log. \tfrac{21}{20} = 0,02I189299069938}$$

mult. mit 500, giebt 10,594649534969000 Dieses ist nun der Logarithmus des gesuchten Capitals, welches daher selbst $= 39323200000$ Rthlr. seyn wird.

§. 550.

Wenn man aber jährlich zu dem Capital nicht nur die Interessen schlagen, sondern noch jährlich eine neue Summe $= b$ dazu legen wollte, so wird das gegenwärtige Capital alle Jahr anwachsen, wie folget. Gegenwärtig hat man a;

nach 1 Jahr $\frac{21}{20} a + b$

nach 2 Jahr $(\frac{21}{20})^2 a + \frac{21}{20} b + b$

nach 3 Jahr $(\frac{21}{20})^3 a + (\frac{21}{20})^2 b + \frac{21}{20} b + b$

nach 4 Jahr $(\frac{21}{20})^4 a + (\frac{21}{20})^3 b + (\frac{21}{20})^2 b + \frac{21}{20} b + b$

nach n Jahr $(\frac{21}{20})^n a + (\frac{21}{20})^{n-1} b + (\frac{21}{20})^{n-2} b + \dots$

$$\dots + \frac{21}{20} b + b$$

Dieses

Dieses Capital besteht aus zwey Theilen, davon der erste $= (\tfrac{21}{20})^n$ a, der andere aber aus dieser Reihe rückwärts geschrieben $b + (\tfrac{21}{20}) b + (\tfrac{21}{20})^2 b + (\tfrac{21}{20})^3 3b + \ldots (\tfrac{21}{20})^{n-1} b$ besteht, welches eine geometrische Progression ist, deren Nenner $= \tfrac{21}{20}$; die Summe wird nun also gefunden:

Man multiplicirt das letzte Glied $(\tfrac{21}{20})^{n-1} b$ mit dem Nenner $\tfrac{21}{20}$, so bekommt man $(\tfrac{21}{20})^n b$, davon subtrahirt man das erste Glied b, so bleibt $(\tfrac{21}{20})^n b - b$. Dieses muß durch 1 weniger als der Nenner ist, divibirt werden, das ist durch $\tfrac{1}{20}$; daher wird die Summe der obigen Progression $= 20(\tfrac{21}{20})^n b - 20b$; folglich wird das gesuchte Capital seyn:

$$(\tfrac{21}{20})^n a + 20 . (\tfrac{21}{20})^n b - 20b = (\tfrac{21}{20})^n . (a + 20b) - 20b.$$

§. 551.

Um nun dieses auszurechnen, so muß man das erste Glied $(\tfrac{21}{20})^n$ (a + 20b) besonders betrachten und berechnen, welches geschieht, wenn man den Logarithmus desselben sucht, welcher n log. $\tfrac{21}{20} +$ log. (a + 20b) ist. Zu diesem sucht man in den Tabellen die gehörige Zahl, so hat man das erste Glied, davon subtrahirt man 20 b, so bekommt man das gesuchte Capital.

§. 552.

Frage. Einer hat ein Capital von 1000 Rthlr. zu 5 pr. C. ausstehen, wozu er jährlich außer den Zinsen noch 100 Rthlr. hinzulegt, wie groß wird dieses Capital nach 25 Jahren seyn?

Hier ist also a = 1000, b = 100, n = 25; daher wird die Rechnung stehen, wie folget:

$$\text{log. } \tfrac{21}{20} = 0,021189299$$

multiplic. mit 25, giebt

$$25 \text{ log. } \tfrac{21}{20} = 0,5297324750$$

0,

$$\text{log. } (a + 20b) = \frac{\begin{array}{r} 0,\ 5297324750 \\ 3,\ 4771213135 \end{array}}{4,\ 0068537885}$$

Also ist der erste Theil 10159, 1 Rthlr., davon 20b = 2000 subtrahirt, so ist das Capital nach 25 Jahren werth 8159, 1 Rthlr.

§. 553.

Da nun das Capital immer größer wird und nach 25 Jahren auf 8159$\frac{1}{10}$ Rthlr. angewachsen, so kann man weiter fragen, nach wie viel Jahren dasselbe bis auf 1000000 Rthlr. anwachsen werde?

Es sey n diese Anzahl von Jahren, und weil a = 1000, b = 100, so wird nach n Jahren das Capital seyn: $(\frac{21}{20})^n$ (3000) — 2000, dieses muß nun 1000000 Rthlr. seyn, woraus diese Gleichung entspringt:

$$3000 \left(\tfrac{21}{20}\right)^n — 2000 = 1000000.$$

Man addire beyderseits 2000, so bekommt man

$$3000 \left(\tfrac{21}{20}\right)^n = 1002000.$$

Man dividire beyderseits durch 3000, so hat man $(\frac{21}{20})^n = 334$. Hiervon nehme man die Logarithmen, so hat man n log. $\frac{21}{20}$ = log. 334. Hier dividirt man durch log. $\frac{21}{20}$, so kommt n = $\frac{\text{log.} 334}{\text{log.} \frac{21}{20}}$. Nun aber ist log. 334 = 2,5237465, log. $\frac{21}{20}$ = 0,0211893; daher wird n = $\frac{2,5237465}{0,0211893}$. Man multiplicire oben und unten mit 10000000, so kommt n = $\frac{25237465}{211893}$, das ist 119 Jahr 1 Monat 7 Tage, und nach so langer Zeit wird das Capital auf 1000000 Rthlr. anwachsen.

§. 554.

Wenn aber, statt daß alle Jahr etwas zum Capital gelegt wird, etwas davon weggenommen wird,

so

welches man auf ſeinen Unterhalt verwendet, und
dieſe Summe = b geſetzt wird, ſo wird das zu 5 p. C.
angelegte Capital a folgendergeſtalt fortgehen:
Gegenwärtig iſt es a:

nach 1 Jahr $\frac{21}{20}a - b$

nach 2 Jahren $\left(\frac{21}{20}\right)^2 a - \frac{21}{20} b - b$

nach 3 Jahren $\left(\frac{21}{20}\right)^3 a - \left(\frac{21}{20}\right)^2 b - \frac{21}{20} b - b$

nach n Jahren $\left(\frac{21}{20}\right)^n a - \left(\frac{21}{20}\right)^{n-1} b - \left(\frac{21}{20}\right)^{n-2} b \ldots$

$\ldots - \left(\frac{21}{20}\right) b - b.$

§. 555.

Es wird alſo daſſelbe in zwey Stücken vorgelegt,
das erſte iſt $\left(\frac{21}{20}\right)^n a$; davon wird ſubtrahirt dieſe
geometriſche Progreſſion rückwärts geſchrieben $b +$
$\frac{21}{20} b + \left(\frac{21}{20}\right)^2 b + \ldots \left(\frac{21}{20}\right)^n - 1$. Hievon iſt oben die
Summe gefunden worden $= 20 \left(\frac{21}{20}\right)^n b - 20 b$,
welche von dem erſten $\left(\frac{21}{20}\right)^n a$ ſubtrahirt, das nach n
Jahren geſuchte Capital giebt $\left(\frac{21}{20}\right)^n (a - 20b) + 20b.$

§. 556.

Dieſe Formel hätte ſogleich aus der vorigen geſchloſſen werden können. Denn da vorher jährlich
b addirt wurde, ſo wird nun jährlich b ſubtrahirt.
Alſo darf man in der vorhergehenden Formel anſtatt
+ b nur — b ſchreiben. Hier iſt nun beſonders zu
merken, daß wenn 20 b größer iſt als a, ſo wird das
erſte Glied negativ und alſo das Capital immer kleiner; welches für ſich offenbar iſt, denn wenn vom
Capital jährlich mehr weggenommen wird, als der
Zins beträgt, ſo muß daſſelbe alle Jahre kleiner werden und endlich gar verſchwinden, welches wir mit
einem Beyſpiele erläutern wollen.

§. 557.

Einer hat ein Capital von 100000 Rthlr. zu 5
pr. C. ausſtehen, braucht alle Jahre zu ſeinem Unterhalt

terhalt 6000 Rthlr., welches mehr ist als die Intressen von 100000 Rthlr., welche nur 5000 Rthlr. betragen, daher das Capital immer kleiner wird. Nun ist die Frage, nach wie viel Jahren dasselbe gänzlich verschwinden werde?

Für diese Anzahl Jahre setze man n, und da a = 100000 Rthlr. und b = 6000, so wird nach n Jahren das Capital seyn = — 20000 $(\frac{21}{20})^n$ + 120000 oder 120000 — 20000 $(\frac{21}{20})^n$. Also verschwindet das Capital, wenn 20000 $(\frac{21}{20})^n$ auf 120000 anwächst, oder wenn 20000 $(\frac{21}{20})^n$ = 120000. Man dividire durch 20000, so kommt $(\frac{21}{20})^n$ = 6. Man nehme die Logarithmen, so kommt n log. $\frac{21}{20}$ = log. 6. Man dividire durch log. $\frac{21}{20}$, so findet man n = $\frac{\log. 6}{\log. \frac{21}{20}}$ = $\frac{0,7781513}{0,0211893}$, oder n = $\frac{7781513}{211893}$, folglich wird n = 36 Jahr 8 Monat 22 Tage, und nach so vieler Zeit wird das Capital verschwinden.

§. 558.

Hier ist noch nöthig zu zeigen, wie nach diesem Grunde die Intressen auch für eine kleinere Zeit als ganze Jahre berechnet werden können. Hierzu dient nun die oben gefundene Formel, daß ein Capital zu 5 pr. C. nach n Jahren auf $(\frac{21}{20})^n$ a anwächst; ist nun die Zeit kleiner als ein Jahr, so wird der Exponent n ein Bruch und die Rechnung kann wie vorher durch Logarithmen gemacht werden. Sollte das Capital nach einem Tage gesucht werden, so muß man n = $\frac{1}{365}$ setzen; will man es nach zwey Tagen wissen, so wird n = $\frac{2}{365}$ u. s. f.

§. 559.

Es sey das Capital a = 100000 Rthlr. zu 5 p. C. wie groß wird solches nach 8 Tagen seyn?

Hier

Hier ist $a = 100000$ und $n = \frac{8}{365}$: folglich wird das Capital seyn $(\frac{21}{20})^{\frac{8}{365}} 100000$. Hiervon ist der Logarithmus $= \log. (\frac{21}{20})^{\frac{8}{365}} + \log. 100000 = \frac{8}{365} \log. \frac{21}{20} + \log. 100000$. Nun aber ist $\log. \frac{21}{20} = 0{,}0211892$.

dieser mit $\frac{8}{365}$ multiplicirt, giebt $0{,}0004644$, hierzu add. log. 100000, welcher ist $\underline{5{,}0000000}$

$5{,}0004644$

so erhält man den Logarithmus von dem Capital $= 5{,}0004644$. Folglich ist das Capital selbst 100107 Rthlr., so daß in den ersten 8 Tagen das Intreße schon 107 Rthlr. beträgt.

§. 560.

Hierher gehören noch andere Fragen, welche darauf gehen, wenn eine Summe Geldes erst nach einigen Jahren verfällt, wie viel dieselbe jetzt werth sey. Hier ist zu betrachten, daß, da 20 Rthlr. über ein Jahr 21 Rthlr. austragen, wieder 21 Rthlr., die nach einem Jahr zahlbar sind, jetzt nur 20 Rthlr. werth sind. Wenn also das nach einem Jahr verfallene Capital a gesetzt wird, so ist dessen Werth $\frac{20}{21} a$. Um also zu finden, wie viel das Capital a, das zu einer gewissen Zeit verfällt, ein Jahr früher werth ist, so muß man dasselbe multipliciren mit $\frac{20}{21}$; zwey Jahr früher wird desselben Werth seyn $(\frac{20}{21})^2 a$; drey Jahr früher ist dasselbe $(\frac{20}{21})^3 a$ und überhaupt n Jahre früher ist der Werth desselben $(\frac{20}{21})^n a$.

§. 561.

Einer genießt auf 5 Jahre lang eine jährliche Rente von 100 Rthlr., dieselbe wollte er nun jetzt für baares Geld zu 5 pr. C. verkaufen, wie viel wird er dafür bekommen?

für

für die 100 Rthlr., welche verfallen,

nach 1 Jahr bekommt er 95, 239
nach 2 Jahren = =   90, 704
nach 3 Jahren = =   86, 385
nach 4 Jahren = =   82, 272
nach 5 Jahren = =   78, 355

Summe aller 5 Jahre   = = 432, 955

Also kann er für diese Rente nicht mehr fordern, als 432,955 Rthlr. oder 432 Rthr. 22 Gr. 11 Pf.

§. 562.

Sollte aber eine Rente viel mehr Jahre lang dauern, so würde die Rechnung auf diese Art sehr mühsam, sie kann aber folgendergestalt sehr erleichtert werden:

Es sey die jährliche Rente $=a$, welche jetzt schon anfängt und n Jahre lang dauert, so wird dieselbe jetzt werth seyn:

$$a + \tfrac{20}{21}a + \left(\tfrac{20}{21}\right)^2 a + \left(\tfrac{20}{21}\right)^3 a + \left(\tfrac{20}{21}\right)^4 a + \cdots \left(\tfrac{20}{21}\right)^n a.$$

Dieses ist nun eine geometrische Progression, deren Summe gefunden werden muß. Man multiplicirt also das letzte Glied mit dem Nenner, so hat man $\left(\tfrac{20}{21}\right)^{n+1}a$; davon das erste Glied subtrahirt, bleibt $\left(\tfrac{20}{21}\right)^{n+1}a - a$; dieses muß mit dem Nenner weniger eins, das ist mit $-\tfrac{1}{21}$ dividirt, oder welches gleichviel, mit -21 multiplicirt werden; daher wird die gesuchte Summe seyn $= -21 \left(\tfrac{20}{21}\right)^{n+1}a + 21a$, das ist $21a - 21\left(\tfrac{20}{21}\right)^{n+1}a$, wovon das letzte Glied, welches subtrahirt werden soll, leicht durch Logarithmen berechnet werden kann.

Ende des ersten Theils
und des dritten Abschnitts von den Verhältnissen und Proportionen.

Printed in the United States
By Bookmasters